반도체 재료

Semiconductor Materials for Electronic Devices

김학동 지음

홍릉과학출판사

머리말

반도체 산업은 크게 메모리와 비메모리 부문으로 구분되는데 우리 나라는 메모리 반도체 부문에서 세계 최고 수준을 차지하고 있다. 우리 나라의 반도체 산업은 1965년부터 트랜지스터를 중심으로 하는 반도체 소자를 외국 기업과의 합작에 의하여 조립·생산하면서 시작되었다. 1974년 '한국 반도체'가 설립되어, 기술 도입 및 외국 제품을 모방하여 손목 시계용 IC와 컬러 TV용 IC 등의 저품위 제품을 개발·생산하는 초기 수준의 웨이퍼 가공 단계를 지났다. 1983년 이후 대기업이 DRAM 사업에 진출하면서 첨단 반도체 개발을 위한 기반을 구축하게 되었다.

특히, 1998년에는 우리 나라가 일본을 제치고 DRAM 분야에서 세계 최고의 생산국이 되었다. S사는 DRAM 분야에서 1992년 이후 1위를 차지하고 있고, 전반적인 메모리 분야에서는 1993년 이후부터 1위를 달리고 있다. 연구 개발에 있어서도 1992년에 64M DRAM을 일본에 앞서 개발한 이후 차세대 제품의 개발에서 계속 선두를 달리고 있다.

이렇듯 우리 나라의 반도체 산업은 급속도로 성장하여 자동차 및 조선 산업과 함께 우리 나라 경제의 견인차 역할을 다하고 있다. 이제 모든 산업이 자동화, 무인화됨에 따라 전자 산업이 모든 산업의 핵심 산업으로 자리매김하고 있다. 그러나 이러한 전자 산업의 근간이 되는 반도체의 제조와 같은 소자 제조 산업은 그 동안 학교 교육에서 그 자리를 찾지 못하고 있었다.

그리하여 지난 몇 년 동안 공업 교육에서 학과 및 시설의 첨단화를 위해 많은 노력과 지원이 있어 왔고, 이제 그 노력의 결실로 반도체 제조에 대한 학과 개설과 함께 관련 교과서가 개발되고 있다. 또한 기존의 전자과에서도 기초 교육으로만 실시하던 반도체 관련 교육이 전문 교육 과정화되고, 실업 교육의 첨단화를 실현하고 있는 공동 실습소를 중심으로 체계적인 반도체 관련 실습 교육이 검토되고 있다. 이번 반도체 재료 교과서는 이러한 반도체 관련 교육 과정을 활성화시키고 이를 기초 산업인 소재 산업과 연계시켜 주는 매우 의미 있는 교과서이다.

이 반도체 재료 교과서는 총 6장으로, Ⅰ장 '반도체 재료의 개요'는 반도체 산업의 역사와 반도체 재료의 발전 과정, 반도체의 종류와 재료, 반도체 산업의 특징 등의 내용으로 구성되었다. Ⅱ장의 '반도체의 성질'에는 반도체가 무엇인지를 알기 위한 물질의 분류와 반도체의 정의, 에너지 밴드 이론 등이 포함되었다. Ⅲ장의 '반도체 재료 및 기본 소자'에서는 반도체 재료의 종류와 단결정 제조 방법, 다이오드와 트랜지스터 관련 재료 등에 대해서 설명하였다. Ⅳ장의 '반도체 공정 재료'는 전 공정과 후 공정 재료에 대해서 각각의 재료별로 내용을 구성하였다. 디스플레이 산업은 현재 가장 유망한 반도체 산업으로서 시장이 나날이 확대되고 있으며, 업계에서의 경쟁도 치열한 상태이다. 따라서 Ⅴ장의 '디스플레이 재료 및 소자'에서는 상업적으로 많이 생산되고 있는 평판 디스플레이에 속하는 액정 디스플레이(LCD), 플라스마 디스플레이(PDP), OLED를 중심으로 내용을 구성하였다. 맨 마지막으로 Ⅵ장의 '반도체 재료 실습'에서는 각종 반도체 재료 및 소자에 대한 시험법에 대해서 소개하고 있다. 이 책이 반도체 관련 교육 교재로서 신소재, 반도체 및 전자 관련 학과에서 많이 활용되어 반도체 및 전자 정보 분야에 입문하고자 하는 학생들에게 좋은 학습서가 되기를 희망한다.

차 례

I 반도체 재료의 개요

II 반도체의 성질

III 반도체 재료 및 기본 소자

IV

반도체 공정 재료

V
디스플레이 재료 및 소자

VI 반도체 재료 실습

I 반도체 재료의 개요

1. 우리 나라 반도체 산업의 역사 2. 반도체 재료의 발전 과정 3. 반도체의 종류와 재료
4. 반도체 산업의 특징

반도체 산업의 과거와 현재를 알 수 있도록 우리 나라 반도체 산업의 역사와 반도체 재료의 발전 과정을 연대표와 함께 나타내었다. 또한, 반도체의 종류와 그 사용 재료, 반도체 산업의 특징 등을 알 수 있도록 하였다.

1. 우리 나라 반도체 산업의 역사

학|습|목|표

- 우리 나라 반도체 산업의 역사를 발전 단계별로 구분하여 설명할 수 있다.

용어 해설

트랜지스터

반도체 결정 속의 도전 작용을 이용한 증폭용 소자(素子)

우리 나라 반도체 산업은 최초 외국계 자본에 의한 조립 생산 단계(1965년~1970년대)로부터 시작하여 국내 기업들에 의한 조립 및 개별 소자 생산 단계(1970년대), 국내 기업들에 의한 일관 공정 생산 단계(1983년~1990년대), 국산 고유 상표에 의한 수출 단계(1990년대 전반), 생산 체제 고도화 단계(1996년 이후) 등의 순서로 발전되었다고 볼 수 있다. 국내 반도체 산업의 역사는 1965년 미국 코미(Commy)사와 국내 코미 반도체(주)의 합작에 의한 **트랜지스터**(transistor) 생산에서부터 시작되었다. 그 뒤 페어차일드·모토롤라·시그네틱스 등 여러 외국 업체가 노동집약적 단순 조립을 목적으로 들어와, 초보적 반도체 기술을 이전하였다. 1968년 아남산업이 최초로 국내 자본에 의한 반도체 조립 산업을 출범시킨 이후, 1970년 금성반도체, 1974년 한국반도체 등이 설립되면서 국내 기업에 의한 반도체 생산 단계로 접어들게 되었다. 1970년대

표 I-1 한국 반도체 산업의 발전 과정

구분	65~73년	74~82년	83~87년	88년 이후
주요 활동	• 조립 기술 흡수	• 웨이퍼 가공 • 기술 흡수	• 공정 기술 및 설계 기술 흡수	• 자체 개발 • 기술 선도
제품 개발	• 조립 생산	• 손목 시계용 칩 • 트랜지스터 • 색신호 IC	• 64K, 256K, 1M DRAM 개발	• 4M 독자 개발 • 64M 이후 선행 개발
부가 가치 창출 위치	• 생산(조립)	• 생산(웨이퍼 가공)	• 생산(웨이퍼 가공) • 연구 개발	• 연구 개발 • 생산(웨이퍼 가공)
세계 산업 구조 변화	• 미국 주도 • 일본 진출	• 미국 쇠퇴 • 일본 성장	• 일본 주도 • 한국 성장	• 한국 주도 • 일본 약화

주 : 메모리(DRAM) 반도체 중심

말 정부 출연 연구소를 중심으로 반도체 IC 기술 개발 체제의 구축과 1980년대초 민간 기업체의 대규모 투자가 시작되면서 반도체 분야의 체계적인 기술이 축적되게 되었다. 따라서, 1974년 이전까지의 웨이퍼(wafer)에서 떼어낸 칩(chip)만을 수입한 후 리드선을 부착·밀봉하여 재수출하던 단순 조립 수준을 벗어나 웨이퍼 가공에서 칩까지를 독자적으로 제조·생산할 수 있는 웨이퍼 프로세스 기술을 연구, 개발하기에 이르렀다. 반도체 일관 공정 생산은 1983년 삼성 그룹에 의해 시작되어 국내 최초로 64K **DRAM**(dynamic random access memory)을 국산화하기 시작하는 등 이 때부터 본격적인 DRAM 생산 기반이 구축되었다. 1984년 64K SRAM과 256K DRAM, 1986년 256K SRAM과 1M DRAM, 1988년 4M DRAM과 1M SRAM, 1990년 16M DRAM의 개발에 성공, 반도체 산업의 기술 발전을 거듭하였다. 1991년 국내 자체 상표로 DRAM을 미국 시장에 본격적으로 수출하기 시작하였고, 1992년 세계 최초로 64M DRAM을 개발함으로써 1993년 이후부터는 메모리 분야에서 최고 수준의 위치를 확보하게 되었다.

> 용어해설
>
> **DRAM**
>
> 일반적인 기억 장치로 많이 사용되지만 전원이 끊어지면 저장된 자료가 소멸되는 반도체 소자

2. 반도체 재료의 발전 과정

학|습|목|표

- 반도체 소자용 재료의 종류와 발전 과정을 설명할 수 있다.

1839년 M. 패러데이(Faraday)는 황화은(AgS)의 저항률이 금속의 경우와는 반대로 온도 상승에 따라 감소한다는 사실을 발견했으며, A. E. 베크렐(Becquerel)은 어느 재료와 전해질의 계면에 빛을 비추면 전압이 발생하는 광기전력 효과를 발견했다. 또한, 1873년 W. 스미스(Smith)가 셀렌(Se) 막대에 빛을 비추면 전기 전도에 변화가 나타나는 광전도 효과를 발견하였다. 1874년, K. F. 브라운(Braun)은 방연석에 금속선을 접촉시키면 이 광석 성분인 금속 황화물에서 **정류 작용**이 일어난다는 것을 발견했는데, 이로써 그는 **광석 검**

> 용어해설
>
> **정류 작용**
>
> 교류가 맥류로 변환되는 현상

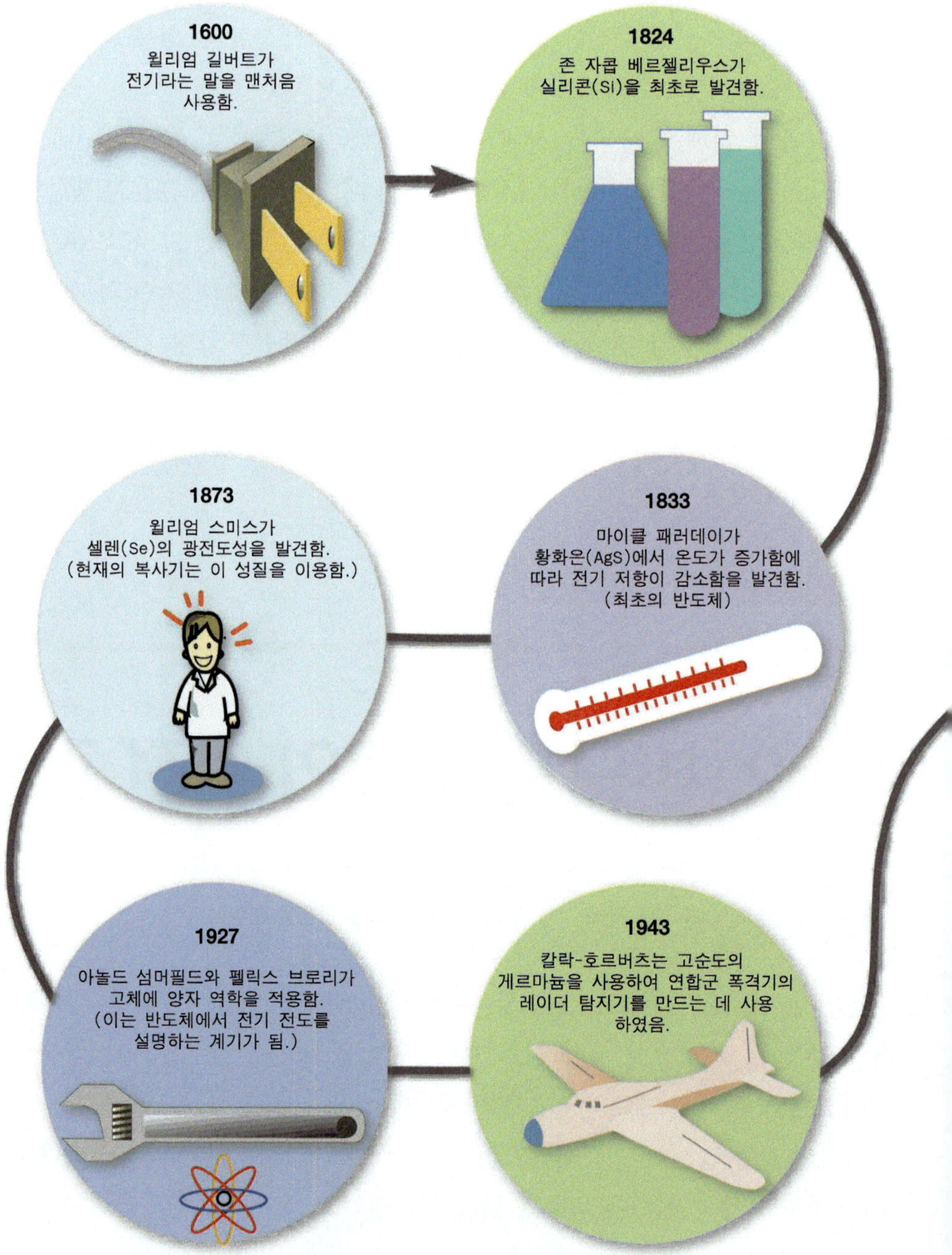

그림 Ⅰ-1 반도체 재료 연대표

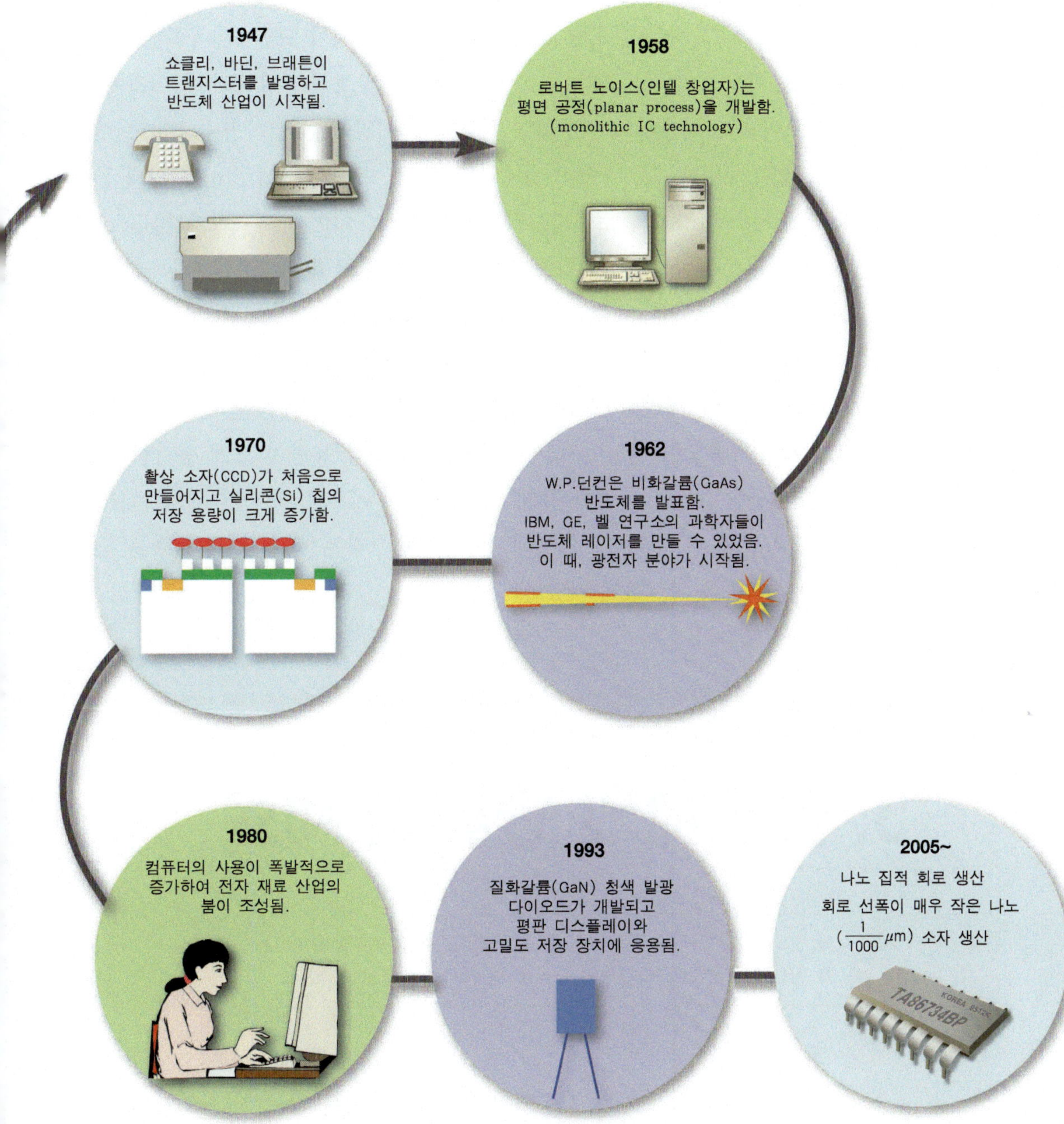

그림 Ⅰ-1 반도체 재료 연대표(계속)

용어해설

광석 검파기

2종류의 광석이나 광석과 금속침(針)을 접촉시켜 그것을 고주파 회로(高周波回路) 가운데 끼우면 한 방향으로 전류가 흐르는 정류(整流) 작용이 일어나는데, 이것을 이용하여 검파하는 장치이다. 광물로는 황철광(黃鐵鑛), 방연광(方鉛鑛), 게르마늄 등을 이용하고, 인조 결정물로는 실리콘 인조 방연광 등의 반도체를 사용한다. 광석 수신기로 쓰이기도 하며, 현재는 마이크로파용으로 중시된다. 또한, 부피가 작고 감도(感度)가 높아 트랜지스터로 발전하게 되었다.

파기의 선구자가 되었다. 같은 해에 A. 슈스터(Schuster)는 산화구리와 구리의 접촉면에서도 정류 작용이 일어나는 것을 발견했는데, 이것을 바탕으로 하여 1920년에 산화제일구리(Cu_2O) 정류기가 시험 제작되었다. 이 밖에도 1883년에 셀렌(Se)의 정류 작용이 발견되었고, 1923년에 셀렌 정류기가 발표되는 등 20세기 초까지는 반도체 소자로서 주로 정류기가 고안, 제작되었다. 1926년에 E. 슈뢰딩거(Schrödinger)에 의해 파동 방정식이 발표되고, 이것이 활용됨으로써 반도체에서의 현상들이 하나하나 해명되었다. 마침내 1947년에 W. 쇼클리(Shockley), J. 바딘(Bardeen), W. H. 브래튼(Brattain)에 의해 점접촉형 트랜지스터(최초의 트랜지스터)가 발명되고, 이어서 W. 쇼클리(Shockley)에 의한 "pn 접합 이론"이 발표되어 본격적인 반도체 시대로 접어들게 되었다. 반도체 재료의 연대표를 그림 I-1에 나타내었다. 1958년 로버트 노이스(Robert Noyce)에 의해 평면 공정(planar process)이 개발되었고, 1962년 반도체 레이저의 개발로 광전자 분야가 시작되었다. 1970년 고체 촬상 소자(CCD)가 처음으로 만들어지고 실리콘 칩의 저장 용량이 크게 증가함에 따라 1980년대에 컴퓨터 산업이 크게 발달하였다. 이후 1993년에 질화갈륨(GaN)의 청색 발광 다이오드가 개발되고, 2005년부터는 나노 집적 회로를 제조할 수 있는 기술을 확보하게 되었다.

3. 반도체의 종류와 재료

학|습|목|표

- 반도체에 사용되는 재료에 따른 반도체의 종류를 분류할 수 있다.
- 공정에 따른 반도체 재료의 종류를 세 가지로 설명할 수 있다.

전자 소자는 실리콘(Si)을 소재로 한 것이 많지만 요구되는 소자의 특성에 따라 여러 가지 반도체가 사용되고 있다. 표 I-2는 각종 전자 소자의 종류와 그 소자를 구성하는 반도체 재료를 나타낸 것이다.

실리콘은 정제, 단결정 제작, 불순물 첨가, 표면 불활성화, 전극 제작 등 소자 제조에 필요한 기술이 다른 반도체 재료에 비해 충분히 확립된 재료이다. 요즈음 반도체 소자의 대부분이 실리콘으로 만들어지는 이유도 여기에 있다. 또한 반도체 재료는 공정별로 크게 3가지로 분류할 수 있다. 반도체 소재와 같은 기능 재료, **리드 프레임**(lead frame)이나 **본딩 와이어**(bonding wire) 등의 구조 재료 및 **포토레지스트**(poto resist)나 화학 원료 등의 공정 재료가 그것이다.

이 교과서는 Ⅲ장에서 기능 재료를 중심으로, Ⅳ장에서는 공정 재료를 중심으로 구성하였다.

표 Ⅰ-2 각종 전자 소자와 주재료

반도체 소자	주재료의 예
트랜지스터	Si, Ge, GaAs
전력용 정류기	Si, SiC
정류 다이오드	Si, Ge, GaAs
터널 다이오드	Ge, GaAs
건 다이오드	GaAs, InP
임팩트 다이오드	Si, GaAs
발광 다이오드	GaP, GaAs, $GaAs_xP_{1-x}$, $Ga_xAl_{1-x}As$, GaN, InGaN, AlGaN
레이저 다이오드	$Ga_xAl_{1-x}As$, $In_xGa_{1-x}As_yP_{1-y}$
포토 다이오드	Si, GaAs, $In_xGa_{1-x}As_yP_{1-y}$
전류, 자기 소자	Si, Ge, InSb, InAs, GaAs
열전 소자	Bi_2Te_3, Sb_2Te_3, Bi_2Se_3, PbTe, GeSi
피에조 저항 소자	ZnO, AlN

용어해설

리드 프레임

반도체 칩을 올려 부착하는 금속 기판

본딩 와이어

집적 회로(IC)의 외부 전극(lead)과 반도체 소자의 패드(pad)를 접속하는 선

포토레지스트

자외선을 쪼이면 그 특성이 변하는 감광 수지

정류 다이오드

전류를 한쪽 방향으로만 흘리는 반도체 소자

피에조 저항 소자 (piezo resister)

금속 또는 반도체의 전기 저항이 압력에 의해 변화하는 소자

4. 반도체 산업의 특징

학|습|목|표

- 반도체 산업의 특징을 설명할 수 있다.

반도체 산업은 반도체 재료를 원료로 하여 화학적 또는 물리적 처리 공정을 거쳐 회로를 구성함으로써 반도체 소자로서의 기능을 부여하는 산업이라고 간단히 설명할 수 있다. 반도체 산업은 화학, 물리, 전자, 기계 및 대부분의 학문 분야가 모두 결합된 종합 산업이다. 또한, 아주 작은 칩에 수많은 회로를 첨단 기술을 사용하여 집적하는 고도의 기술 집약적 산업이고, 원재료 비용에 비해 매우 높은 가치를 창출할 수 있는 고부가 가치 산업이다. 반도체 산업을 통해 생산되는 반도체 집적 회로는 정보화 사회의 끊임없는 요구에 부응하여 집적도가 날로 증가하면서 이제는 회로의 최소 선폭이 50 nm 이하의 나노 기술 시대를 열고 있다.

01. 반도체 산업

반도체 업종은 이미 수출에서 차지하는 비중이 15%를 넘어서고 있고, 반도체 가격 1달러가 상승하면 15억 불 이상의 경상 수지 흑자 효과가 있는 영향력이 가장 큰 산업이다. 여러 개 소자가 하나의 칩 속에 집적된 IC 소자는 용도에 따라 범용 IC와 주문형 IC, 특성에 따라 메모리와 비메모리 등으로 분류되는데, 반도체 산업은 그림 I-2에 나타낸 바와 같이 회로 설계, 웨이퍼 공정, 조립, 검사 등 반도체 전체 공정을 통합 수행하는 IDM(integrated device manufacturer)이 있지만, 워낙 대규모 설비 투자가 필요하고 큰 위험 요소로 인해, 회로를 설계하는 업체(fabless)와 웨이퍼 상에 공정 서비스만 제공하는 업체(foundry)와, 조립 검사하는 업체들로 크게 세분화되어 있다.

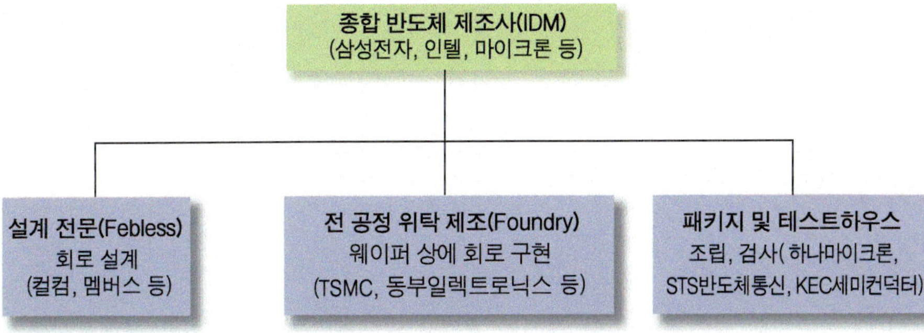

그림 Ⅰ-2 반도체 산업의 분류

대만의 대표적인 반도체 업체인 TSMC와 한국의 동부일렉트로닉스가 대표적인 파운드리(Foundry) 전문 업체들이다. 파운드리란 웨이퍼 가공 서비스를 OEM 생산하는 업체들을 의미한다.

메모리 반도체 시장에는 DRAM과 함께 최근 DRAM 시장을 위협하는 플래시 메모리로 양분되어 있고, 그 밖에도 FRAM, MRAM, PRAM 등이 있다. 그러나 아직 우리 나라는 DRAM의 동향이 전체 반도체 산업의 움직임을 결정하고 있는 상황이다. 반도체의 수요처가 PC뿐만 아니라 PDA, 디지털 TV, 셋톱박스 등 거의 모든 산업 제품으로 확대, 지속되고 있기 때문에 수요의 예측 또한 쉬운 일이 아니고, 호황과 불황의 폭이 큰 경기 민감 산업이다.

02. 반도체 장비 / 재료 산업

국내 반도체 장비 및 재료 업체들의 경우 반도체 생산이 전 공정과 후 공정의 과정으로 나뉘어져 있듯이 각 공정별로 거의 모든 업체들이 고루 분포하고 있다. 그러나 반도체 장비 및 재료 업체들의 경우는 반도체 산업의 위상과는 달리, 장비의 국산화율이 매우 낮고, 장비 제조 기술력이 낮아 높은 기술력이 요구되지 않는 후 공정이나 조립 장비와 관련된 부분에 편중되어 경쟁이 치열하다.

반도체 장비에서 전 공정 장비로는 클린룸 설비, 가스 캐비넷, 화학 증착 장치 등이 있고, 후 공정 장비는 검사 장치 등이 있다.

그리고 반도체 재료는 포토마스크, 배선 재료, 화학 약품, 리드 프레임 등을 들 수 있다.

단원 종합 문제

1. 우리 나라 반도체 산업은 어떠한 과정을 거쳐서 발전하였는지 연대별로 설명하시오.

2. 반도체 소자용 재료의 종류와 연대별 발전 과정을 설명하시오.

3. 공정에 따른 반도체 재료는 크게 3가지로 분류할 수 있는데, 반도체 소재와 같은 (　　　　), 리드 프레임이나 본딩 와이어 등의 (　　　　　　　) 및 포토레지스트나 화학 원료 등의 (　　　　)이다.

4. 반도체 산업의 특징을 3가지만 설명하시오.

5. 반도체 제조 업체를 4가지로 구분하여 설명하시오.

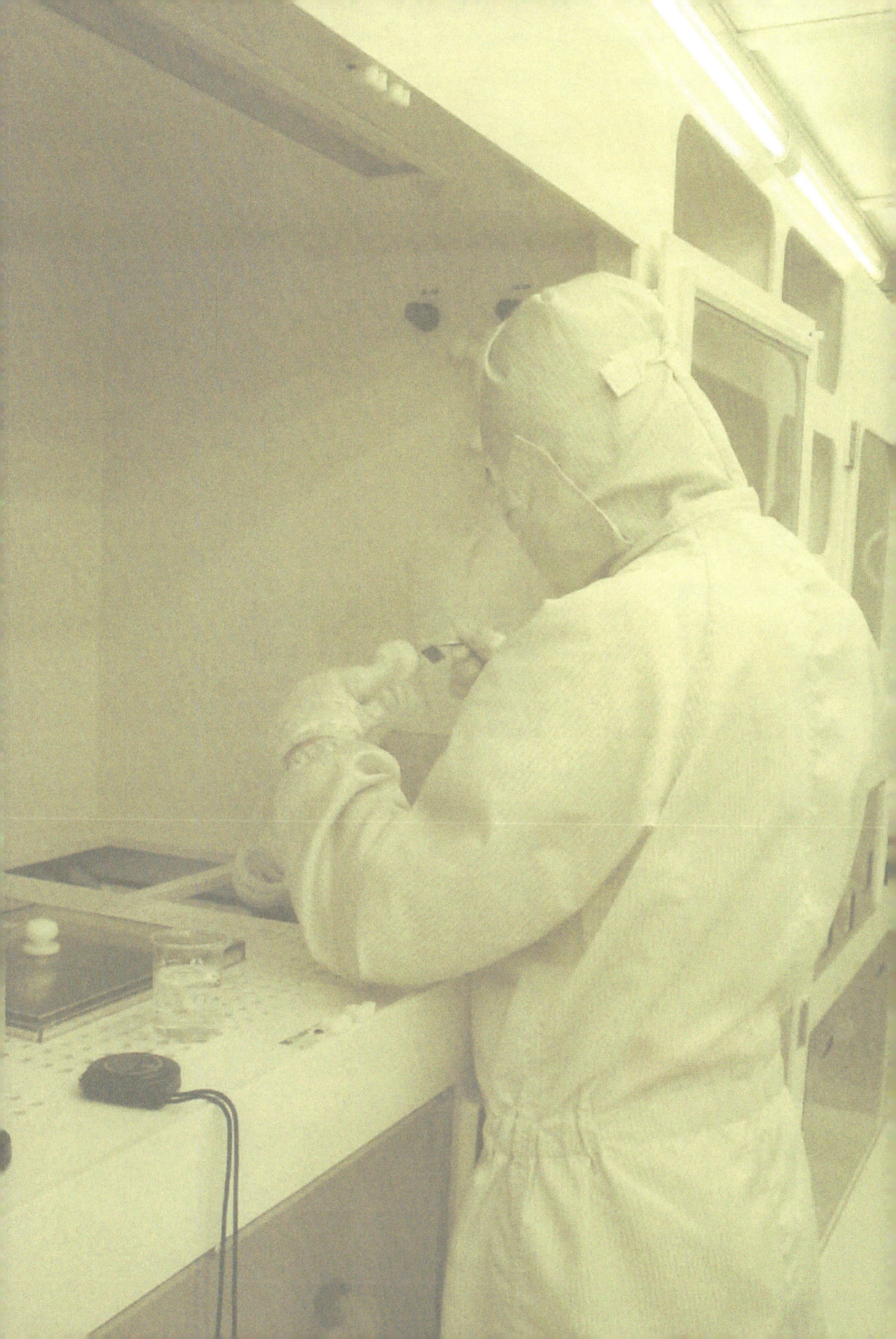

Ⅱ 반도체의 성질

1. 반도체란 무엇인가? 2. 결정 3. 원자의 결합과 에너지 밴드 4. 정공 5. 불순물
6. 반도체의 캐리어 이동 7. 페르미 레벨

반도체와 관련된 기초 물리를 통하여 반도체가 무엇인지를 알고, 물질의 분류와 에너지 밴드 이론 등을 학습할 수 있도록 하였다.

1. 반도체란 무엇인가?

학|습|목|표

- 반도체라고 정의할 수 있는 4가지 특성을 설명할 수 있다.
- 반도체의 중요성을 설명할 수 있다.

01. 물질의 분류

우리 주변에 사용되고 있는 물질들은 유기 물질과 무기 물질로 구분할 수 있다. 즉, 생물의 신체, 식물, 식료, 나무, 종이 등은 유기 물질이며, 흙이나 암석의 주성분인 규소(Si), 알루미늄(Al), 철(Fe), 칼슘(Ca) 등과 같이 금속 자체이거나 산소와의 화합물 등은 무기 물질이다. 자연계에서 순수 단일 원소로서의 금속은 거의 없으므로 **산화물**(oxide)에서 산소(O_2)를 제거하여 철(Fe), 구리(Cu), 알루미늄(Al)을 추출하고 있는데, 이것이 현대 산업의 기틀이 되고 있다. 실리콘(Si)은 지구상에서 산소(O_2) 다음으로 많이 존재하지만 1940년대 이전까지만 해도 그 유용성을 알지 못했다.

용어 해설

산화물

산소(O_2)와 다른 원소와의 2원 화합물(二元化合物)

도체

전기 또는 열을 잘 전달하는 물질

절연체

열이나 전기를 전달하기 어려운 물질

02. 물질의 전기적 분류

물질을 분류하는 데는 여러 가지 방법이 있다. 보통 유기물과 무기물로 분류하고, 물질의 상태에 따라 고체, 액체, 기체 등으로 분류하기도 한다. 전기적인 특성에 따라서는 **도체**(conductor)와 **절연체**(insulator)로 분류한다. 도체에는 주로 금속(구리, 알루미늄, 철 등)이 속하고, 절연체에는 도자기, 플라스틱 등이 있다. 전기 회로에는 이 두 가지 물질을 조합하여 사용하고 있다. 그렇지만 이 두 물질에 대한 명확한 경계는 없다. 전류가 흐르기 쉬운 정도는 저항으로 표시되는데 물질의 저항은 금속과 같이 $10^{-6}\Omega\cdot cm$ 정도로 낮은 물질에서부터 $10^{18}\Omega\cdot cm$ 정도에 이르는 높은 물질이 있다.

03. 반도체란?

반도체는 도체와 절연체 사이의 저항률을 가진다. 그림 Ⅱ-1에 나타낸 물질들의 저항률을 바탕으로 도체, 절연체, 반도체로 구분해 보면, 확실한 경계는 없으나 약 $10^{-4}\Omega\cdot cm$에서부터 $10^{6}\Omega\cdot cm$의 물질을 반도체라고 할 수 있다. 그러나 이 범위 내의 물질들이 반드시 반도체는 아니다.

또한, 저항의 특성면에서 금속 등의 도체가 대개 양(+)의 온도 계수를 가지고 있는 반면, 반도체는 음(-)의 온도 계수 특성을 나타내며, 함유된 금속 원자(불순물)의 양이나 결정의 불완전성 여부가 **전기 저항**(electric resistance)에 매우 큰 영향을 미치고, **홀 효과**(Hall effect), 정류 작용 등 특수한 효과를 나타낸다(그림 Ⅱ-2).

따라서 반도체는 위에서 정의된 모든 특성이 만족되어야 반도체라고 할 수 있다. 예를 들어 실리콘(Si)이나 게르마늄(Ge)은 위에서 말한 반도체 정의를 모두 만족시키는 물질이다.

용어해설

전기 저항

전류가 통과하기 어려운 정도를 표시하는 수치

홀 효과

자기장 내부에 위치한 반도체에 자기장에 수직한 방향으로 전류를 흘려 주면 전류 방향과 자기장 방향이 만드는 면에 수직으로 전기장이 나타나는 현상

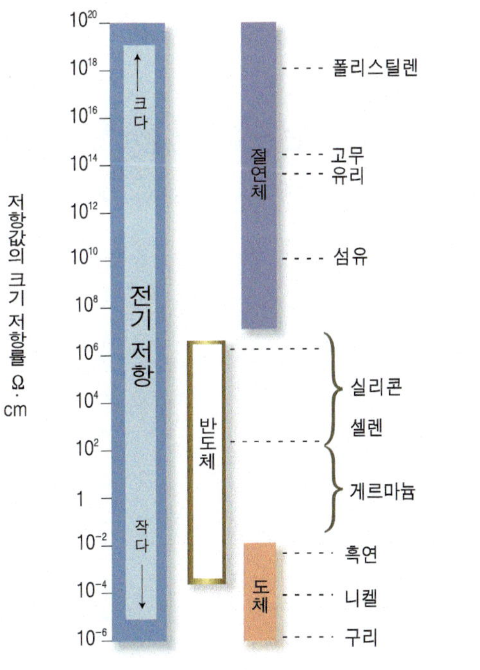

그림 Ⅱ-1 여러 가지 물질의 저항률 범위

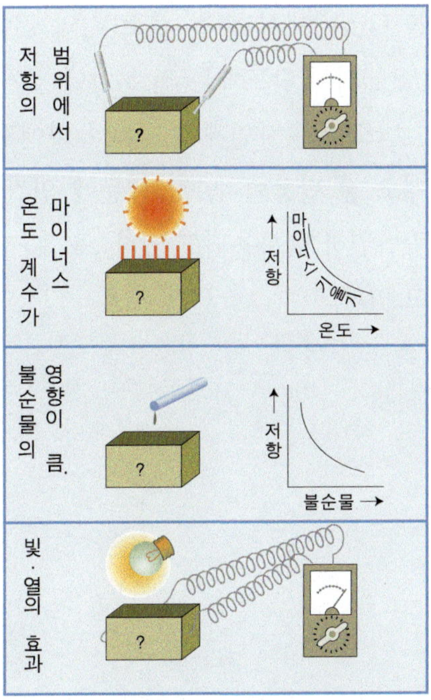

그림 Ⅱ-2 반도체의 정의

04. 반도체는 왜 중요한가?

용어해설

전자

전하를 가지는 질량이 아주 작은 입자

정공

도체 가전자(家電子)의 빈자리로 양(陽)의 전하와 양의 유효 질량을 가지며, 전도 전자처럼 움직인다.

캐리어

도체 물질 내에서 전기 정보를 전달하는 매체인 전자(electron)와 정공(hole)

센서

대상물의 상태를 파악하기 위한 감지 소자

반도체는 외부의 자극에 의하여 저항이 매우 민감하게 변화하며, **전자**(electron)와 **정공**(hole), 두 **캐리어**(carrier)가 존재하기 때문에 pn 접합이라는 장벽을 만들 수 있다. 외부의 자극은 무엇이라도 좋은데, 예를 들면 전기적, 열적, 광학적, 자기적, 기계적인 영향 등이 있다. 여기서 여러 형태의 에너지를 전기 저항의 변화(정확히 말하면 전류를 전도하는 입자, 즉 전자 등의 캐리어 증감)로 받아들인다. 또한, 장벽이라는 것은 전자 또는 정공을 어느 한 방향으로 흐르기 쉽게 하거나 어렵게 하기 때문에 반도체 내에서 전류의 흐름을 제어할 수 있다. 진공관에서는 열전자가 음극으로부터 방출되어 진공관 내를 흐르면서 여러 가지 동작을 한다. 반도체 내에서도 그와 같은 동작이 가능하며 전도 입자가 고체 물질 안에서 움직이는 것이다. 그러나 고체 내부이므로 진공 상태보다 자유롭지 못하기 때문에 캐리어의 움직임이 약간 다를 수 있다.

반도체는 초기에 정류 작용을 하는 소자에만 사용되었으나 그 후 개발된 새로운 소자에도 사용되어 지금은 전자 산업에서 사용되지 않는 데가 없을 정도가 되었다. 수 피코 암페어(pA)에서 수백 암페어(A)까지의 전류 또는 수 밀리볼트(mV)에서 수천 볼트(V)의 전압까지 그리고 직류에서 수천 메가 헤르츠(MHz)까지 반도체는 전 분야에 걸쳐 사용되고 있다.

반도체는 자연계의 빛이나 열에도 민감하게 반응하나 자력, 방사선, 가스 등에도 잘 반응한다. 그 때문에 인간과 자연을 연결시키는 **센서**(sensor)로서도 광범위하게 사용되고 있다. 표 Ⅱ-1은 감지 대상에 따른 센서의 분류를 나타내고 있다.

표 Ⅱ-1 감지 대상에 따른 센서 분류

대단위 센서	중단위 센서	소단위 센서
역학 센서	공간	거리, 각도, 위치, 레벨, 면적, 부피, 변형, 곡률, 구조
	시간	시간, 시각, 주기(주파수), 수명, 연대
	운동	속도(각속도), 가속도(각가속도), 진동, 회전, 유속(유량)
	힘	힘(하중), 압력(응력), 토크, 충격
전자기 센서	전기	전압, 전류, 전력(곡률 / 적산), 전하, 전계, 전기 분극, 전기력
	자기	자장(자계), 자속, 자기력, 자기 에너지, 자기 저항, 자기 분극
	전자파	진폭, 주파수
광 센서	가시광	광도, 조도, 색, 편광, 간섭, 회절, 굴절, 반사
	적외선	적외선(원, 근)
	자외선	자외선(원, 근)
	영상	영상, 분해능, 색상
화학 센서	가스	H_2, O_2 / O_3, CO / CO_2, CH, H_2S / SO_2, NH_3 / NOx, HCl / HF / Cl_2
	이온	양이온, 음이온, 가스 감응 이온
	성분	기상 성분, 액상 성분, 이온 질량, 광흡수 성분, 발광 성분(형광 / 화학 발광), 산화 환원 성분, 용액 전도율 성분, 자기 산소
	습도	습도(상대 / 절대), 습기, 결로
	분진 / 매연	부유 분진, 강하 분진, 매연, 탁도(turbidity)
방사선 센서	하전 입자선	α선, 핵분열선, 이온 빔
	전자선	β선
	전자파 방사선	γ선, X선
음향 센서	음파	강도, 고저, 위상, 반사, 굴절, 투과, 회절, 간섭, 음속, 파형
	초음파	강도, 진동수, 위상, 영상, 거리, 결함
	음성 / 소음	강도, 음색, 맥놀이, 소음
열학 센서	열량	열량(반응열), 전도, 복사, 대류, 용량, 비열
	온도	상온(기온 / 실온 / 체온), 고온, 저온, 극고온, 극저온
생물 센서	생체 물질	단백질 핵산, 탄수화물, 지질, 비타민, 무기염류, 항생 물질
	세포 / 조직	생체막, 세포소 기관, 세균, 균류, 바이러스
	생체 기능	효소, 소화 / 배설, 호흡 / 순환, 호르몬, 면역

2. 결 정

학|습|목|표

- 결정의 개념을 이해하고 결정의 종류를 설명할 수 있다.
- 반도체 재료에서 단결정을 사용해야 하는 이유와 그 제작 방법을 설명할 수 있다.

01. 결정이란?

결정(crystal)이란 원자가 규칙적으로 정렬된 물질로서 자연계의 법칙에 의해 원자 또는 분자가 결합하여 특정한 형태를 구성하고 있는 것이다.

> **용어 해설**
>
> **단위포**
>
> 결정을 구성하는 최소 단위 격자

먼저 그림 Ⅱ-3을 살펴보자. 그림에서 사각 입자를 **단위포**(unit cell)라 한다. 그림Ⅱ-3(a)과 같이 커다란 상자 안에 이 입자를 자연스럽게 집어 넣으면 입자는 무질서하게 배열된다. 이와 같은 물질을 무정형(amorphous) 또는 비정질이라고 한다. 그림 Ⅱ-3(b)에서는 개개의 입자가 서로 일정한 간격으로 정렬되고 있다. 입자가 정렬되어 있는 일부분을 보면 결정과 같이 보일 수도 있으나 전체 상자를 보면 하나의 결정이 아니므로 이를 다결정(poly crystal)이라고 한다. 자연계의 물질들은 비정질 혹은 다결정의 형태이나 금속은 다결정의 형태가 많다. 그림 Ⅱ-3(c)와 같이 전체 입자가 정렬되어 있는 경우를 단결정(single crystal)이라고 한다.

대부분의 결정체는 10^{22} / cm^3 정도의 원자가 들어 있으므로 그림 Ⅱ-3(c)와

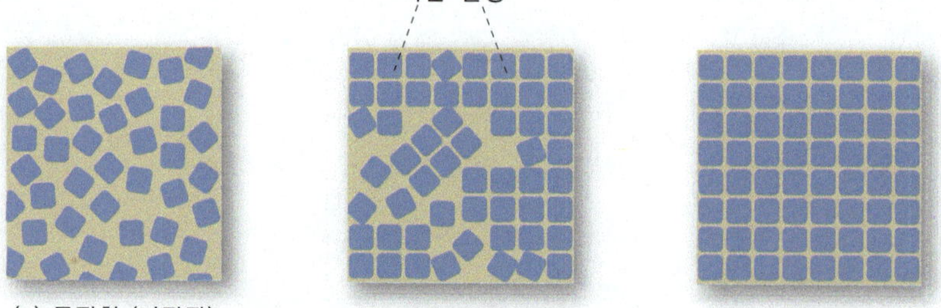

(a) 무정형 (비정질) (b) 다결정 (c)단결정

■는 **단위포**를 나타낸다.

그림 Ⅱ-3 원자가 모여서 물질을 구성

같이 규칙적으로 정렬되기란 매우 어렵기 때문에, 자연적으로 단결정이 만들어지기란 거의 불가능하다.

02. 단결정을 사용하는 이유

좋은 단결정을 제조하기는 매우 어렵기 때문에 오랜 연구와 많은 비용이 소요된다. 그럼에도 불구하고 양질의 단결정을 제조하려는 이유는 단결정은 전기적 성질이 우수하고, 예측 가능하기 때문이다. 반도체의 성질을 이용하고 있는 저항기나 발광체 등에서는 단결정을 사용하지 않는 경우도 있지만, 이는 특별한 경우이며 우수한 특성의 다이오드(diode)나 트랜지스터(transistor)를 제작하기 위해선 단결정이 꼭 필요하다. 그 이유는 전자가 단결정 내부에서 움직임이 규칙적이기 때문이다.

실리콘(Si)은 금속과 같아 보이나 자세히 살펴보면 그림Ⅱ-4와 같이 결정을 구성하고 있는 원자와 원자의 간격이 비교적 넓다는 것을 알 수 있다. 그림에서 선은 원자를 결합시키는 손이며, 만약 결정이 양호하여 규칙적인 배열을 하고 있다면 전자는 매우 먼 거리까지 움직일 수 있을 것이다. 그러나 최후에는 원자나 결합한 손과 충돌하게 된다.

충돌 후 순간적으로 잠시 멈췄다가, 임의의 방향으로 이동하지만 결국 양(+) 전압 방향으로 흐르게 된다. 만약, 실리콘(Si)이 그다지 좋은 단결정이 아니라면, 전자는 쉽게 이동하지 못하고 약간만 이동하여도 충돌해 버릴 것이다. 결국 외부에서 보면 전자의 속도가 매우 느리다는 것을 알 수 있다. 이와 같은 전

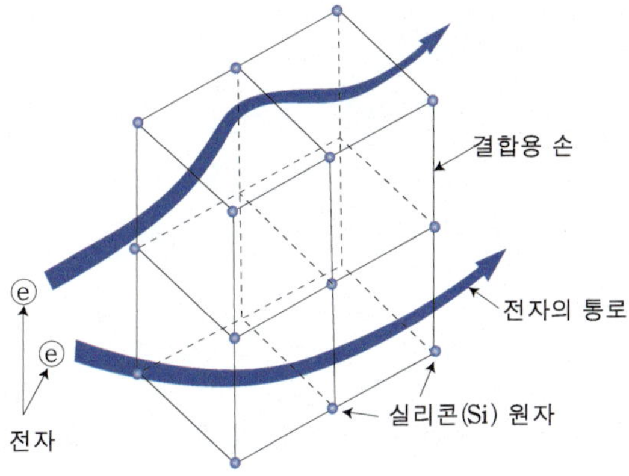

그림 Ⅱ-4 단결정 내의 전자 이동

그림 Ⅱ-5 단결정과 전자들 ·· 정글짐

자의 이동 속도를 "이동도(mobility)"라고 한다. 우수한 결정에서는 이동도가 클 것이며 이동도가 작은 결정에서는 전자의 속도가 느리기 때문에 우수한 트랜지스터를 만들 수 없다.

다른 측면에서 고찰해 보면, 인간이 보통 위치 에너지와 열에너지를 가지고 있는 것과 마찬가지로 개개의 전자는 자신의 전위(또는 전압)를 지니고 있다. 즉, 3층에 있는 사람은 2층에 있는 사람보다 높은 위치 에너지를 지니고 있는 것과 같은 원리이다. 이는 계단이나 승강기를 이용하여 위로 올라갈 때 에너지가 몸에 붙기 때문이다. 계단을 내려갈 때는 위치 에너지를 사용하므로 올라갈 때보다 쉬울 것이다. 그림 Ⅱ-6(a)에 나타난 바와 같이 전자가 지니고 있는 전위는 단결정과 같이 규칙적인 배열에서는 평균적으로 어느 위치에서나 동일하다고 생각할 수 있다. 예를 들면 높은 산 위에서도 동일한 높이의 길을 걸을 때는 힘들지 않지만 평지에 있는 울퉁불퉁한 들길을 걸을 때는 힘든 경우와 마찬가지이다. 다결정에서도 이 전위가 일정하지 않아, 속도가 생각처럼 나지 않는 것이다(그림 Ⅱ-6(b)).

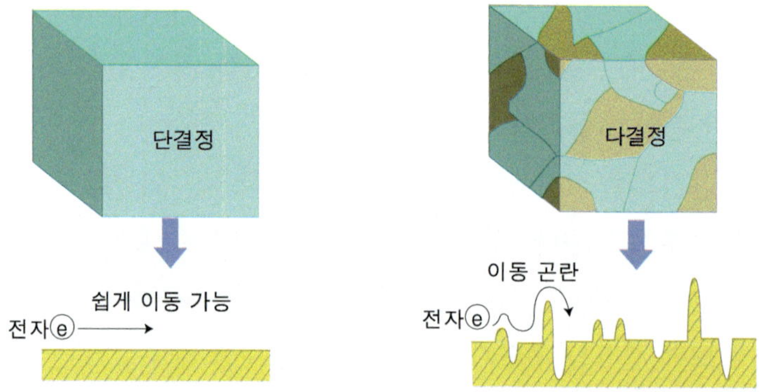

(a) 단결정 (b) 다결정

그림 Ⅱ-6 물질 내 전위 분포

반도체에서는 전자의 움직임 이외에 또다른 움직임의 메커니즘이 있다. 즉, **p형 반도체**(p type semiconductor)에서 전자가 움직이는 경우, 전자와 유사한 양(+)의 전하를 가진 정공(hole)이 전류를 흐르게 한다. 만약, p형 반도체에 전자를 주입하면 수많은 양(+) 전하에 의하여 전자의 생존 시간(life time)이 짧아지게 되는 것이다.

> **용어 해설**
>
> **p형 반도체**
>
> 순수한 실리콘 반도체 결정에 가전자 3개를 가지는 Ⅲ족 원소의 불순물을 첨가한 것

실리콘(Si) 결정이 우수하다면, 그 전자의 평균 활동 시간(수명이라고도 함.)은 1ms 정도이다. 매우 짧은 시간이지만 전자의 입장에서는 매우 긴 시간이

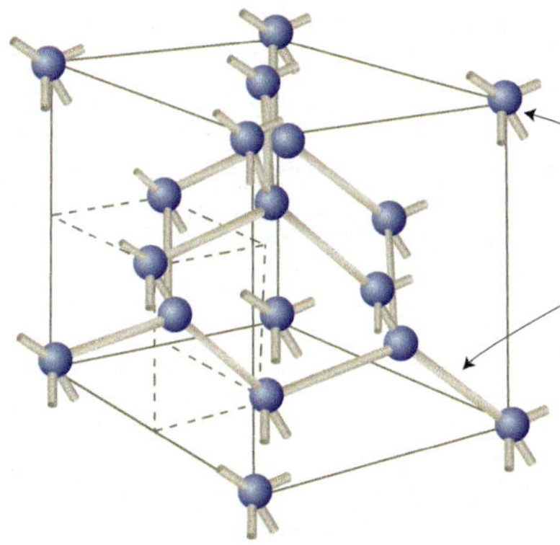

그림 Ⅱ-7 다이아몬드 결정 구조

다. 좋지 않은 결정이라면, 전자의 생존 시간은 1μs 정도로 이동도 못하고 양(+)전하와 합쳐져서 소멸되는 것이다. 그림 Ⅱ-7은 실리콘(Si)이나 게르마늄(Ge)의 실제 결정 상태인 다이아몬드 구조를 나타내고 있다.

03. 단결정 제작법

지금까지 고찰한 반도체(실리콘 또는 게르마늄)는 단일 물질(화합물이 아님.)로서 이를 순수하게 정제하여 추출하기는 매우 어렵다. 하지만 단결정이 아니면 성능이 나빠지므로 실제로는 인공적으로 단결정을 제작하여 사용하고 있다.

이와 같이 단결정을 제작하기 위해서는 여러 가지 외부 조건을 만족시키면, 단결정을 만들 수 있다. 단결정을 제작하기 위해선 그 근원이 되는 작은 크기의 단결정이 있어야만 한다. 이를 종자(seed)라고 하는데 식물의 씨앗과 같은 의미이다.

단결정은 조그만 종자를 점점 크게 만들어 제작한다. 좀더 일반적으로 말하면 그림 Ⅱ-8과 같이 벽돌을 차곡차곡 쌓는 것과 같다. 즉, 종자 결정 위에 원자가 스스로 적당한 위치를 찾아 어디든지 동일한 모양으로 쌓이게 된다. 이를 위해 결정을 만드는 속도는 느릴수록 좋은데, 보통 분당 1mm 정도의 속도로 단결정을 만들어 내고 있다. 구체적으로는 여러 가지 단결정 제작 방법이 있지만, 일반적인 방법은 그림 Ⅱ-9와 같다. 먼저, 실리콘(Si)이나 게르마늄(Ge) 분말 또는 다결정을 **도가니**(crucible)에 넣어 열을 가해 녹인다. 게르마늄(Ge)은 940℃, 실리콘(Si)은 1400℃ 이상에서 **용해**(melting)되므로 그 온도 이상

용어해설

도가니
물질을 용해하는 데 사용되는 내열성 용기

용해
고체인 물질이 액체 상태로 되는 일

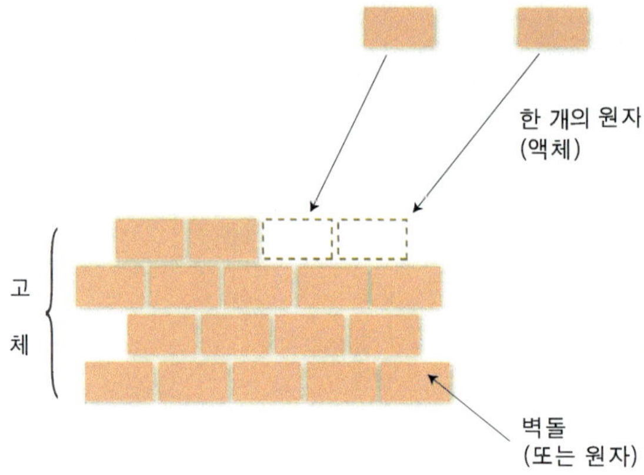

그림 Ⅱ-8 벽돌쌓기와 단결정

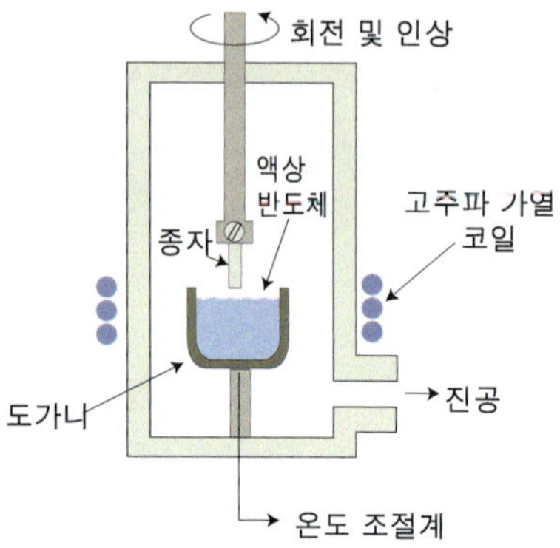

그림 Ⅱ-9 인상법에 의한 단결정 성장

에서 견딜 수 있는 도가니가 필요하며, 도가니 자체도 매우 순도 높은 재질을 사용하지 않으면, 도가니로부터 용해된 불순물이 결정에 혼입될 수 있다.

또한, 도가니 내부에 산소(O_2)가 존재할 경우 결정을 산화시키기 때문에 도가니 내부를 진공 상태 또는 순수한 **아르곤**(Ar)이나 수소(H_2) 분위기 상태에서 작업을 해야만 한다.

이렇게 하여 용해시킨 실리콘(Si)이나 게르마늄(Ge) 표면에 조그만 종자 결정을 천천히 침적시킨다. 이 때, 내부의 온도가 너무 높으면, 중요한 종자 결정이 전부 녹아 없어져 버리며, 온도가 너무 낮으면 단번에 전부 굳어 버리기 때문에 온도를 정밀하게 조절하여야만 한다. 이와 같은 결정 성장 방법을 **인상법**(pulling method) 또는 CZ법(Czochralski method)이라 하며, 가장 일반적인 결정 성장법으로서 우수한 결정을 만들 수 있다. 그림 Ⅱ-10에서 CZ법으로 성장시킨 실리콘(Si) 단결정을 보여 주고 있다.

용어해설

아르곤

주기율표 제Ⅷ족에 속하는 비활성 기체 원소

인상법

융액으로부터 단결정(單結晶)을 육성하는 한가지 방법

그림 Ⅱ-10 실리콘 단결정

3. 원자의 결합과 에너지 밴드

학|습|목|표

- 원자의 구조를 설명할 수 있다.
- 원자의 결합과 에너지 밴드의 개념을 설명할 수 있다.
- 에너지 밴드의 생성 과정과 각 밴드의 역할을 설명할 수 있다.

01. 원자 모델

그림 Ⅱ-11 입체 교차로

그림 Ⅱ-11은 입체 교차로이다. 여기서는 자동차가 100km/h 이상의 속도로 계속 움직이고 있다.

이것을 상공에서 살펴보면 자동차란 조그만 입자가 정해진 도로 위를 규칙적으로 움직이는 것처럼 보인다. 자동차라면 어디든지 자유로이 움직일 수 있을 것 같지만 실은 그렇지 않다. 전체 면적에 비해 미세한 부분만 주행할 수 있는 것이다. 이는 전자가 원자 주변의 정해진 도로만을 움직일 수 있는 것과 유사한 현상이다.

전자의 경우, 이 도로를 **궤도**(orbital)라 한다. 일반적으로 원자는 중심에 양(+)전하를 갖는 원자핵과 그 주변 궤도를 회전하는 전자로 구성되어 있다. 그림 Ⅱ-12(a)는 가장 간단한 구조를 갖는 수소(H) 원자의 모형으로서 1개의 전자만이 궤도를 따라 회전하고 있는 형태를 보여 주고 있다. 어떠한 물질이라도 크게 원자핵과 전자로 나눌 수 있다. 단지, 물질에 따라 원자에 구속된 전자의 수가 다를 뿐이다. 즉 전자 수의 차이에 따라 수소가 되기도 하고, 산소(O_2)가 되기도 하고, 철(Fe)이 되기도 하며, 알루미늄(Al)이 되기도 하는 것이다. 이와 같은 전자의 수를 물질의 원자 번호라 한다. 예를 들면 수소의 원자 번호는 1번, 헬륨(He)은 2번, 리튬(Li)은 3번, ……, 14번은 실리콘(Si), 32번은 게르마늄(Ge) 등이다. 이 번호에서 알 수 있듯이 실리콘(Si)은 14개, 게르마늄(Ge)은 32개의 전자가 존재한다. 이 개수는 여러 가지 요인

> **용어 해설**
>
> **궤도**
>
> 원자 내에서 핵 주위를 회전하는 전자의 길

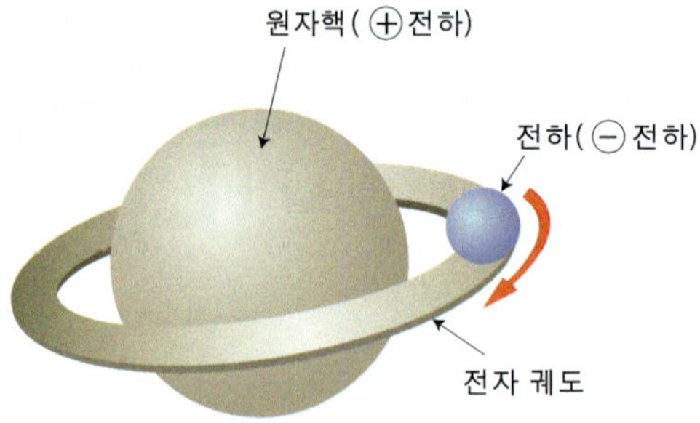

(a) 수소(H) 원자 모델(전자는 1개뿐이다.)

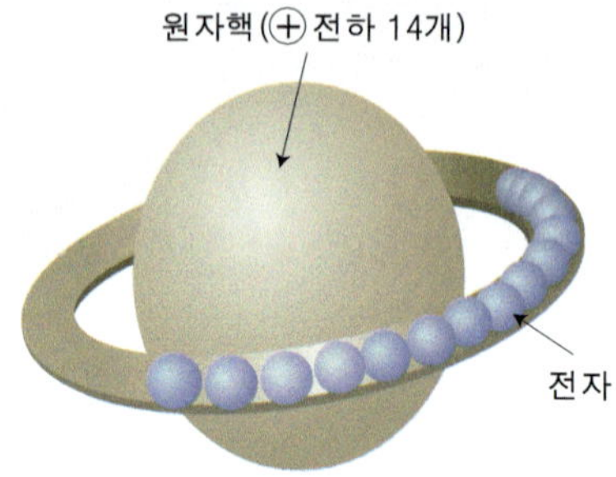

(b) 14개의 전자는 제1궤도가 좁아 움직일 수 없게 된다(실리콘의 경우).

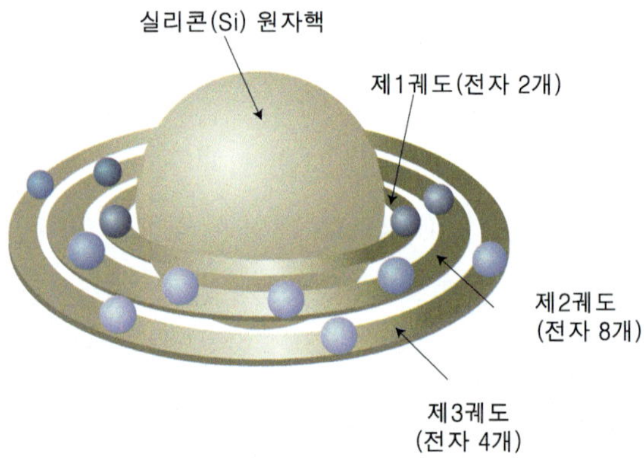

(c) 실제 실리콘(Si)의 전자 분포, 제3궤도까지 필요하다.

그림 Ⅱ-12 원자 모델과 전자 분포

에 의하여 변화하나 원자핵의 양(+)전하의 개수는 변하지 않는다. 정확히 말하면, 각각의 궤도도 2~3개의 소궤도로 분리되어 있지만, 여기서는 하나의 궤도로 생각하기로 하자.

실리콘(Si)에 대해 자세히 살펴보면, 그림 Ⅱ-12(b)처럼 전자 궤도에 14개의 전자가 나란히 회전하고 있다. 그러면 극심한 교통 체증이 발생할 것이다. 전자가 잘 움직이려면 어떻게 하면 좋을까? 교통 체증을 해결하기 위해서는 차선의 수를 증가시키면 되는 것처럼 제2차선, 다시 말해 제2궤도, 제3궤도를 신설하면 되는 것이다. 실험적으로 원자에는 제7궤도까지 있는 것으로 밝혀졌다. 여기서 각각 궤도를 움직이는 전자의 수가 결정되어 제1궤도는 2개, 제2궤도는 8개, 제3궤도는 18개, 제4궤도는 32개 등으로 증가한다. 14개의 전자를 가진 실리콘의 경우, 그림 Ⅱ-12(c)와 같이 제1궤도와 제2궤도를 채우고 제3궤도에 4개의 전자가 들어 있다.

02. 원자의 결합

여기서 다시 한 번 수소(H)에 대하여 생각해 보면, 그림 Ⅱ-13(a)와 같이 수소 주변에는 2개의 전자가 회전할 수 있지만, 수소 원자는 1개의 전자만을 보유하고 있기 때문에 1개의 전자를 추가로 받아들일 수 있어 다른 원소와 결합하려는 성질이 강하다. 이와 같은 성질을 설명하기 위하여 수소 원자는 그림 Ⅱ-13(a)와 같이 결합용 손이 있는 것처럼 표시할 수 있다. 문어의 다리나 말미잘의 촉수와 같은 모양이라고 생각해 보자. 이 손은 전자의 수를 표시하고 있다. 수소(H)는 1개의 전자를 가지므로 손도 1개 있다.

수소 원자가 많이 존재할 경우, 서로 다른 수소의 손을 원하기 때문에 그 중 2개의 원자가 결합하여 그림 Ⅱ-13(b)와 같은 모양이 된다. 이 때문에 실제 존재하는 수소(H)는 원자 2개가 결합하여 H_2의 형태를 취하므로 이를 수소 분자라고 한다. 이와 같은 결합을 **공유 결합**(covalent bond)이라 한다. 이러한 내용을 실리콘(Si)에 적용시켜 보자. 그림 Ⅱ-12와 같이 실리콘(Si)은 제1궤도와 제2궤도가 충족되어 있어 제1궤도와 제2궤도는 존재 유무에 관계 없이 결합에 영향을 미치지 못한다. 실리콘(Si)의 제3궤도가 충족되기 위해서는 18개의 전자를 필요로 하지만, 4개밖에 없기 때문에 다른 물질과 충분히 결합할 수 있다. 결합손은 4개이며 수소(H)에 비하여 더욱 결합손이 많아졌다는 것을 알 수 있다(그림 Ⅱ-13(c)). 이와 같이 결합손의 수를 '가(價)' 또는 '족(族)'이라 하며 실리콘(Si)은 4가 원소이고 수소(H)는 1가 원소이다. 만약 실리콘(Si)과 수소(H)가 결합한 화합물은 모노실란(SiH_4)이 되는 것을 알 수 있다. 4가 원소로는 실리콘(Si) 이외에 게르마늄(Ge), 주석(Sn), 탄소(C) 등이 있으며 이 원소들

> **용어 해설**
>
> **공유 결합**
>
> 화학 결합의 하나로 2개의 원자가 서로 전자를 방출하여 전자쌍을 형성하고, 이것을 공유함으로써 생기는 결합

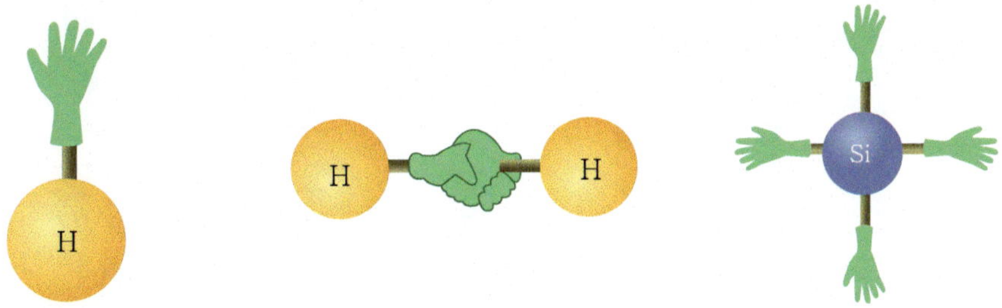

(a) 수소(H)의 결합손은 1개뿐 (b) 두 개의 수소가 결합한 수소 분자(H_2) (c) 실리콘(Si)의 결합손은 4개

그림 Ⅱ-13 원소의 결합 형태

은 반도체 성질을 가질 확률이 매우 높다.

결합손을 갖고 있는 2개의 원자를 결합하면 손과 손이 곧 서로 연결되어 그림 Ⅱ-14의 (a)와 같이 된다. 이후로는 손을 그리는 것이 복잡하므로 (b)와 같이 그려도 좋겠지만, 전자 하나가 손 하나를 뜻하므로 (c)와 같이 그리는 것이 이해하기 쉬울 것이다. 그림 Ⅱ-14(c)를 보면 2개의 원자가 상호 간 전자를 소유하므로 이와 같은 결합을 공유 결합이라고 한다. 2개의 원자가 결합할 때뿐만 아니라 수많은 원자가 결합하면 어떠한 모양이 될까? 그림 Ⅱ-14와 같이 원자들을 바둑판의 눈과 같이 배열하여 서로 연결시키면 된다. 그림에서는 실리콘 원자를 사용하였지만 다른 원자의 경우도 마찬가지이며 화합물 반도체의 경우도 결합 원리는 동일하다.

여기서 비화갈륨(GaAs)이라는 화합물을 생각해 보자. 그림 Ⅱ-15와 같이 갈륨(Ga)은 3가 원소이며 비소(As)는 5가 원소이다. 이 두 원소가 결합된 점선 안을 살펴보면 8개의 손이 되므로 4가 원자 2개와 유사하여, 역시 반도체 성질을 띠게 된다. 이를 Ⅲ-Ⅴ족 화합물 반도체라고 한다. 마찬가지로 황화카드뮴(CdS)은 Ⅱ-Ⅵ족 화합물이 되며 약한 반도체 성질을 띠고 있다. 이들과 달리 실리콘(Si), 게르마늄(Ge) 등은 1종 원소만으로 이루어진 단원소 반도체이다.

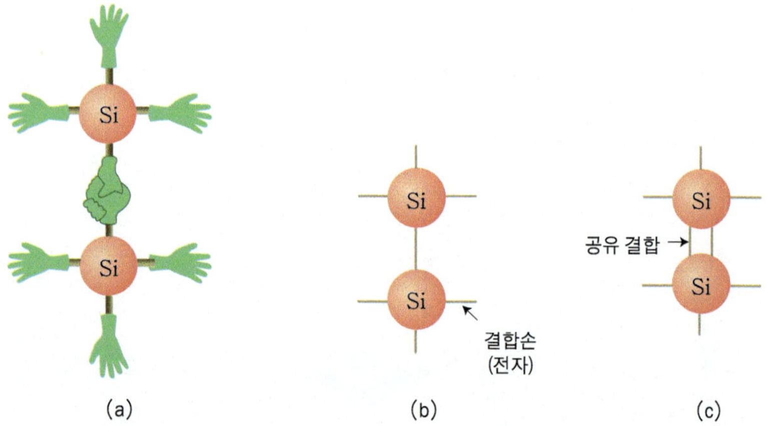

그림 Ⅱ-14 두 개의 실리콘(Si) 원자의 연결 방법(공유 결합)

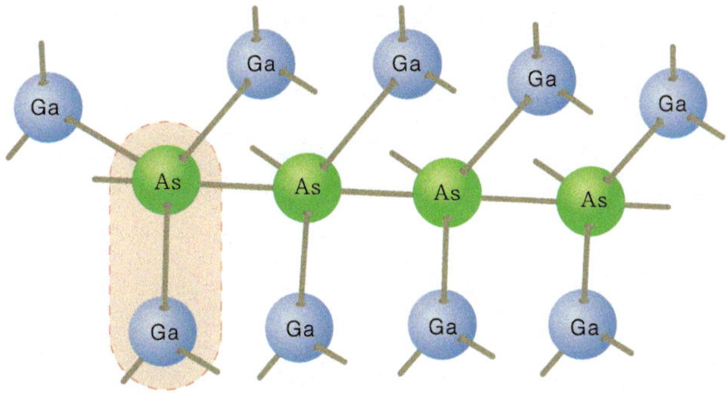

그림 Ⅱ-15 비화갈륨(GaAs) 반도체의 결합, 두 개로 8개의 전자를 지니게 된다.

03. 많은 원자가 공존할 때

지금까지는 단일 원자 1개가 따로 떨어져 존재하는 경우를 생각해 보았다. 그러나 실제 임의의 결정은 1cm^{3}당 약 10^{22}개의 원자로 이루어져 있으며, 이 10^{22}개의 수는 상상할 수조차 없는 매우 큰 수이다. 만약 전자가 콩알만 하다면 그 숫자의 콩알은 지구 안에 가득 찰 정도가 될 것이다. 이와 같은 숫자의 원자가 혼합되어 있다면 원자의 특성도 약간 변할 것이다.

원자들을 서로 접근시켜 결정이 이루어지게 되면, 결정 속의 각 원자의 에너지 준위는 결정 전체를 이루고 있는 다른 원자의 영향을 받아 변하게 된다. 원자군(原子群)이 서로 접근함에 따라 에너지 준위는 분열하게 되고, 결정을 구성할 정도로 접근하면 에너지 준위는 약간씩 차이가 있는 에너지 준위의 집합인 에너지 밴드(energy band)로 바뀐다. 그리고 두 에너지 밴드 사이는 전자의 존재가 금지되어 있어서 금지대라 한다. 또한 금지대 위쪽의 에너지 밴드에 전자가 채워져 있지 않은 준위가 남아 있을 때에 전자가 원자 사이를 이동할 수 있으므로, 이 에너지 밴드를 **전도대**(conduction band)라 하며, 금지대 아래쪽의 에너지 밴드는 가전자대라 한다. 금지대의 폭은 물질에 따라 다른데, 전도대에 전자가 없고 금지대의 폭이 넓은 것은 절연체이고, 전도대에 전자가 없고 금지띠의 폭이 좁은 것은 반도체이다. 또 전도대에 전자와 정공이 충분히 존재하거나 전도대와 가전자대가 일부 겹쳐 금지대가 없는 경우에는 도체가 된다. 이러한 에너지 밴드의 구조는 원자의 정보(원자 번호, 최외각 전자의 수, 원자간 거리)와 결정의 정보(최근접 원자의 거리와 위치)만으로 결정된다.

용어 해설

전도대

가전자에서 전자가 올라오기 전까지는 텅텅 비어 있는 궤도의 띠

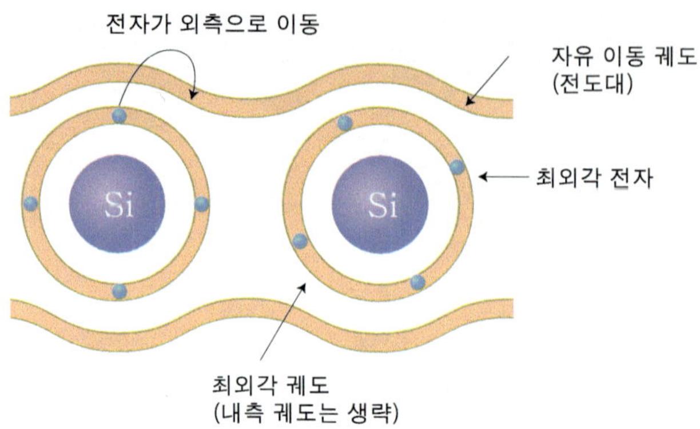

그림 Ⅱ-16 원자가 모여 전자 궤도를 생성한다.

04. 에너지 밴드 형성 과정

> **용어 해설**
>
> **대의 이론**
>
> 결정 내 전자의 에너지 준위가 연속적으로 분포하는 부분과 준위가 없는 부분으로 나뉜 구조 이론

반도체의 여러 가지 현상을 고찰하기 위하여 '대(band)' 의 이론을 사용해야 한다. 이는 직관적인 모형으로는 이해하기 어려우므로 다음과 같이 생각해 보기로 하자. 실리콘(Si)이나 게르마늄(Ge)의 최외각 전자는 보통 원형 궤도를 회전하고 있으나, 만약 어떤 힘이 가해지면 최외각 전자는 바로 다음 외각 궤도로 옮겨질 수 있게 된다. 이러한 힘으로는 열, 빛, 전압 등 여러 가지가 있을 수 있다.

여기서, 우리들이 전자가 되어 생각해 보자. 외각으로 갈수록 지형이 더 높아진다면 외측으로 옮기기 위하여 약간의 힘이 필요할 것이다. 이와 같은 원리를 이용하여 그림 Ⅱ-17과 같은 실리콘(Si) 원자 모형의 궤도 단면을 살펴보면, 낮은 궤도로 보통의 전자는 회전하고 있으나, 언덕을 넘어 가면 위 궤도로 진입하여 궤도의 상황에 맞게 회전할 수 있는 것이다. 그림 Ⅱ-18의 도심 속의 고가 도로와 비교하면 지상을 달리던 자동차가 힘을 가하여 고가 도로로 진입하는 것과 마찬가지이다.

원자가 모여 결정을 형성하게 되면, 모양이 약간 변할 수 있다. 인근 원자의 수가 증가하기 때문에 전자의 궤도가 변할 수 있는 것이다. 이는 전자가 서로 전기적인 영향을 끼치기 때문이다. 그 결과 두 개의 궤도는 그림 Ⅱ-17과 같이 수가 증가하여 계단 형태로 조금씩 높아지는 궤도로 변화하게 된다. 즉, 동일한 궤도에서도 높이가 틀리기 때문에 궤도의 폭이 존재하게 되는데, 이 폭을 밴드라고 한다.

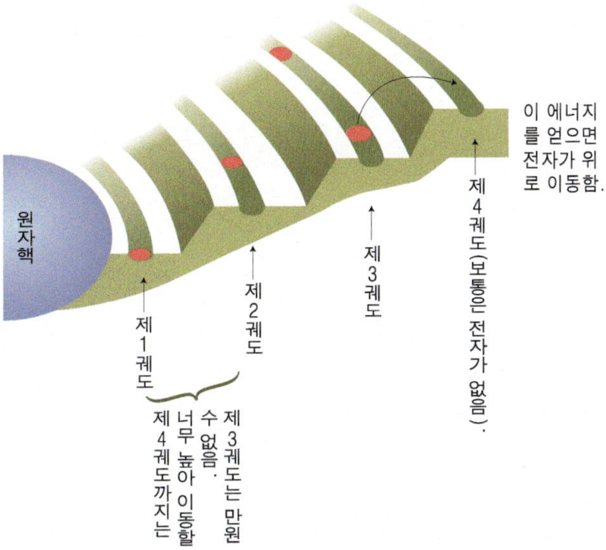

그림 Ⅱ-17 전자 궤도 모형과 필요 에너지(Si원자 모형)

그림 Ⅱ-18 고가 도로를 이용하면 더욱 빠르다.

그림 Ⅱ-19에는 하나의 궤도에 4개의 계단이 존재하는 것으로 표시하였으나 실제 결정에서는 그 수가 매우 증가하여 10의 몇 제곱 정도까지 늘어난다. 여기서 그림 Ⅱ-19를 간단히 표시하기 위하여 원자를 생략하고 통로를 하나의 선으로 표시하면 그림 Ⅱ-20(a)와 같이 된다. 이 경우, 가로 폭은 아무 의미가 없으며 선을 하나하나 그리는 것이 복잡하므로 그림 Ⅱ-20(b)와 같이 임의의 폭으로 밴드를 표시한다. 제일 위에 있는 밴드를 전도대(conduction band), 아래쪽 밴드를 가전자대(valence band)라 하고, 위에서 말한 것 중 언덕에 해당하는 일종의 밴드를 **금지대**(forbidden band)라고 하는데, 이 밴드에서는 전자가 존재할 수 없다. 그렇다면 이와 같은 밴드는 무엇을 의미하는가? 그림 Ⅱ-19에서 세로축은 궤도의 상하 에너지를 표시한다. 그림 Ⅱ-19의 위쪽에 있는 전자는 에너지가 크며, 아래쪽에 있는 전자는 에너지가 작으므로 위쪽에 있는 전자일수록 더욱 활발히 움직일 수 있는 것이다. 가로축은 결정의 길이를 표시하나 큰 의미를 가지고 있지는 않다.

용어 해설

금지대

전자의 궤도가 없는 즉, 전자가 들어갈 수 없는 곳

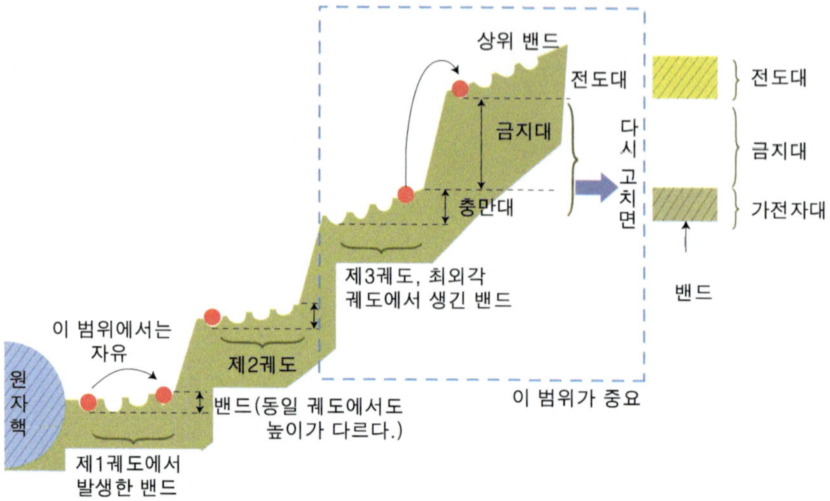

그림 Ⅱ-19 결정에서의 궤도 형성, 폭과 높이는 궤도마다 변하고 있다.

05. 각 밴드의 역할

그림 Ⅱ-20(a)의 에너지 밴드(energy band)는 반도체 소자(트랜지스터 등)를 이해하는 데 반드시 알아야 할 요소이다. 맨 아래에 위치한 가전자대는 원자의 최외각 궤도에 해당하며, 원자당 8개의 전자 통로(그림 Ⅱ-20(b)에서 선의 수)가 존재한다. 실리콘 원자는 4개의 최외각 전자를 가지지만, 결정체가 공유 결합하므로 전 통로가 전자로 가득 차게 된다. 가전자대는 이와 같이 전자로 가득 차 있으므로 이들 전자는 움직일 수 없는 것이다. 움직일 수도 없는 만원 상태의 출근 버스라고 할 수 있으며, 한 명의 승객이 빠져나가면 차례로 움직일 수 있을 것이다. 이와 같은 상황이 반도체에서도 발생한다.

전자는 금지대에 해당하는 에너지 값을 가질 수 없다. 그렇지만 이 밴드 내

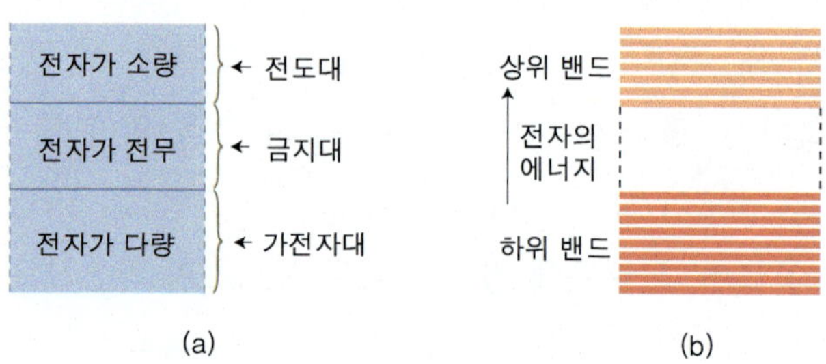

그림 Ⅱ-20 전자 궤도 개략도(밴드 선도)

에는 여러 가지 에너지 준위가 있을 수 있으며 반도체에서는 매우 중요한 밴드이다. 금지대의 폭은 반도체마다 다르며 반도체의 성질을 결정하는 데 중요한 역할을 한다. 가장 위쪽에 위치한 전도대는 전자가 들어갈 수 있는 밴드이다. 단, 가전자대와 달리 통로, 즉 전자가 들어갈 수 있는 자리는 많은데 전자는 그다지 많지 않은 곳이다. 전도대에 해당하는 에너지 값을 가지는 전자는 결정 내를 자유스럽게 움직일 수 있으며 전기 전도에 영향을 미치는 밴드이므로 전도대라 하고, 전도대에 있는 전자를 **자유 전자**(free electron)라고 한다.

용어 해설

자유 전자

균일한 전기장이나 자기장 이외에 외부로부터 힘을 받는 일 없이 자유로이 움직이는 전자

06. 열에너지에 의한 전자 이동

만일 전도대에 전자가 전혀 없다면, 결정 내를 움직일 수 있는 전자가 없어서 전류는 전혀 흐를 수 없으므로 절연체가 된다. 이에 비하여 반도체에서는 매우 소수의 전자가 열에너지에 의해 가전자대에서 전도대로 올라갈 수 있다. 만약, 25℃에 결정을 놓아 두면 결정도 그 온도까지 올라갈 것이다. 이에 해당하는 열에너지가 전자에 영향을 끼쳐 그림 Ⅱ-21과 같이 가전자대에 있는 전자가 위로 튀어 올라가게 된다. 올라가는 모양은 전자마다 서로 다르며 높이 올라가는 것도 있고, 낮게 올라가는 것도 있다.

그림Ⅱ-21과 같이 10개의 전자가 있을 때 그 중에 1개만이 1 eV 이상 에너지가 상승하며, 이 전자만이 전류의 흐름에 관련되는 것이다. 실온에 해당하는

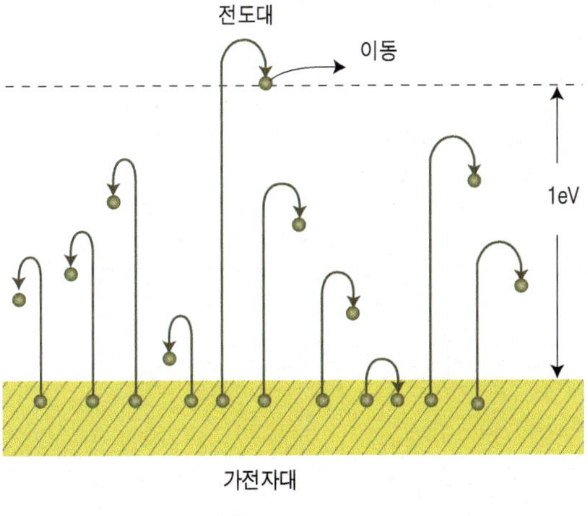

그림 Ⅱ-21 열에너지에 의한 전자 이동

열에너지는 약 0.03 eV 정도이다. 즉, 평균적으로 전자는 0.03 eV만큼 올라갈 수 있는 것이다. 그러므로 반도체의 금지대 폭(에너지 밴드 갭, E_g)인 1.12 eV(실리콘의 경우)를 초과하는 전자는 매우 적은 양일 것이다. 또한, 에너지 밴드 갭이 0.02eV라면 실온에서 모든 전자가 전도대로 올라가 저항값이 대단히 작아질 수도 있다.

07. 금지대 폭에 의한 물질의 분류

물질은 에너지 밴드 갭의 크기에 따라 반도체, 절연체, 도체로 분류할 수 있다. 그림 Ⅱ-22(a)의 경우 반도체로서 적당한 폭의 에너지 밴드 갭이 존재하며 그림 Ⅱ-22(b)의 경우는 전혀 전류의 흐름이 없는 절연체인 경우이다. 에너지 밴드 갭이 0.01eV 이하 또는 가전자대와 전도대가 겹쳐지는 그림 Ⅱ-22(c)의 경우는 도체이다. 이 경우 가전자대에서 전도대로 자유스럽게 이동하여 자유전자가 될 수 있으므로 전류가 잘 통하는 것이다. 표Ⅱ-2에 여러 가지 반도체 재료의 에너지 밴드 갭을 표시하였다.

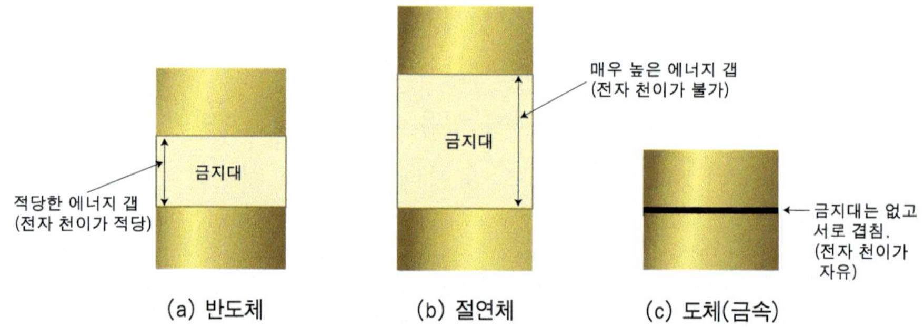

그림 Ⅱ-22 에너지 밴드 갭에 의한 물질의 분류

표 Ⅱ-2 반도체 재료의 에너지 밴드 갭

물질명	밴드 갭(eV)	물질명	밴드 갭(eV)
Ge	0.66	GaAs	1.424
Si	1.12	InSb	0.23
ZnSb	0.56	ZnS	3.7
AlSb	1.60	다이아몬드	5.33
GaP	2.24	GaN	3.39

4. 정 공

학|습|목|표

- 전자와 정공의 의미와 불순물에 따른 캐리어의 종류와 생성 원리를 설명할 수 있다.

01. 정공이란 무엇인가?

정공, 즉 **홀**(hole)이란 구멍을 의미한다. 골프에서도 홀인원이란 용어의 의미에 '홀'을 사용한다. 반도체에서의 홀도 역시 구멍이란 뜻으로 전자가 제거된 구멍을 뜻한다. 그림 Ⅱ-23을 살펴보면 앞의 설명과 같이 실리콘은 4개의 결합 손을 가지고 있으며 결합 손, 즉 전자들끼리 결합함으로써 결정을 형성하는 것이다. 이와 같은 결정에 임의의 온도가 가해지면 열에너지가 결정에 영향을 미쳐 원자에 구속된 전자가 자유롭게 결정 내를 움직일 수 있게 된다.

> **용어 해설**
> **홀**
> 전자가 빠진 빈 자리로서 양의 전하를 띤 입자로 간주함.

실리콘(Si)의 결합용 4개 손

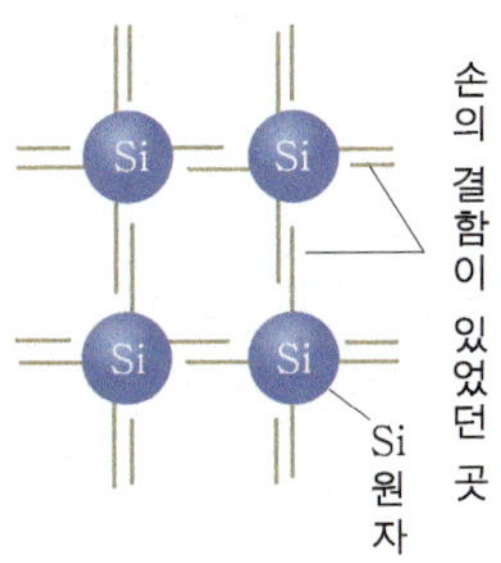

결정을 이루는 원자

그림 Ⅱ-23 실리콘(Si) 결정의 배열 관계

전자가 결정을 형성하고 있는 원자의 속박에서 벗어나 탈출하는 모양을 좀 더 자세히 살펴보자. 먼저 실리콘 원자를 하나만 취해 보면 그림 Ⅱ-24와 같이 전자의 수는 총 14개가 된다. 여기서 최외각 궤도에 존재하는 전자는 4개이며 이것이 결합손이 되는 것이다.

전자는 음(−)**전하**(charge)를 가지며 그 양은 1.6×10^{-19}C 정도로 매우 적다. 하나의 실리콘 원자에는 14개의 전자가 존재하며 이에 해당되는 양(+)전하, 즉 14개의 양(+)전하가 원자핵 내부에 존재한다. 그러므로 외부에서 보면 원자는

> **용어 해설**
> **전하**
> 모든 전기 현상의 근원이 되는 실체(實體)로 물체나 입자 등이 지닌 전기

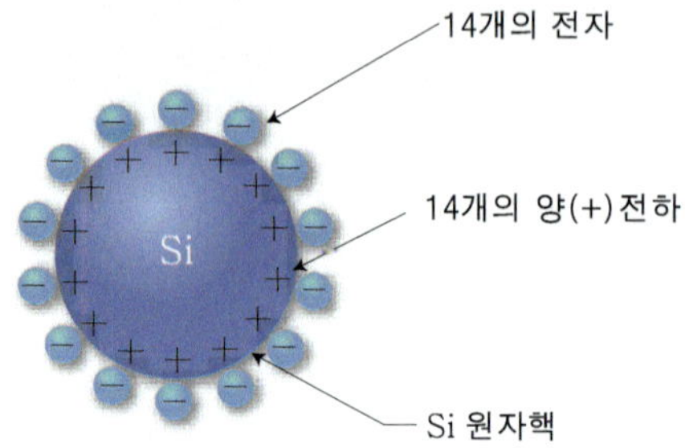

그림 Ⅱ-24 원자 전체의 전자와 ⊕전하의 연결

음(-)전하량과 양(+)전하량이 동일하므로 중성을 띠는 것이다. 이와 같은 특성은 물질 내부에 다량의 전하가 존재할 때 나타난다. 그러나 임의의 자극이 가해질 때는 이 평형 상태가 깨지게 되어 이온화 현상이 발생한다.

이 중성 실리콘(Si)에 외부로부터 임의의 자극을 가해 보면, 전자는 결합을 끊고 자유스러운 전자가 될 것이다. 이 때 원자는 어떻게 될까? 전자가 떨어져 나간 곳에는 구멍 즉, 정공이 존재하게 된다. 정공은 진짜 구멍이 아닌 전기적인 구멍이다. 중성인 실리콘(Si)으로부터 전자가 탈출하였으므로 실리콘(Si)은 양(+)으로 대전되는 것이다. 이를 그림으로 나타내면 그림 Ⅱ-25와 같이 중성인 원자가 양(+)전하를 받은 것과 같으므로 이 양(+)입자를 정공이라 하는 것이다. 그러면 정공은 어떻게 양(+)전하와 같은 행동을 하는 것일까? 그림 Ⅱ-26의 수준기(水準器)를 보면 유리관 내에 물이 들어 있고 조그만 기포가 들어 있다. 유리관을 기울이면 기포는 역으로 상승한다. 이것이 정공이다.

용어 해설

수준기

수평선 또는 수평면을 구하기 위한 기구

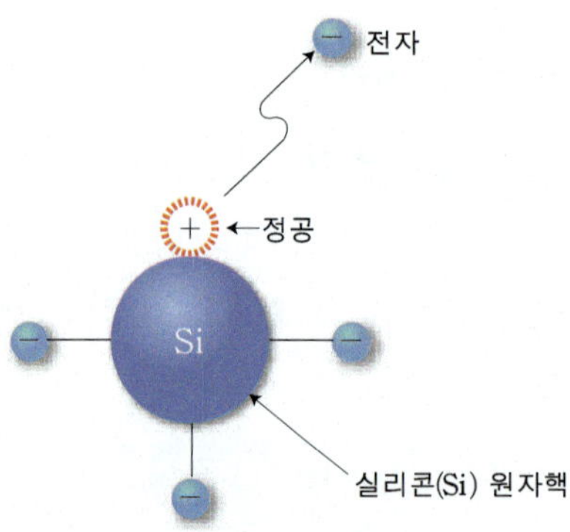

그림 Ⅱ-25 전자가 빠져 나간 자리가 정공이다.

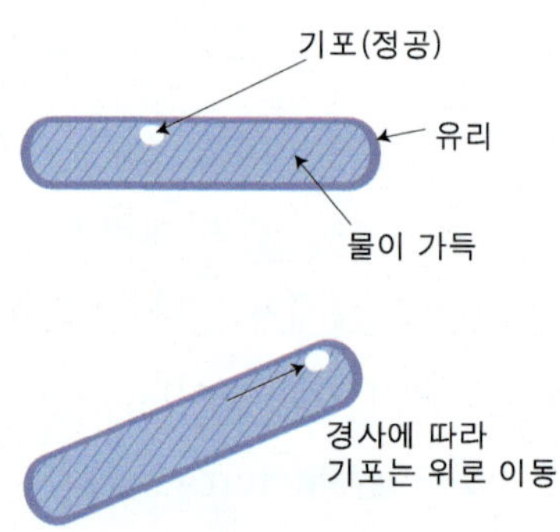

그림 Ⅱ-26 수준기에서 기포는 정공에 해당한다.

02. 정공의 움직임

그림 Ⅱ-26의 기포 움직임에서 알 수 있듯이, 정공의 움직임은 항상 전자와 반대 방향이다. 공기 입자의 움직임은 지구상의 중력과 반대로 상승하고 있다. 이는 전기력이 미칠 때도 마찬가지이다. 그림 Ⅱ-25와 같이 전자가 탈출한 후, 전하는 어떻게 움직이고 있는가를 생각해 보자. 그림 Ⅱ-27은 결정체 구조로서 그림의 A점에 있던 전자가 탈출하면, 다음은 인근에 위치한 B점의 전자가 이동하여 A점을 채운다. 이 때 B점이 양(+)전하가 되는 것이다. 다음은 C, D 점이 순서적으로 움직이므로 정공이 A-B-C-D로 이동하는 것과 같다. 자유 전자가 되기란 매우 어려운데 어떻게 전자들이 그렇게 쉽게 이동할 수 있는지 의아해 할지도 모르겠으나, 인접해 있는 경우는 일일이 큰 길로 나갈 필요 없이 울타리를 넘어 간단히 이동할 수 있는 것이다.

이와 같이 정공은 결정 속을 어디든지 쉽게 움직일 수 있으므로 자유 전자에 대하여 양(+)전하를 지닌 '자유 정공'이라고 불러도 된다. 그러나 이 정공은 전자보다 움직임이 조금 둔하다. 이것을 이동도가 작다고 말한다. 그리고 전자와 정공이 합쳐지면 전하가 0이 되어 중성으로 변한다. 그림 Ⅱ-28은 정공의 이동 상태를 빈 자리의 이동으로 나타내었다.

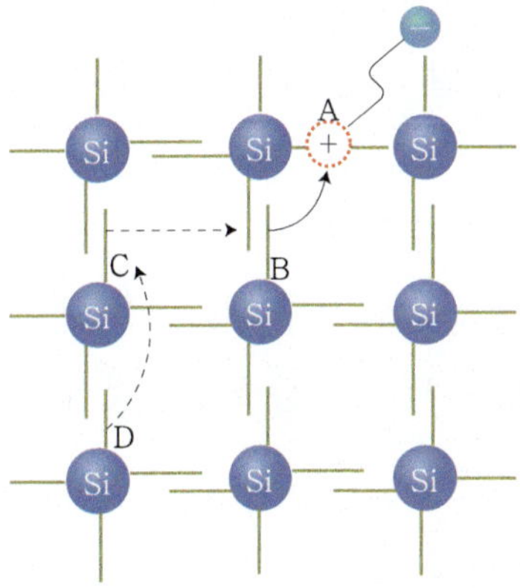

그림 Ⅱ-27 정공의 움직임은 A-B-C-D 순으로 이동한다.

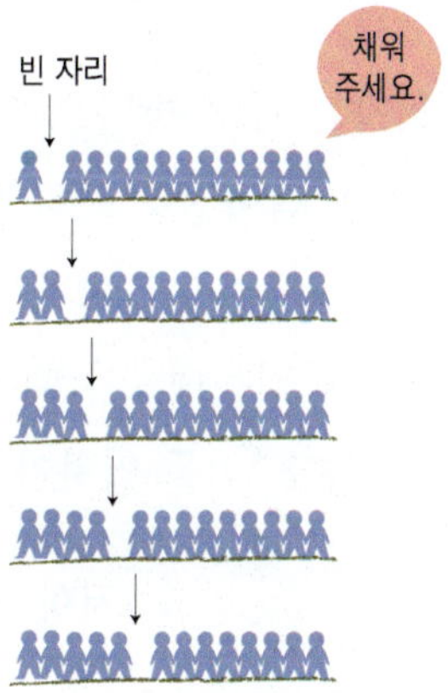

그림 Ⅱ-28 빈 자리의 이동이 정공의 이동이다.

03. 밴드 내의 정공

움직일 수 있는 자유 전자는 맨 위의 비어 있는 전도대로 이동하고, 움직일 수 없는 전자는 가전자대에 가득 차 있다. 정공은 에너지의 강도에 따라 원자에 구속되어 있으므로 마치 가전자대의 전자처럼 가전자대에 있게 된다.

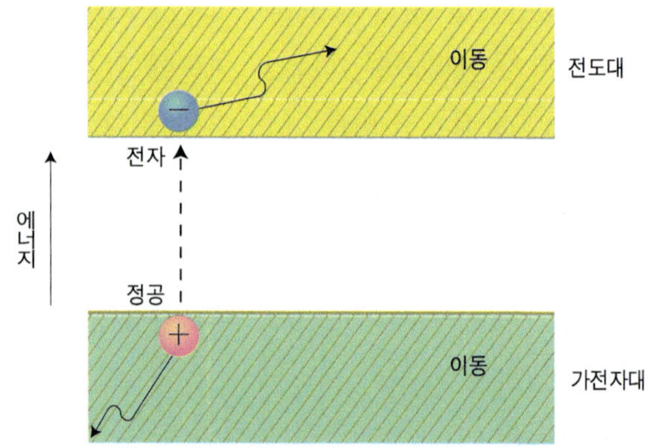

그림 Ⅱ-29 가전자대의 전자가 전도대로 천이되면 정공이 남는다.

이 그림 Ⅱ-29에서 알 수 있듯이 전자가 에너지를 받으면 위로 상승하고 정공은 반대로 이동하게 된다. 가전자대의 정공은 마치 산소(O_2)가 부족한 금붕어가 수면에 떠올라 있는 것과 같이 항상 가전자대의 위쪽에 자리 잡고 있다. 그림 Ⅱ-29에서 보면 전자가 가전자대에서 전도대로 상승하면 뒤에 정공을 남기고 두 입자는 해당 방향으로 움직이는 것을 알 수 있다. 반도체는 온도가 상승하면 저항이 작아진다고 하였다. 에너지 밴드를 보면 온도가 상승할 때 원자 주위를 회전하는 전자도 열에너지를 받아 그 중의 일부분은 가전자대에서 전도대로 상승하게 되는데, 이 때 가전자대에 정공을 남기게 된다. 즉, 전류 운반이 가능한 것이다. 이들 입자가 증가하면 저항은 당연히 감소하는 것이다.

저항 $\propto$ 1 / (전자 수 + 정공 수) ·················· 식(Ⅱ-1)

의 관계가 성립하기 때문에 온도가 상승하면 저항이 감소하는 것이다. 실온에서 전자의 수는 순수 실리콘(Si)의 경우 $1.5\times10^{10}/cm^3$ 이고, 순수 게르마늄(Ge)의 경우는 $2.5\times10^{13}/cm^3$이다. 그러나 온도가 상승하면 더욱 많은 전자가 탈출하여 자유 전자가 되며, 동일한 수의 정공이 생성된다.

5. 불순물

학|습|목|표

- 반도체에 불순물을 첨가하는 이유를 설명할 수 있다.
- 반도체에 첨가되는 불순물의 종류와 그 역할을 설명할 수 있다.

01. 불순물이란?

지금까지 설명한 실리콘(Si)이나 게르마늄(Ge)은 매우 순수하다고 가정하였다. 수량적으로 말하면 99.999999999% 정도의 순도를 가져야 한다. 이와 같이 9가 11개 있는 순도를 11Ns(eleven nines)라고 한다.

반도체의 전기 저항을 변화시키기 위하여 순수 반도체에 첨가하는 불순물을 도핑제(dopant)라고 하며, 도핑제를 첨가하는 공정을 도핑(doping)이라 하고, 도핑된 반도체를 불순물 반도체라고 한다. 순수하거나 무시할 수 있을 정도의 불순물이 있는 것을 진성 반도체(intrinsic semiconductor)라 하고, 불순물이 첨가된 반도체를 불순물 반도체(extrinsic semiconductor)라고 한다.

02. V족 불순물

주기율표에서 전자 수가 작은 원소부터 차례대로 배열하여 Ⅱ족에서 Ⅵ족 중 일부를 표 Ⅱ-3으로 만들어 표시해 보았다. 여기서 주의할 것은 Ⅳ족은 탄소(C), 실리콘(Si), 게르마늄(Ge), 주석(Sn), 납(Pb) 등이며 이들은 결합 손이 4개인, 즉 4가 원소이다. 그러나 이들 전부가 반도체가 아닌 이유는 주석(Sn)과 납(Pb)은 전도대와 가전자대가 연결되어 있어 금속이 되며, 결정체인 탄소(C)는 다이아몬드와 같이 절연체이며 결정체가 아닌 탄소(C)는 전도체가 되기 때문이다.

그림 Ⅱ-30과 같이 5개의 결합 손을 가진 인(P)이 실리콘(Si) 내로 첨가되어 실리콘(Si) 내의 한 원자를 치환하게 되는 상태를 생각해 보자. 첨가되는 인(P)은 많아야 0.1% 이하, 즉 실리콘(Si) 원자 1000개당 한 개 정도이므로 인(P)은

표 Ⅱ-3 원소의 주기율표

족	II	III	IV	V	VI
	$_{4}$Be	$_{5}$B	$_{6}$C	$_{7}$N	$_{8}$O
	$_{12}$Mg	$_{13}$Al	$_{14}$Si	$_{15}$P	$_{16}$S
	$_{30}$Zn	$_{31}$Ga	$_{32}$Ge	$_{33}$As	$_{34}$Se
	$_{48}$Cd	$_{49}$In	$_{50}$Sn	$_{51}$Sb	$_{52}$Te
	$_{80}$Hg	$_{81}$Ti	$_{82}$Pb	$_{83}$Bi	$_{84}$Po

그림 Ⅱ-30 인(P)의 결합손은 5개

드문드문 들어가 있는 형태이다. 그림 Ⅱ-31을 잘 보면 당연히 결합 손이 하나 남는다는 것을 알 수 있다. 결합손이란 앞에서도 설명했지만, 전자의 성질을 지녔으므로 전자 하나가 결합하지 못하고 떠도는 상태가 된다. 인(P) 원자만을 생각해 보면, 원자 중의 ⊕와 ⊖가 조화를 이루고 있으나 결합하지 못한 전자와 원자핵 내부의 ⊕가 비교적 멀리 떨어져 있기 때문에 인력이 약하고 그림 Ⅱ-32에서처럼 쉽게 전자가 떨어져 나가게 된다. 다시 말해서 전자는 쉽게 자유 전자가 되고 전도대로 천이하는 것이다. 전자를 잃은 인(P) 원자는 전하적으로 ⊕가 하나 남게 되는데 이 ⊕는 원자핵 속에 있으므로 고정된 전하가 된다. 이는 인(P) 원자가 인 양이온(P^{+})이 되는 것이므로 **이온화**(ionization)라고 한다. 결론적으로 말하면, 4가인 실리콘(Si)에 5가 원자가 첨가되면, 첨가된 원자와 같은 수의 전자가 발생하여 전도대에 전자를 공급하게 된다. 이와 같은 원소를 **도너**(donor)라고 한다.

용어 해설

이온화

분자(또는 원자)가 양전하 또는 음전하를 얻어 이온이 되는 현상

도너

결정(結晶) 속의 불순물로서 결정에 전자를 공급함.

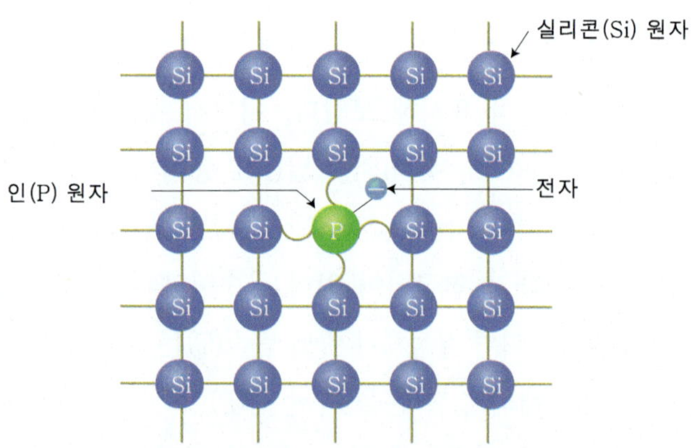

그림 Ⅱ-31 인(P)이 첨가되면 결합 손 하나가 남는다.

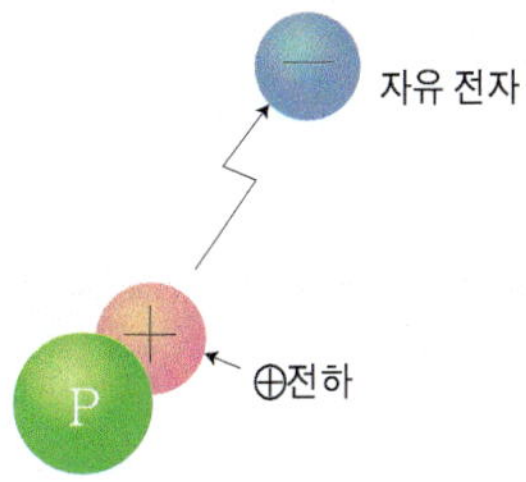

그림 Ⅱ-32 전자가 나가면 인(P)은 이온화되어 ⊕전하를 띤다.

그림 Ⅱ-33 레벨이 있으면 전도대로 올라가기 쉽다.

03. 에너지 밴드의 변화

5가 불순물, 즉 도너가 첨가되면 에너지 밴드는 어떻게 변화할까?

불순물이 첨가되어 있지 않은 진성 반도체, 즉 순수 반도체의 경우 에너지 밴드를 그림 Ⅱ-34(a)에 나타내었다. 진성 반도체에서는 전자가 가전자대(결정으로서 결합된 상태)에서 전도대(즉, 자유 전자)까지 직접 올라가기가 매우 어렵다.

그러나 인(P)이 첨가되면 전자 하나는 결합하지 못하여 원자핵으로부터 매우 멀리 떨어지게 된다. 이는 전자가 곧바로(약간의 에너지에 의하여) 전도대로 올라갈 수 있다는 의미이다. 이 경우 가전자대에서 전자가 올라간다고 생각할 수 없다. 그림 Ⅱ-33과 34에서처럼 금지대 내에 레벨이 존재하게 된다.

전자는 전도대의 바로 아래에 위치한다고 생각하여 전도대 아래에 선을 그어 이를 인(P)에 대한 불순물 준위 또는 **도너 레벨**(donor level)이라 부른다(그림 Ⅱ-34(b)).

불순물 준위가 밴드 형태가 아닌 하나의

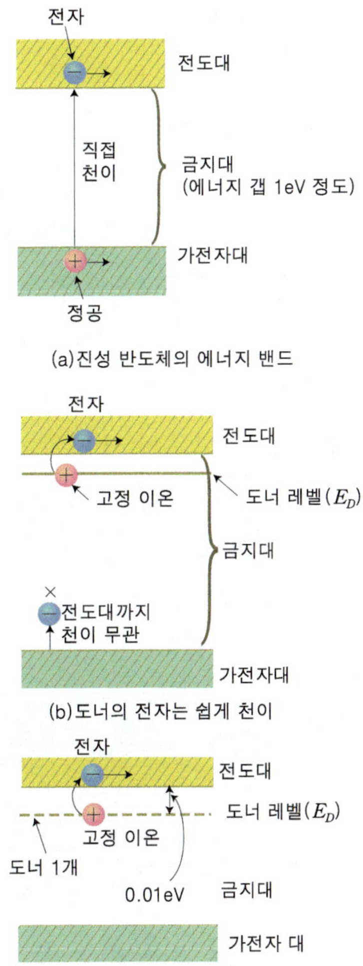

(a) 진성 반도체의 에너지 밴드

(b) 도너의 전자는 쉽게 천이

(c) 도너 레벨은 점선으로 표시

그림 Ⅱ-34 도너가 첨가된 에너지 밴드

용어 해설

도너 레벨

반도체(半導體)를 구성하는 모체 원소(母體元素)의 원자가(原子價)보다 큰 원자가를 가진 불순물 원소를 도너라고 한다. 전도대에 자유 전자를 공급하는 그러한 불순물로 금지대(禁止帶) 속에 도너 준위(準位)를 형성하고 전도대에 전자를 공급하므로 n형 반도체를 나타낸다.

선으로 표시되는 것은 인(P)이 드문드문 존재하기 때문이며(인이 서로 멀리 떨어져 있기 때문에 서로 영향을 끼치지 못한다.) 그 선은 대부분의 경우 점선으로 표시한다.

실온, 즉 300 K의 절대 온도에서 온도 에너지 kT는 약 0.026 eV 정도이다. 그러므로 실온에서 전자가 완전히 전도대로 올라가기 위해선 도너 레벨이 0.026 eV보다 작아야만 한다는 것을 알 수 있다. 실리콘의 에너지 밴드 갭은 1.12 eV이고 Ge는 0.7 eV이므로 실온 정도의 열에너지로는 전자가 천이하기에 부족하다는 것을 알 수 있다. 그러나 도너 레벨은 전도대로부터 약 0.01 eV 정도 아래에 위치하기 때문에 도너 레벨에 있는 전자는 실온에서 거의 대부분 전도대로 여기될 수 있다.

04. Ⅲ족 불순물

표 Ⅱ-3에서 Ⅲ족, 즉 붕소(B), 알루미늄(Al), 갈륨(Ga), 인듐(In) 등은 결합손이 3개이므로 실리콘에 첨가시킨 모형도를 그리면 그림 Ⅱ-35(a)와 같이 결합손이 부족하게 된다. 그러므로 실리콘(Si)에 전자가 한 개 남게 된다. 그럼 이 전자가 자유 전자가 될 수 있는가? 실리콘(Si)에 붙어 있는 전자는 실리콘(Si) 원자핵에 강하게 구속되어 있어서(가전자대에 있어서), 인(P)의 경우와 같이 자유 전자가 될 수 없다. 그럼 어떤 상황이 일어날까?

한 개 남은 붕소(B)의 정공은 양(+)전하가 존재하는 것과 같아서 전자는 움직일 수 없지만 전자와의 친화력이 존재한다. 그러므로 전자를 끌어들이는 힘이

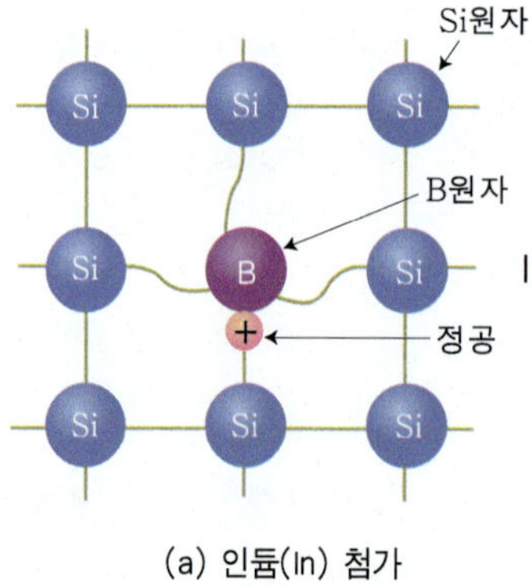

(a) 인듐(In) 첨가

(b) 정공 방출

그림 Ⅱ-35 붕소 첨가와 결합 손의 부족

작용하는 것이다.

5가 원소인 인(P)의 양(+)전하를 가지고(이온화해서) 하나의 전자를 방출하는 것과 같이, 붕소(B) 원자는 음(-)전하를 가지고 양(+)전하인 정공을 방출하는 것으로 생각할 수 있다(그림 Ⅱ-35(b)). 그러면 여기서 정공이 움직이고 있다는 것은 어떤 의미일까 생각해 보자. 먼저, 정공은 항상 전자를 끌어들이려 하고 있다. 이를 위해서 어디서든지 전자가 오지 않으면 안 된다. 그러나 결정 중에는 여분의 전자가 없으므로 무리해서라도 전자를 끌어들이려 할 것이다. 전자를 끌어들이는 방법을 생각해 보면, 그 전자는 에너지를 많이 받지 않아도 비교적 간단히 옆으로 이동한다. 전도대로 상승은 하지 않고 단지 이동하게 되는데, 이는 가전자대의 바로 옆에 무엇인가 이동할 수 있는 상태가 존재한다는 의미이다. 에너지 밴드에서 가전자대 바로 위에 전자를 취할 수 있는 임의의 레벨이 존재하게 된다. 전자가 이 레벨로 올라가면 가전자대에는 정공이 한 개 남게 된다. 그리고 붕소(B) 원자는 전자를 항상 받아들이기 때문에 **억셉터**(acceptor)라 불린다. 그림 Ⅱ-36과 같이 밴드에서는 가전자대 바로 위 0.01eV 정도에 억셉터 레벨 E_A가 있고 전자는 가전자대에서 쉽게 이 억셉터 레벨로 올라가 정공을 가전자대에 남기게 된다.

이상에서 알 수 있듯이, 전자와 정공, 도너와 억셉터는 서로 겉과 속의 차이이며 에너지 밴드에서도 상하의 차이가 있을 뿐, 전부 위·아래를 바꿔 놓은 상태와 같다. 이와 같은 반도체에 존재하는 전자와 정공이 적절히 조화를 이루면 복잡한 동작도 만들어 낼 수 있는 것이다.

용어 해설

억셉터

반도체 소자의 특성을 p형으로 형성하기 위한 불순물 원자로 원소 주기율표 상의 Ⅲ족 원소(boron, gallium and indium)

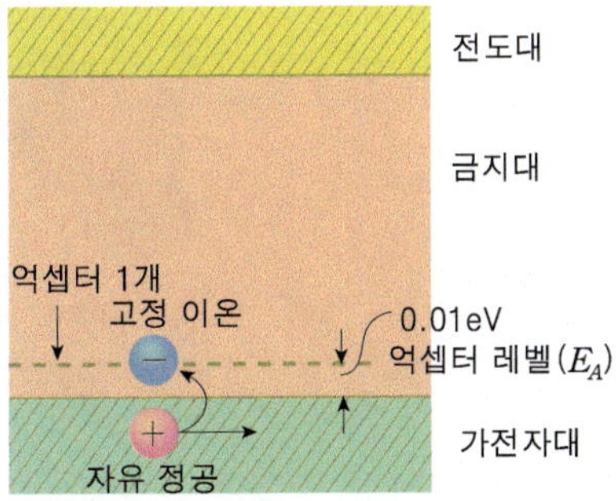

그림 Ⅱ-36 억셉터가 존재할 때의 에너지 밴드(전자가 천이하면 정공이 남는다.)

6. 반도체의 캐리어 이동

학습목표
- 반도체에서 캐리어의 이동에 대해서 설명할 수 있다.

01. 불순물 반도체

실리콘(Si)이나 게르마늄(Ge) 내에 인(P)과 같은 5가의 금속을 첨가시키면 인(P) 원자 1개에서 자유 전자 1개가 공급되므로 저항이 줄어들게 되며 **n형 반도체**(n type semiconductor)라 한다. 그림 Ⅱ-37과 같이 n형의 n은 전자가 지닌 전하가 음(negative)임을 표시하기 위하여 사용한다. 붕소(B)와 같은 3가 원자를 첨가시키면 붕소(B) 원자에서 자유롭게 이동할 수 있는 정공이 방출되어 저항이 줄어들게 된다. 이와 같은 반도체는 양(positive)의 전하를 띠고 있으므로 **p형 반도체**(p type semiconductor)라고 한다. 그림 Ⅱ-38과 같이 p자는 중간에 구멍이 있기 때문에 정공이 많다고 기억해도 좋을 것이다.

> **용어 해설**
>
> **n형 반도체**
>
> 전기 전도 현상을 지배하는 주된 캐리어가 전자인 불순물 반도체
>
> **p형 반도체**
>
> 순수한 실리콘 반도체 결정에 가전자 3개를 가지는 Ⅲ족 원소의 불순물을 넣어 만들며 전기 전도 현상을 지배하는 캐리어가 정공인 반도체

그림 Ⅱ-37 n형에서는 전자가 전류를 운반한다.

그림 Ⅱ-38 p형에서는 정공이 전류를 운반한다.

반도체 물질에 불순물 원자가 하나 들어감으로써 전자나 정공이 한 개 생성되고 저항이 감소하게 된다. 불순물이 전혀 들어 있지 않을 때 저항률이 가장 높아 실온에서 실리콘(Si)은 $2.3\times10^5\Omega\cdot cm$, 게르마늄(Ge)은 $47\ \Omega\cdot cm$ 정도가 된다. 여기서 $\Omega\cdot cm$는 저항률(resistivity)의 단위이다. 불순물에 용해도까지

고려해 보면, 불순물의 종류에 따라 용해도가 다르기 때문에 첨가되는 양이 다르게 나타난다. 이 때, 반도체는 점점 금속과 같은 성질을 띠게 되어 반금속(metalloid)이라고 부를 수 있을 정도가 되는 것이다. 불순물 첨가에 의하여 반도체의 저항이 변하는 모양을 좀 더 자세히 그리면 그림 Ⅱ-39와 같다. 이 그림은 게르마늄(Ge)에 대한 것이지만 실리콘(Si)의 경우도 유사한 결과를 나타낸다. X축은 불순물의 농도를 ppm(part per million)이라는 게르마늄(Ge) 원자 100만 개당 첨가된 불순물의 양으로 표시한다.

용어 해설

반금속

금속과 비금속의 중간적 성질에 속하는 금속의 총칭으로 붕소·규소·비소·안티몬·텔루르가 대표적이다.

ppm

100만 분율로 어떤 양이 전체의 100만 분의 몇을 차지하는가를 나타낼 때에 사용

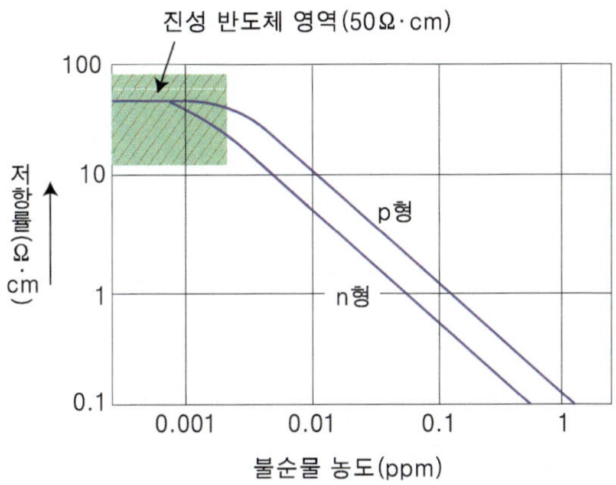

그림 Ⅱ-39 게르마늄(Ge)에서 불순물의 농도와 저항률의 관계

02. 전자와 정공의 속도 비교

그림 Ⅱ-40과 같이 동일한 언덕길에 전자와 정공을 각각 올려놓고 아래로 굴리면 전자가 먼저 도착할 것이다. 이 언덕길은 실제로는 전압의 크기에 해당한다. 좌측 끝이 0 V, 우측 끝이 10 V라면 반도체 내에 전압 언덕(전계 또는 전장을 의미한다.)이 생겨 전자나 정공을 미끄러 뜨릴 수 있을 것이다. 그러므로 전자와 정공이 동시에 오른쪽 끝에서 출발하여 동시에 왼쪽 끝에 도달하기 위해선 전자의 언덕길 경사가 보다 완만해야 한다. 즉, 전압이 낮아야 한다는 의미이다. 전자나 정공이 오른쪽에서 출발하여 왼쪽으로 이동한다는 것은 전자 또는 정공 1개분의 전류가 흐르는 것을 의미하므로 전자를 이용하면 동일한 전압에서 더 많은 전류를 흐르게 할 수 있다.

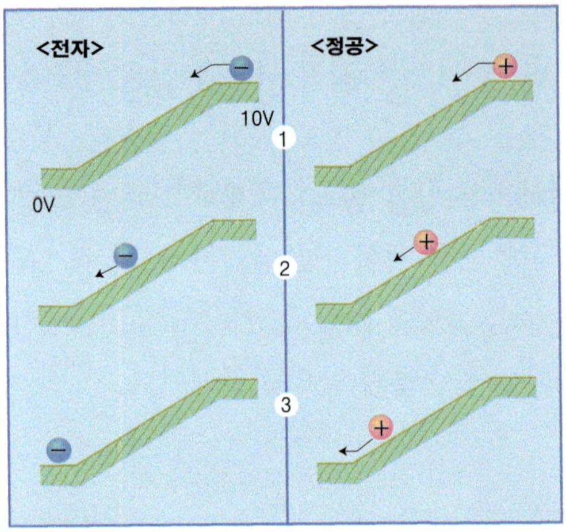

그림 Ⅱ-40 전자와 정공의 속도 경쟁, 전자가 빨리 도착함.

전자나 정공과 같은 입자(전하를 운반하므로 캐리어라고 함.)의 속도를 표시하기 위하여 이동도(mobility)라는 양을 사용하는데 실제로 1 cm의 반도체에 1 V를 인가하였을 때(이 때, 전계는 1 V/cm) 이동하는 캐리어의 속도를 표시하므로 이동도의 단위는 다음과 같다.

$$\frac{\text{cm/sec}}{\text{V/cm}} = \text{cm}^2/\text{V}\cdot\text{sec} \quad \cdots\cdots\cdots\cdots\cdots\cdots \text{식(Ⅱ-2)}$$

표Ⅱ-4에 전자와 정공의 이동도를 표시하였다. 이는 실온(약 25℃)에서의 경우이며 온도가 변하면 이동도도 변화한다. 표에서 알 수 있듯이 실리콘(Si) 내에서와 게르마늄(Ge) 내에서 전자의 경우 속도가 다르다는 것을 알 수 있다. 예를 들면, 게르마늄(Ge) 내에서 전자는 1 V/cm의 전계를 가하면 1초 간에 3600 cm를 이동하고, 실리콘(Si)의 경우는 1350 cm를 이동한다.

표 Ⅱ-4 캐리어의 이동도

(단위 : $cm^2/V \cdot sec$)

구 분	실리콘	게르마늄
전자	1350	3600
정공	480	1900

03. n형 반도체에서 정공의 이동 방법

지금까지의 설명은 n형 반도체에서 전자의 이동에 대한 것이었으며 p형 반도체에서 정공의 경우도 마찬가지로 설명할 수 있다. n형 반도체에서 전자의 이동은 금속의 경우와 거의 동일하며, p형 반도체에서는 금속 내에 양(+)전자가 이동하는 것으로 생각할 수 있다. 여기서 중요한 것은 n형 반도체 내에도 정공이 약간 존재하며, p형 반도체 내에도 전자가 약간은 존재한다는 사실이다. n형 반도체의 경우, 전자의 수가 많기 때문에 전자를 **다수 캐리어**(majority carrier)라 하고 정공을 **소수 캐리어**(minority carrier)라고 한다. p형 반도체에서는 반대가 된다. 그림 Ⅱ-41을 보면 소수 캐리어는 수가 적기 때문에 '반도체 내에서의 움직임이 적다.' 고 말할 수는 없다. 수가 적어도 중요한 이동을 하는 경우가 많기 때문이다. 대표적인 예로서 n형 반도체의 정공에 대하여 살펴보자.

> **용어해설**
>
> **다수 캐리어**
>
> 반도체(半導體) 속에 있는 전자와 정공의 두 캐리어 중 많이 존재하는 캐리어
>
> **소수 캐리어**
>
> 반도체(半導體)에서 전류 운반 구실을 하는 캐리어 중, 수가 적은 캐리어

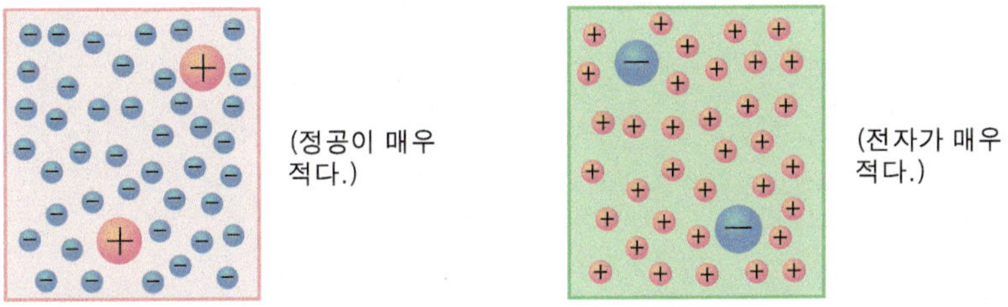

(a) n형 반도체　　(b) p형 반도체

그림 Ⅱ-41 n형과 p형 내의 캐리어 분포

소수 캐리어인 정공의 주변에는 항상 전자가 존재한다. 이 정공은 곧바로 전기적으로 인근 전자와 결합해 사라지게 된다. 즉, 정공은 항상 전자와 결합할 준비가 되어 있는 상태로 존재하는 것이다. 매우 짧은 시간이지만 정공은 전자와 결합하지 않고 존재하는데, (전체적으로 보면, 이 정공이 없어져도 다른 곳에서 다시 발생하기 때문에 정공의 수는 변하지 않는다.) 그림 Ⅱ-42와 같이 n형 반도체에 전압을 인가하면 전자는 양(+)전압으로 향하고, 정공은 음(-)전압으로 이동할 것이다. 이와 같은 이동 현상을 **표동**(drift)이라고 한다. 예를 들면, 강물에 낙엽이 떨어지면 자연스럽게 하류로 흘러가는 것과 동일한 현상이다. 또다른 이동 현상으로는 그림 Ⅱ-43과 같은 상자의 입구에서 정공을 주입하였을 때 정공이 점점 퍼져 나가는 것이 있다. 이와 같이 농도의 차이에 의해 이동하는 현상

> **용어해설**
>
> **표동**
>
> 전기장이 가해진 상태에서 무질서하게 움직이는 것 같은 입자들이 거시적으로 전기장 방향이나 그 반대 방향으로 극성에 따라 움직이는 것

용어해설

확산

어떤 물질 속에 이종(異種)의 물질이 전차 섞어 들어가는 현상

을 **확산**(diffusion)이라고 한다. 트랜지스터와 같은 반도체 소자 내에서는 이와 같은 두 가지 이동 현상이 발생하고 있다. 이 두 가지 이동 현상 중에 표동 속도가 확산보다는 빠르다는 것을 알 수 있다.

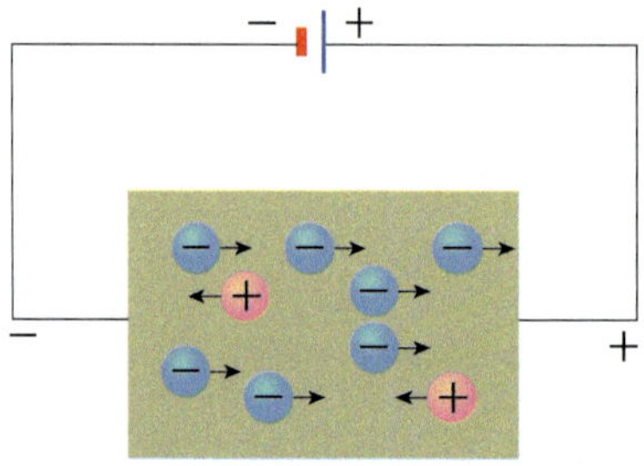

그림 Ⅱ-42 전자는 ⊕, 정공은 ⊖단자로 이동(표동)

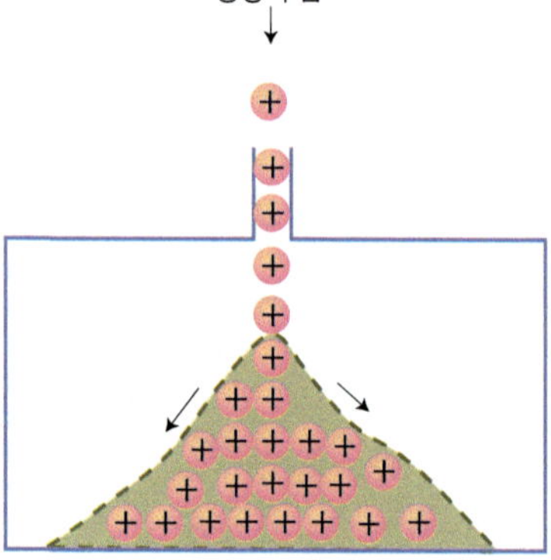

그림 Ⅱ-43 정공이 주입되어 양측으로 분산(확산)

7. 페르미 레벨(Fermi level)

학|습|목|표

- 반도체의 페르미 레벨을 설명할 수 있다.
- 반도체 형태에 따른 페르미 레벨의 변화를 설명할 수 있다.

01. 물질이 보유한 전압

세상에 존재하는 모든 물질은 고유의 내전압을 지니고 있다. 고압선의 **애자**는 아마 수만 볼트(Volt)로 대전되어 있을 것이다. 또는 합성 섬유로 만들어진 옷도 매우 잘 대전되어 정전기가 발생하는 것을 경험하였을 것이다. 대전되어 있는 물질을 접지 전위(0 V)에 접촉시키면 전류가 흐르게 된다. 그러나 접지 전위(0 V)를 지닌 물질을 접지 전위(0 V)에 접촉시키면 전류는 흐르지 않을 것이다.

다른 각도로 생각해 보자. 그림 Ⅱ-44와 같이 두 개의 그릇이 있고 하나의 그릇에 물이 가득 차 있다고 가정해 보자. 이 두 그릇 아래를 파이프로 상호 연결시켜 보면 물은 많은 쪽에서 적은 쪽으로 흘러 그림 Ⅱ-45와 같이 그릇의 물 높이가 조절될 것이다. 수위가 낮은 쪽에서 높은 쪽으로는 물이 흐를 수 없다. 이와 같은 수위에 해당하는 것을 전자에서는 **페르미 레벨**(Fermi level)이라고 한다.

용어해설

애자

송전선이나 전기 기기의 나선(裸線) 부분을 절연하고 동시에 기계적으로 유지 또는 지지하기 위하여 사용되는 자기(磁器)로 만든 것

페르미 레벨

결정 내에서 어떤 에너지를 가지는 전자 수의 분포는 페르미 디랙(Fermi–Dirac)의 통계에 따르는데, 이 경우 전자의 존재 확률이 2분의 1이 되는 에너지 레벨

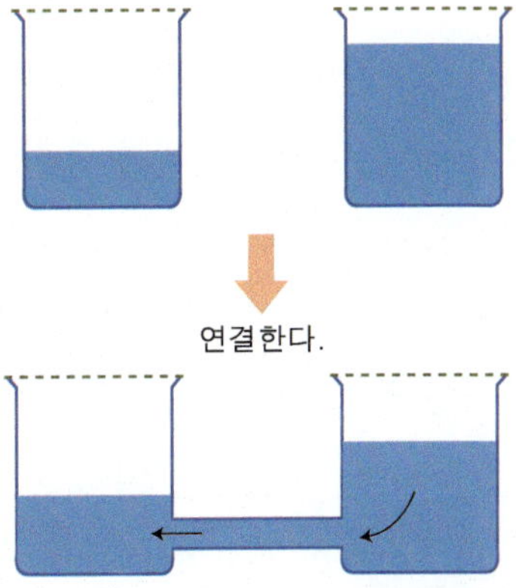

그림 Ⅱ-44 수위가 다른 그릇을 연결하면 물이 흐른다.

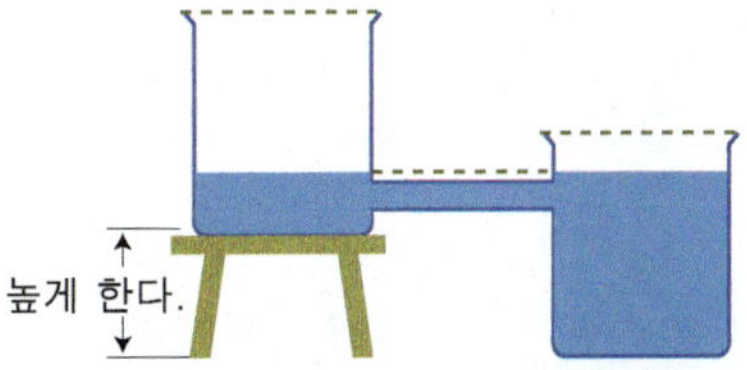

그림 Ⅱ-45 이 상태는 흐르지 않는다.

02. 페르미 레벨

페르미는 유명한 물리학자의 이름이고 레벨은 에너지 준위의 의미이다. 물과 비교해 보면, 페르미 레벨이란 '전자가 채워져 있는 높이'를 의미한다. 그림Ⅱ-46과 같이 각 물질에 들어 있는 전자의 수가 다르기 때문에 페르미 레벨의 높이도 다를 것이다.

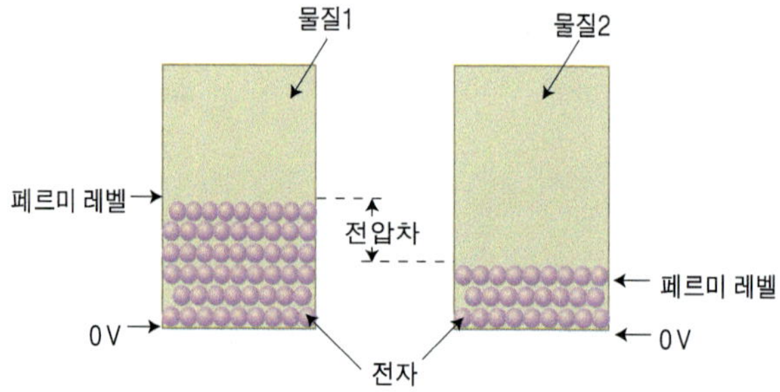

그림 Ⅱ-46 물질의 페르미 레벨

물과 마찬가지로 전기의 경우에도 이대로 연결되면 전자가 많은 쪽에서 적은 쪽으로 흐르게 되고 이는 전류의 흐름으로 나타나게 된다. 전자로 채워져 있는 높이, 즉 페르미 레벨이 같아질 때까지 자동적으로 조절되는 것이다. 이 경우, 전자가 적은 쪽의 높이는 약간 상승할 것이다. 이 때, 생기는 높이의 차를 접촉 전위차라 한다.

03. 반도체의 페르미 레벨

페르미 레벨은 에너지 레벨의 일종인데, 앞에서 설명한 에너지 밴드를 다시 한 번 나타내 보자. 그림 Ⅱ-47의 에너지 밴드에서 전자는 전도대 위를 움직이고, 정공은 가전자대 아래로 움직이고 있다. 또한, 도너를 첨가시키면 도너 레벨이 생기며 억셉터는 억셉터 레벨을 형성하게 된다. 먼저, 도너나 억셉터가 없는 진성 반도체를 생각해 보자. 진성 반도체에서는 전자가 가전자대에서 전도대로 오직 열적으로만 올라갈 수 있기 때문에 전자 수와 동일한 수의 정공이 가전자대에 생성된다. 일정한 온도에서 페르미-디랙(Fermi-Dirac) 분포 함수는 일정하므로 밴드에 이 분포도를 적당한 위치에 첨가하여 사용할 수 있다.

따라서, 페르미 레벨, 즉 분포 곡선의 중심을 대칭으로 하여 상하에 전하가 동일하게 존재하도록 한다. 진성 반도체의 경우, 가전자대의 정공 수와 전도대의 전자 수가 동일하므로 페르미 레벨은 그림 Ⅱ-48과 같이 분포 함수의 $\frac{1}{2}$이 되는 지점으로 항상 금지대의 중앙에 위치하게 된다. 즉, '진성 반도체의 페르미 레벨은 금지대의 중앙에 있다.' 는 것을 알 수 있다. 이 분포 곡선을 이해하기 쉽게 하기 위하여 상당히 고온인 상태를 함께 나타내었다. 실온에서는 점선과 같이 분포하므로, 이 경우 자유 전자 생성이 어렵다는 것을 알 수 있다.

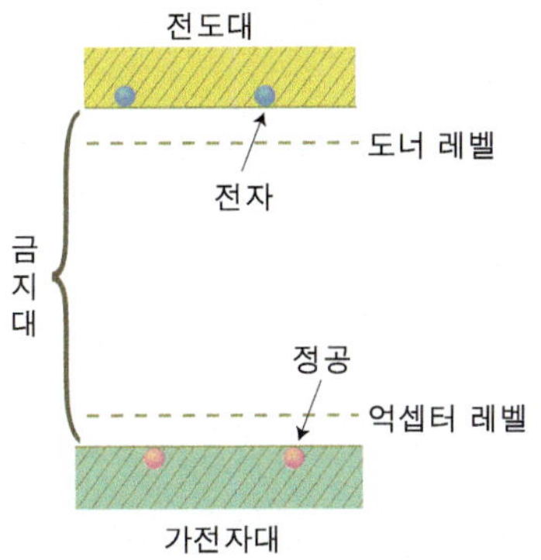

그림 Ⅱ-47 반도체 에너지 밴드

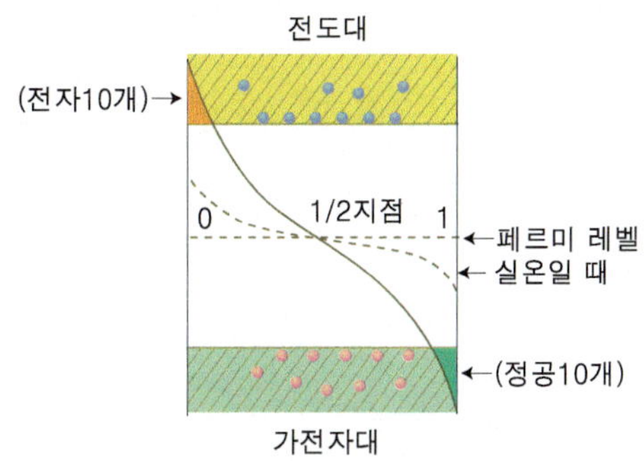

그림 Ⅱ-48 진성 반도체의 전자와 정공 분포

n형 반도체에서는 도너 원자에서 전자가 방출되어 전자만 존재하게 되며 정공은 거의 없어진다. 전하의 측면에서 생각해 보면 전자(-)와 도너 레벨에 있는 도너의 정공(+)이 동일하게 존재하므로 페르미 레벨은 전도대의 최소점과 도너 레벨(donor level)의 중간에 정확히 위치하는 것이다. 즉, 도너 원자가 첨가되면 그림Ⅱ-49(a)와 같이 분포 함수는 약간 위로 이동하는 것이다. 이는 비교적 온도가 낮은 경우이다. 다시 말하면 n형 반도체에서는 도너 레벨 부근까지 전자가 채워져 있는 것이다. 또한 p형 반도체에서는 억셉터 레벨이 가전자대의 최대점 바로 위에 위치하므로 정공은 가전자대에만 존재하게 되는 것이다. 이 때 정공의 ⊕와 억셉터의 ⊖에 의하여, 그림Ⅱ-49(b)와 같이 페르미 레벨은 억셉터 레벨(acceptor level)과 가전자대의 사이에 위치하게 된다. 정공의 경우는 분포 곡선의 오른쪽을 사용한다.

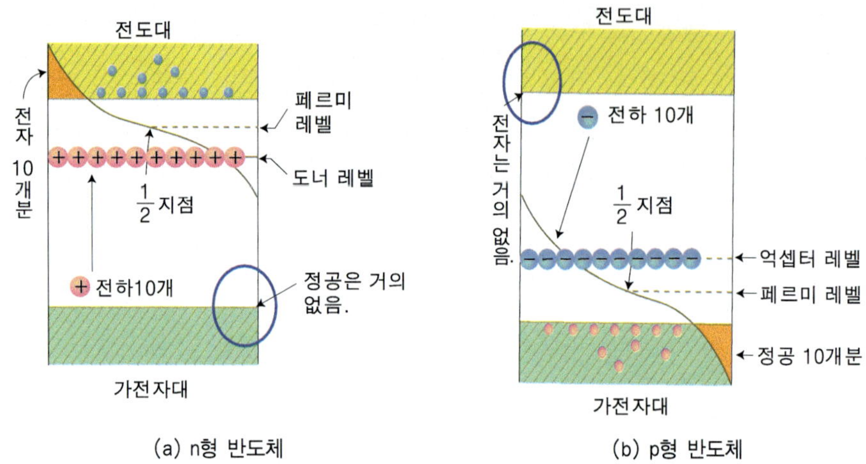

그림 Ⅱ-49 반도체 형태에 따른 페르미 레벨의 변화

단원 종합 문제

1. 물질의 분류에서 유기물과 무기물을 분류하여 설명하고, 전기적인 분류에서 전도체와 절연체의 의미를 설명해 보시오.

2. 반도체의 4가지 정의를 설명해 보시오.

3. 결정의 종류에는 (   ), (   ), (   ) 등 3가지가 있는데, 반도체에서는 어떠한 결정을 사용하고, 왜 그러한 결정을 사용해야 하는지를 설명해 보시오.

4. 반도체 원재료인 실리콘(Si)과 게르마늄(Ge)은 (   ) 구조를 하고 있다.

5. 원자의 구조는 (   )과 (   )로 나눌 수 있고, 전자(또는 양성자)의 수를 물질의 원자 번호라고 한다.

6. 에너지 밴드, 전도대, 금지대, 가전자대의 의미와 금지대 폭(밴드 갭)에 의한 물질의 분류 방법에 대해 설명해 보시오.

7. 에너지 밴드에서 억셉터 레벨과 도너 레벨을 설명해 보시오.

8. 전자와 정공의 의미와 불순물에 따른 캐리어의 생성 원리에 대해 설명해 보시오.

9. 다음 중 반도체 물질이 아닌 것은?
① 비화갈륨(GaAs)　② 실리콘(Si)　③ 리튬(Li)　④ 게르마늄(Ge)

10. 순수 반도체의 전자와 정공의 밀도를 나타내면?

① 전자 밀도 〉 정공 밀도　　② 전자 밀도 = 정공 밀도
③ 전자 밀도 〈 정공 밀도　　④ 전자 밀도 ≠ 정공 밀도

11. 전자가 채워져 있는 높이를 (　　　　　) 레벨이라고 한다.

12. p형 반도체에서 온도가 상승할 때 생기는 변화로 올바른 것은?

① 페르미 레벨이 올라간다.
② 페르미 레벨이 변하지 않는다.
③ 페르미 레벨이 내려 간다.
④ 정공의 수가 전자의 수보다 적게 된다.

13. 실리콘(Si) 반도체에 비소(As)를 첨가시키면 무엇이 되는가?

① n형 반도체　② p형 반도체　③ np형 반도체　④ 순수 반도체

14. 절대 온도가 0K 이상일 때 전자의 이동 확률이 $\frac{1}{2}$이 되는 에너지 레벨은?

① 페르미 레벨　② 도너 레벨　③ 억셉터 레벨　④ 캐리어 레벨

15. n형, p형을 구별하는 데 이용되는 효과는?

① 제베크 효과　② 광전 효과　③ 펠티에 효과　④ 홀 효과

16. 에너지대를 이용하여 도체, 반도체, 절연체를 구분하여 설명해 보시오.

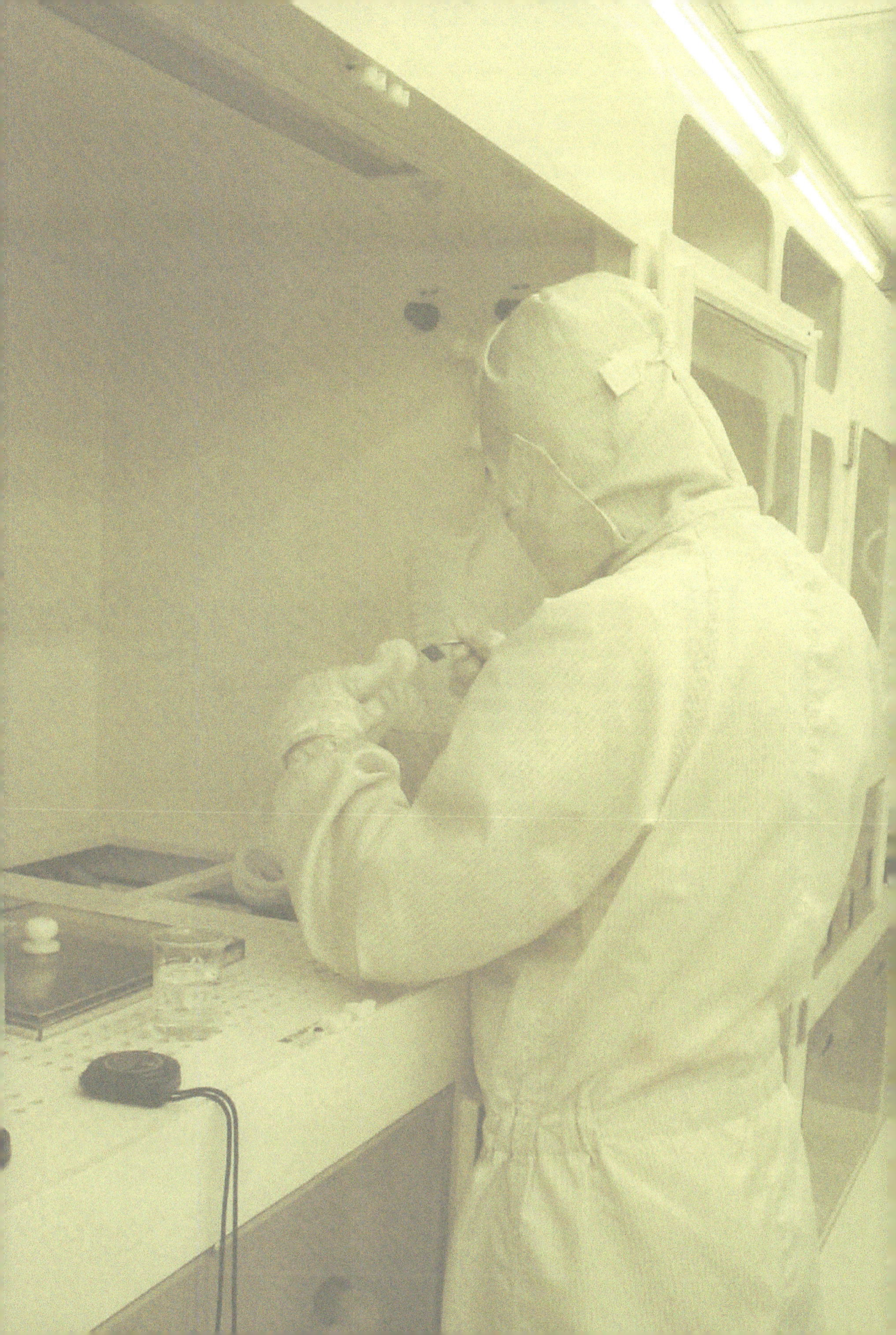

III 반도체 재료 및 기본 소자

1. 반도체 재료의 종류 2. 반도체 재료의 정제와 단결정 제작 3. 다이오드
4. 트랜지스터

1948년 트랜지스터가 발명됨으로써 인류는 반도체의 중요성을 깨닫게 되었다. 1950년에는 트랜지스터가 실용화되었고, 오늘날에는 초대형 집적 회로인 GSI(giant scale integrated circuit)까지 실용화되고 있다. 반도체는 소형, 경량이며, 수명이 길고 소비 전력이 작다는 특징이 있어서 여러 가지 형태로 제작되어 전자 계산기 및 전자 기기 분야에 광범위하게 사용되고 있다. 이 단원에서는 반도체 재료의 종류와 단결정 제작 및 반도체 소자인 다이오드와 트랜지스터 제조에 사용되는 관련 재료들에 대해서 설명하였다.

1. 반도체 재료의 종류

학습목표

● 반도체 재료를 구분하고 각 분류별 반도체 물질의 종류를 설명할 수 있다.

반도체는 크게 무기 반도체와 유기 반도체로 구별되며, 무기 반도체는 그 구조에 따라 원소 반도체와 화합물 반도체, 비정질 반도체 등으로 분류된다. 반도체는 다시 캐리어의 유무에 따라 진성 반도체와 불순물 반도체로 나누어지고, 불순물 반도체는 다시 캐리어의 종류에 따라 p형 반도체와 n형 반도체로 나누어진다. 표 Ⅲ-1은 반도체 재료의 분류를 나타낸 것이다.

표 Ⅲ-1 반도체 재료 분류

구분		분류	원소
무기 반도체	원소 반도체	탄소족 원소	C, Si, Ge
	화합물 반도체	III－V족	GaAs, GaP, InSb, InAs, InP, GaN, BN, GaSb, AlAs, AlSb
		II－VI족	GaS, CdSe, CdTe, ZnTe, ZnSe, HgS, PbS, ZnS, CdS
		II－V족	ZnSb, CdSb
		IV－VI족	PbSe, PbTe
		V－VI족	Bi_2Te_3, Bi_2Se_3
		IV－IV족	SiC
		3원 합금	$AgInS_2$, $AgSbTe_2$
		할로겐화물	AgCl, AgBr, CuI
	비정질 반도체		게르마늄 실리콘, 칼코겐화물(S, Se, Te)
유기 반도체			안트라센, 테트라센, 파이렌, 프탈로시아닌 화합물, 폴리에틸렌계 화합물

용어해설

안트라센(anthracene)

콜타르의 건류로 나프탈렌과 함께 얻을 수 있는 무색 결정 물질로 단분자 유기EL 소자 ($C_{14}H_{10}$)

01. 원소 반도체

원소 반도체에는 주기율표 상에서 Ⅳ족에 해당하는 원소 즉 탄소(C), 게르마늄(Ge), 실리콘(Si), 이 중 반도체 재료로 주로 사용되고 있는 것은 게르마늄

(Ge)과 실리콘(Si)이며, 최근에는 탄소의 사용이 많이 연구되고 있다.

(1) 게르마늄과 실리콘

현재, 반도체 소자에 주로 쓰이고 있는 게르마늄(Ge)과 실리콘(Si)은 주기율표 상의 Ⅳ족 원소로 탄소(C), 납(Pb) 등과 같이 면심입방격자에 속하는 다이아몬드형 결정 구조를 가지고 있다. 이 결정 구조는 그림Ⅲ-1과 같이 각각의 원자가 정사면체의 꼭지점에 있는 다른 4개의 원자로 둘러싸여 있고, 이웃 원자와 전자 2개씩을 공유해 **공유 결합**을 하고 있다.

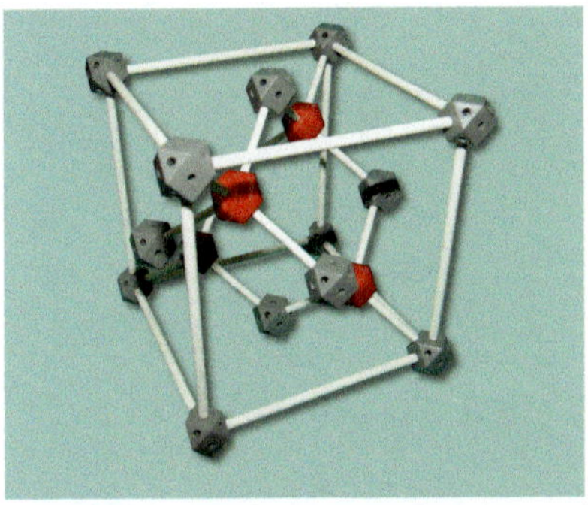

그림 Ⅲ-1 다이아몬드형 결정 구조

현재, 반도체 소자에 쓰이고 있는 게르마늄(Ge)이나 실리콘(Si)은 진성 반도체로서의 전기적 특성보다는 실제로 불순물을 첨가하는 도핑 과정에 의해 치환형 불순물을 포함시킨 불순물 반도체로서의 역할이 더 크다. 실리콘(Si)이나 게르마늄(Ge)은 전도대의 극소점과 가전자대의 극대점이 일치하지 않는 간접 천이형이며, 이런 형에서는 전자와 정공의 직접 재결합이 직접 천이형보다 어렵다. 이 직접 재결합의 용이도는 레이저(laser)와 같은 광소자 재료에 있어 특별히 요구되는 중요한 성질이다. 게르마늄(Ge)은 반도체 재료 중에서 가장 먼저 개발되어 다이오드, 트랜지스터 재료로 실용화되었다. 현재는 보다 큰 에너지 갭을 가진 실리콘(Si) 재료 처리 기술이 발전함에 따라 대부분의 용도에서 게르마늄(Ge)은 실리콘(Si)으로 대체되었다. 그러나 고유 저항이 비교적 작기 때문에 약한 신호를 검파하는 경우처럼 순방향 전압 강하를 고려해야 되는 특수 다이오드, 저전압 고전류 출력용 트랜지스터 등에는 게르마늄(Ge)이 많이 사용되고 있다. 실리콘(Si)은 게르마늄(Ge)에 비해 원자량이 적고 핵의 전자 수도 적기 때문에 원자의 크기가 작고, 그에 따라 원자 간 결합이 강하여 경도가 큰 성질을 나타낸다. 또, 제작 및 정제 기술도 상당히 높은 수준으로 발전하

용어해설

공유 결합

화학 결합의 하나로 2개의 원자가 서로 전자를 방출하여 전자쌍을 형성하고, 이것을 공유함으로써 생기는 결합

여 오늘날 실리콘(Si)은 전자 공업에서 가장 널리 쓰이는 반도체 재료가 되었다.

위에서 설명한 반도체 재료를 용도별로 분류하면 표Ⅲ-2와 같다.

표 Ⅲ-2 반도체 재료의 용도

용도		종류	물질
전자 회로 소자	다이오드	검파	Si, Ge, GaAs
		제너 다이오드	Si, Ge
		전력용 정류	Si
		IMPATT	Si
		TED(Gunn)	GaAs, InP
	트랜지스터	바이폴라	Si, Ge
		JFET	Si
		MOS FET	Si, a-Si:H(TFT)
		MES FET	GaAs, InP
		SIT	Si, GaAs
	사이리스터	SCR, GTO, TRIAC 등	Si
집적 회로		고밀도(VLSI) 초고속	Si, GaAs
광 소자	발광 소자	EL	ZnS
		LED	GaP, $Al_xGa_{1-x}As$ GaN, ZnSe, Sic
		레이저	$Al_xGa_{(1-x)}As/GaAs$, $In_{1-x}Ga_xAs_yP_{1-y}InP$
	수광 소자	광전도 셀	Si, Ge, CdSe, PbS, InSb, Hg, Cd, Te
		포토 다이오드	Si, Ge
		태양 전지	Si, GaAs, CdS, InGaP CdTe, $Al_xGa_{1-x}As/GaAs$
		촬영 소자	a-Si:H, a-SeTeAs
		전자 사진	a-Se, a-Si : H
광 구조 변화		광메모리	AsSeSGe, $As_{20}Te_{80}$
		포토레지스트	$Se_{75}Ge_{0.25}$
자전 소자		홀 소자, 자기 저항 소자	Si, GaAs, Ge, InSb, InAs, InSb, InAs
열전 소자			BiTe, BiSeTe
온도 센서			Si, ZnO
변형 압력 센서			Si, Ge, CdS
가스 센서			SnO_2

용어 해설

a-Si:H : Hydrogenated Amorphous Silicon(비정질 실리콘 수소 화합물)

무질서한 원자 배열을 가진 비정질 실리콘(amorphous silicon)은 태양 전지(photovoltaics)에의 응용에 있어 결정성 실리콘에 필적한다. 그러나 비정질 실리콘 내의 일부 Si원자들은 채워지지 않은 결합(dangling bond)을 갖고 있어서 전기의 흐름(전류)이 방해받게 되는 것이 가장 큰 문제점이다.

02. 화합물 반도체

무기 화합물을 주기율표에 따라 살펴보면, 일반적으로 Ⅰ족의 원소는 전기적으로 양이온이 되기 쉬워 할로겐 원소처럼 전기 음성도가 큰 원소와 결합을 잘 하며, 결합 후 강한 이온 결정이 된다. Ⅰ족과 Ⅶ족, Ⅱ족과 Ⅵ족, Ⅲ족과 Ⅴ족 화합물은 순서대로 전기 음성도의 차가 줄어들어 이온성은 감소하며, 구조의 대부분은 **섬아연광**(zinc blende)형 또는 그것과 유사한 **울지트**(würtzite)형의 결정으로 된다. 이 결정형은 다이아몬드형에서 인접한 원자가 각각의 성분 원자로 대체된 구조와 같다.

실리콘(Si)이나 게르마늄(Ge)과 같은 다이아몬드 격자 상의 기준 원소에서 각각 $\frac{1}{4}$만큼의 거리를 가지고 위치해 있는 원소들이 다른 원소로 대체되었을때, 이 결정 구조를 섬아연광 구조라고 한다. 이 때, Ⅲ-Ⅴ족 화합물 반도체는 섬아연광을, Ⅱ-Ⅵ족 반도체는 그림 Ⅲ-2와 같은 울지트 구조를 나타낸다.

> **용어해설**
>
> **섬아연광**
> 황화아연이 많이 포함된 등축정계의 광물
>
> **울지트**
> 화학식은 β-ZnS이고 섬아연광과 동질이상(同質異像) 관계에 있는 광물
>
> **정전기력**
> 시간에 의존하지 않는 전기장

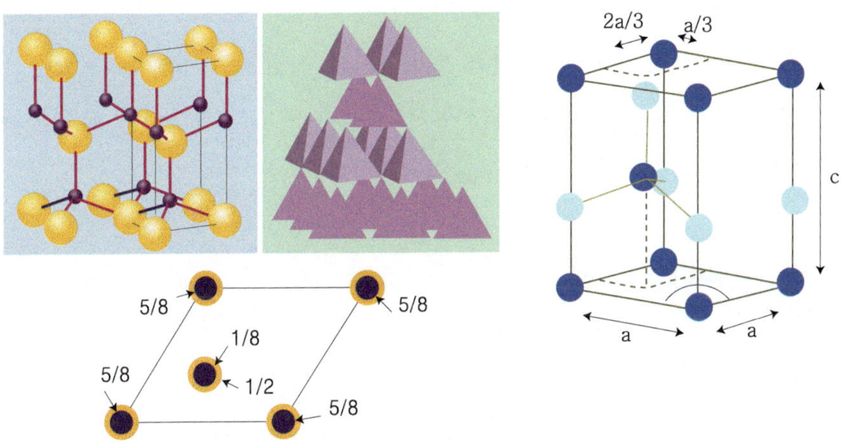

그림 Ⅲ-2 울지트(würtzite)형 결정 구조

(1) Ⅲ-Ⅴ족 화합물 반도체

비화갈륨(GaAs)은 대표적인 화합물 반도체로, 게르마늄(Ge), 실리콘(Si)과 비슷한 입방정계이지만, Ⅲ족 원소인 갈륨(Ga) 둘레에 Ⅴ족 원소인 비소(As) 4개가 이웃하고 있고, 또 비소(As) 주위에 4개의 갈륨(Ga)이 배치되어 있는 입방 섬아연광 결정 구조를 하고 있다. 따라서, 갈륨(Ga) 가전자 3개와 비소(As) 가전자 5개 등 모두 8개의 가전자가 2개씩 공유 결합을 이루는 동시에 이런 전자 이동에 따르는 **정전기력**으로 말미암아 이온 결합의 성격도 겹쳐져 있다.

비화갈륨(GaAs)은 에너지 갭이 21℃에서 1.435 eV, −204℃에서 1.514 eV로 실리콘(Si)보다도 한결 높다는 특징이 있다. 이 밖에도 전도대의 극소점과 가전자대의 극대점의 위치가 전자의 파수 벡터 k=0의 위치에서 일치하는 이른바 직접 천이형이다. 이와 같은 우수한 성질 때문에 비화갈륨(GaAs)은 특수 용도의 트랜지스터, 터널 다이오드, 적외선 발광 다이오드, 건 다이오드, 레이저 다이오드 등의 재료로 널리 사용되고 있다. 이 밖에도 태양 전지의 재료로 이용되기도 한다. 최근, 발광 다이오드 재료로 각광을 받고 있는 인화갈륨(GaP)도 비화갈륨(GaAs)과 같은 Ⅲ−Ⅴ화합물 반도체이다. 안티몬화인듐(InSb)은 비화갈륨(GaAs)과 같은 입방정 섬아연광 결정 구조를 가지며, 에너지 갭이 0.16 eV를 나타낸다. 이 재료는 적외선 검출 소자, 자기장 검출 소자의 재료로 널리 사용되고 있다. 같은 부류의 반도체로는 비화인듐(InAs)과 인화인듐(InP)이 있다.

Ⅲ−Ⅴ족 화합물인 질화갈륨(GaN) 계열의 반도체를 이용해 파란색 빛을 내는 소자가 1993년 나카무라에 의해 개발되어 모니터, 전광판, 신호등, 휴대 전화 등 디스플레이에 주로 사용되고 있다. 많은 사람들이 사용하고 있는 휴대 전화 번호판 뒤에서 파란 빛을 내는 청색 LED가 바로 나카무라의 특허로 만들어진 질화갈륨(GaN) 청색 LED 부품이다.

(2) Ⅱ−Ⅵ족 화합물 반도체

Ⅱ−Ⅵ족 화합물 반도체는 황화칼슘(CaS), 셀렌화카드뮴(CdSe), 텔루르화카드뮴(CdTe), 텔루르화아연(ZnTe), 셀렌화아연(ZnSe), 황화수소(HgS), 황화납(PbS) 등이 있으며, 형광체, 광전도 물질, 광전지 등에 응용을 위한 연구가 이루어지고 있다. 황화카드뮴(CdS)은 형광체로서 널리 쓰여 왔으며, 특히 광전 특성이 우수하여 가시광선 검출 소자로 광전지나 카메라의 **광도계** 등에 널리 사용되고 있다. 최근, 박막 제조 기술이 발달하면서부터 실리콘(Si)으로 된 태양 전지의 성능을 능가하게 되었고, 경제성 역시 우수하여 크게 주목을 끌고 있다. 특히, 황화카드뮴(CdS)에 리튬(Li)을 첨가하면 수정과 거의 같은 **압전성**(piezoelectrical)을 나타내는데, 여기에 초음파를 가하면 압전 현상에 의한 전기장이 만들어진다. 이 때, 빛을 쬐어서 광전자를 발생시키면서 초음파 진행 방향으로 전압을 가하면 전자가 흐르게 된다. 전자 속도가 초음파의 전달 속도

용어해설

광도계

광도(光度)를 측정하는 장치

압전성

물질에 압력을 가해서 변형을 일으키면 전기장이 형성되어 전극을 통해 전압이 발생하는 현상

보다 느릴 때에는 초음파 에너지가 전자에 흡수되어 초음파가 감소된다. 만일, 전자 속도가 초음파의 전달 속도보다 빨라지면 반대로 전자가 가지는 에너지가 압전기의 전기장에 이동함으로써 초음파가 증폭되기도 한다. 이러한 방법으로 30 dB 이상의 초음파 증폭을 이룰 수 있다. 황화칼슘(CaS), 셀렌화카드뮴(CdSe), 텔루르화카드뮴(CdTe) 등은 그 혼합 조성비에 따라 에너지대 폭을 바꾸어 줄 수 있으며, 특이한 성질을 가지게 하기 위하여 육방정계의 셀렌(Se)이나 텔루르(Te)를 이용하기도 한다.

셀렌화아연(ZnSe), 텔루르화아연(ZnTe)은 입방정계의 결정 구조를 가진다. 최근 황화아연(ZnS)에 알루미늄(Al)이나 구리(Cu) 또는 납(Pb) 등을 첨가한 물질에서 전기 루미네선스(EL : electro luminescence)가 발견되어 주목을 끌고 있다. 이 EL(electro luminescence)판은 도로 표시판에 이용되고, 또 EL판을 바둑판 무늬로 만들어 전기 신호를 주사하여 벽걸이처럼 텔레비전 영상판으로서의 개발이 진행되고 있다. 현재 형광등, X선 검출관, 흑백 텔레비전 화면의 형광판 등은 황화아연(ZnS)을 모체로 사용하고 있다.

황화납(PbS)은 면심입방격자로, 응답 속도가 빠른 광전지와 적외선 검출에 많이 사용되고 있다. 특히, 액체 질소 온도(-147.21℃)에서 **암 전류**와 **열전자**(thermal electron)에 의한 잡음을 줄이고 에너지 갭이 작다는 큰 장점이 있다.

> **용어해설**
>
> **암 전류**
>
> 입사광이 없는 특정한 바이어스 상태에서 광검출기에 흐르는 전류
>
> **열전자**
>
> 높은 온도로 가열한 금속이나 반도체 표면에서 방출되는 전자

(3) 그 밖의 화합물 반도체

이상의 화합물 반도체 외에도 Ⅱ-Ⅴ족 화합물(ZnSb, CdSb 등), Ⅳ-Ⅵ족 화합물(PbSe, PbTe 등), Ⅴ-Ⅵ족 화합물(Bi_2Te_3, Bi_2Se_3), 3원 합금($AgInS_2$, $AgSbTe_2$), 그리고 같은 Ⅳ족끼리의 실리콘(Si)과 탄소(C)의 화합물(실리콘 카바이드) 등 수많은 화합물 반도체가 소자에 이용되고 있다.

금속간화합물에 있어서도 전망이 밝은 연구들이 진행되고 있다. 그 중의 하나가 청색 발광 셀렌화아연(ZnSe)반도체 레이저 다이오드이다. 셀렌화아연(ZnSe)은 직접 천이형 Ⅱ-Ⅵ족 화합물 반도체로서 상온에서 에너지 갭은 2.7 eV로 청색 파장에 해당한다.

03. 유기 반도체

유기 반도체(organic semiconductor) 재료는 1940년대 후반부터 시작하여 매우 많은 실험과 이론적인 연구가 진행되어 왔음에도 불구하고 실제 응용은 되지 못하였다. 1970년대 후반 들어서 특정한 유기물에 적절한 도핑 과정을 통하여 전기 전도도가 구리에 가깝게 도달될 수 있다는 것이 알려진 이후, 전기 전자 소재로서의 유기 반도체 재료에 대한 연구가 활발히 진행되고 있다. 유기 반도체는 섬유나 필름 형태로의 성형이 용이할 뿐 아니라, 경량성, 유연성, 비선형 광학적 특성, 전도성, 높은 분극성, 저렴한 생산비, 높은 생산성 등의 장점이 있다. 또한, 다양한 합성 경로를 통해 새로운 구조 및 기능성을 가지는 화합물을 비교적 쉽게 형성할 수 있어 새로운 초박막 기능성 전기 전자 및 광소자의 개발이 가능하다는 점도 유기 반도체의 특징이다. 최근 10여 년 간 유기 반도체 소재 개발과 이를 이용한 다양한 응용 연구 또한 활발히 진행되고 있다. 전자파 차폐막, 커패시터, **OLED**(organic light emitting diode), 유기 박막 트랜지스터, 유기 태양 전지, **다광자** 흡수 현상을 이용한 메모리 소자 등 유기 반도체를 이용한 응용 연구의 영역은 계속해서 확장되고 있다.

대부분의 유기 화합물은 전기적으로 절연체이지만, 특수한 구조를 가진 유기 결정에서는 반금속적인 성질을 나타낸다. 일반적으로, 유기 반도체는 전리하여 전자를 내기 쉬운 물질 및 전자를 받아들이기 쉬운 화합물과 화합하여 분자 화합물을 만드는데, 이 때 얻어지는 유기 물질의 결정 구조에 따라 전자는 비교적 자유스럽게 돌아다닐 수 있어 불순물 반도체와 같은 특성을 가진다.

다환식 방향족 화합물(poly cyclic aromatic compound), **프탈로시아닌**(phthalocyanine)과 같은 환식 구조를 가진 화합물, 그리고 **폴리에틸렌**(polyethylene)계의 화합물들이 유기 반도체에 속하며, 그림Ⅲ-3에 몇 가지 유기 반도체의 예와 구조식을 나타내었다. 표Ⅲ-3은 유기물 반도체 재료의 분류를 나타내고 있다.

유기 반도체 소재는 제조와 공정이 쉽고, 실리콘(Si)과 달리 잘 휘어지는 굴곡 표면에도 활용할 수 있으며, 매우 값이 저렴하다. 전문가들은 회로 제작에 있어서 인쇄법들을 적용하여 고속의 대량 생산을 실현할 꿈을 꾸고 있다. 그림Ⅲ-4에 유기 박막 트랜지스터를 나타내었다.

용어해설

OLED

전기를 흘려주면 스스로 발광하는 유기 물질을 이용한 디스플레이로 초박막 액정 표시 장치(TFT-LCD)에 비해 시야각이 넓고 전력 소모량이 적으며 응답 속도가 빠르다.

다광자

2개 이상의 광자가 흡수 또는 방출

다환식 방향족 화합물

분자를 구성하는 원자의 결합이 고리 모양의 구조를 가진 화합물로 2개 이상의 고리를 가진 화합물

프탈로시아닌

화학식이 $C_{32}H_{16}N_8H_2$인 선명한 청색 유기 안료

폴리에틸렌

에틸렌 $CH_2=CH_2$를 중합해 얻어지는 고분자

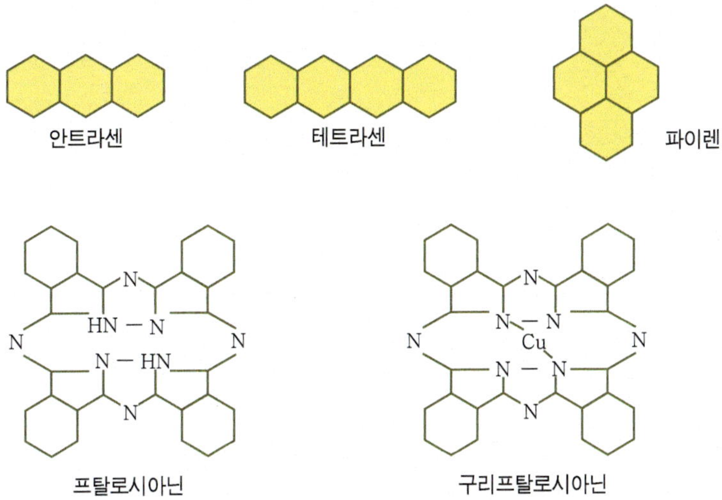

그림 Ⅲ-3 유기 반도체의 예와 화학 구조식

표 Ⅱ-3 유기물 반도체 재료의 분류

대분류	중분류	소분류
유기 반도체 재료	OLED 재료	고분자 발광 재료 저분자 발광 재료 전하 수송 재료
	유기 박막 트랜지스터 재료	기판 재료 유기 유전체 재료 유기 반도체 재료
	첨단 유기 반도체 재료	유기 태양 전지 재료 분자 전자 재료 유기 레이저 재료

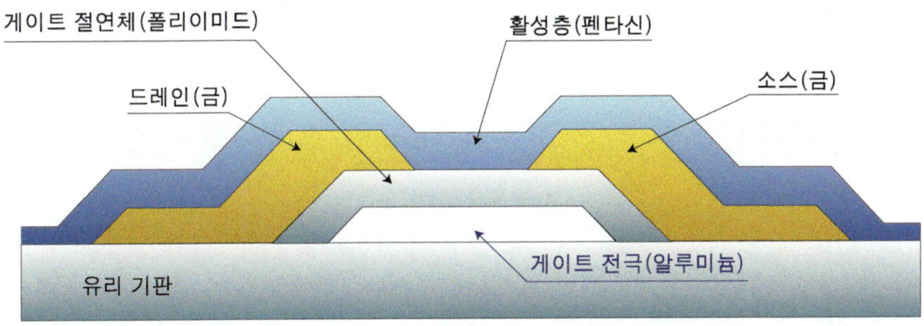

그림 Ⅲ-4 유기 박막 트랜지스터

04. 비정질 반도체

(1) 비정질 실리콘

단결정 실리콘(Si)이 IC용 재료로서 사용되는 가장 큰 이유는 실리콘(Si)에 인(P)이나 붕소(B)와 같은 미량의 불순물을 첨가하여 p형 또는 n형으로 변화시킬 수 있기 때문이다. 이와 같은 가전자 제어를 통해 트랜지스터를 제조할 수 있다. 그 반면에 비정질 실리콘의 경우는 끊어진 결합(dangling bond)이나 밴드 꼬리(band tail) 때문에 불순물을 첨가하여도 p형, n형 등의 가전자 제어가 불가능하다. 그러나 사이렌(silane) 가스를 분해하여 형성한 비정질 실리콘은 붕소(B)나 인(P)의 첨가에 의해 도전율이 5승(order) 이상 크게 변화한다. 사이렌의 분해에 의하여 제조된 실리콘(Si)에는 수소가 10% 정도 함유되어 수소화되어 있다. 수소(H_2)의 격자 침입으로 격자의 변형이 완화되고 끊어진 결합(dangling bond)과 다시 결합하여 결함 밀도를 감소시킨다. 스퍼터링(sputtering)에 의하여 제조된 수소(H_2)를 함유하지 않은 비정질 실리콘은 밴드 갭 내에 고밀도의 **국재 준위**(localized state)를 만든다. 이 때문에 반도체의 페르미 레벨은 밴드 갭의 중심에 고정된다. 이와 같이 많은 결함을 가진 반도체에는 10^{20}(개/cm^3) 정도의 국재 준위가 존재하기 때문에 10^{18}~10^{19}(개/cm^3)의 불순물을 도핑하여도 밴드 갭 내에 도너 준위나 억셉터 준위를 형성할 수 없다. 그 반면에 수소화된 비정질 실리콘(a-Si:H)은 국재 준위 밀도가 낮고 도핑에 의하여 도너나 억셉터 준위를 형성할 수 있다. 수소화 비정질 실리콘(Si)의 결함 밀도는 10^{15}~10^{17}(개/cm^3) 정도이며, 10^{18}~10^{19}(개/cm^3)의 불순물 첨가로 가전자 제어를 할 수 있다. 그림Ⅲ-5는 수소화된 비정질 실리콘(a-Si:H)의 네트워크 모델이다.

비정질 반도체는 결함을 완전히 없앨 수 없기 때문에 전자나 정공의 이동도는 단결정에 미치지 못한다. 비정질 반도체는 대면적화가 가능하고, 저온 형성이 가능하며, 값이 싼 기판(유리, 금속, 플라스틱 등)을 사용할 수 있다는 장점이 있다.

> **용어해설**
>
> **국재 준위=불순물 준위**
>
> 실리콘(Si) 또는 게르마늄(Ge) 원자는 각각 Si–Si(또는 Ge–Ge)의 원자 간 결합을 형성하면 원자의 s궤도와 p궤도가 혼합되어 sp3 혼성궤도를 형성한다. 분자 상태에서는 이것이 결합 상태(+)와 반결합 상태(–)로 분리되고, 이 2개의 전자 상태로의 분리가 원자가 집합하여 고체로 형성될 때 밴드(band) 구조와 밴드 갭(band gap)이 형성되는 근본 원인이 된다. 근접 분자끼리의 상호 작용에 의해 각 분자의 에너지 준위는 에너지 밴드로 퍼지고 가전자대와 전도대로 이루어지는 밴드 갭이 형성된다. 결정의 경우는 밴드의 선단이 에너지적으로 잘 구분되어 있다. 비정질 반도체의 경우도 밴드의 기본적 구조는 결정의 경우와 마찬가지이나 장거리 질서가 결여되어 원자 간의 결합 거리, 결합 각도, 결합력 등이 일정하지 않다. 따라서, 밴드의 선단이 일정한 에너지에 국한되지 않고 흐릿한 에너지 영역을 보인다. 또한, 결합되지 않은 채 끊어져 있는 미결합 본드가 존재하여 r+와 r–에 의한 준위 이외에 여분의 준위가 형성되고 이를 국재 준위라고 부른다.

(2) 칼코겐화물 비정질 재료

칼코겐화물(chalcogemide) 반도체는 주기율표 상에서 산소(O_2)와 같은 VI

족에 속하는 칼코겐 원소라고 부르는 황(S), 셀렌(Se), 텔루르(Te)의 세 원소와 그 화합물로써 이루어지는 비산화물계 유리의 총칭이다. 산화물 유리나 비정질 금속에서와 마찬가지로 칼코겐 원소와 다른 원소의 조성비가 어떤 특정 범위에 들지 않으면 비정질화가 되지 않는다. 응용 분야는 태양 전지, 광전변환 소자, 박막 트랜지스터 등이고 칼코겐화물의 특징은 다음과 같다.

① 칼코겐화물 비정질은 진공 증착이나 스퍼터링에 의해 박막으로 제조되어도 물성이 크게 변하지 않고, 열처리를 하여도 균열이나 박리가 잘 일어나지 않는다.

② 칼코겐화물 비정질은 넓은 온도 영역의 연화 온도 때문에 압연이나 **다이캐스팅**(die casting) 등의 기계 가공이 가능하다.

③ 대부분의 칼코겐화물 비정질은 적외선 투과율이 높으며, 임의의 형상으로 만들 수 있고 광학적 특성을 자유롭게 선택할 수 있는 장점이 있다.

④ 일반 산화물 유리에 비하여 연화점이 낮다.

⑤ 금속과의 젖음성과 내수성이 좋고, 산에 강하나 알칼리에는 약하다.

⑥ 칼코겐화물 비정질 반도체는 준안정상이므로 전계, 빛, 압력 등에 의해 상전이 및 내부 에너지의 변화를 일으키기 쉽다.

⑦ 많은 국재 준위를 가지며 그 전도형은 진성 전기 전도(intrinsic conductivity)를 나타내고 캐리어의 수명이 매우 짧다.

⑧ 가전자 제어를 할 수 없어 pn 접합의 형성이 어렵다.

용어해설

다이캐스팅

주물 제작에 이용되는 주조법(鑄造法)

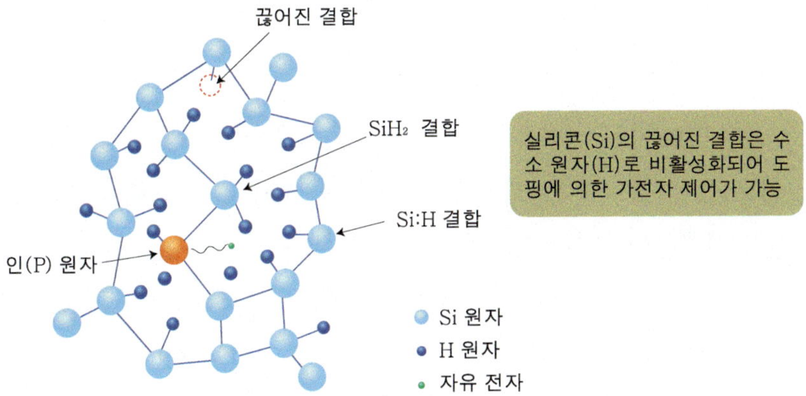

그림 Ⅲ-5 a-Si:H의 네트워크 모델

2. 반도체 재료의 정제와 단결정 제작

학 습 목 표

- 단결정 제작법의 종류와 원리를 설명할 수 있다.

실리콘 단결정은 대부분 대구경화에 적당한 **인상법**(Czochralski method), 또는 고순도화에 적당한 **부유 대역법**(FZ법 : floating zone method)에 의해 제조된다. 어떤 방법으로도 무전위 단결정을 얻을 수 있다.

용어해설

인상법

융액으로부터 단결정(單結晶)을 육성하는 방법

부유 대역법

초크랄스키 인상법과 비슷하지만 도가니를 사용하지 않아서 결정 중에 산소 등의 불순물이 혼입되지 않아 매우 고순도 단경정을 만들 수 있는 것이 특징

아크로

전극 사이 또는 전극과 피가열물 사이에 전기 아크를 발생시켜 그 열로 목적물을 가열하는 방식의 전기로

01. 화학적 정제

반도체 재료로 사용되는 게르마늄(Ge)이나 실리콘(Si)은 천연적으로 산화물로 되어 있는 광석을 화학적 또는 물리적으로 정제하여 고순도의 물질로 만든 것이다. 이 정제에는 게르마늄(Ge)이나 실리콘(Si) 원료를 일단 정제하기 쉬운 화합물로 바꾸어 증류, 승화, 흡착, 가수 분해, 열분해 등의 화학적 또는 물리적 방법을 병행해서 사용하는 경우와 대역 정제(zone refining) 등과 같은 물리적 정제법이 사용되고 있다.

(1) 실리콘 정제

실리콘(Si)은 산화물, 탄화물, 규산염 등의 형태로 지상에 다량으로 존재한다. 산화 실리콘에 코크스를 첨가하고 **아크로**(arc furnace) 안에서 환원 용해해서 냉각 고화시킨 것을 금속 실리콘이라 한다. 순도는 97~98% 정도이고 주요한 불순물은 철(Fe), 탄소(C), 붕소(B), 인(P), 황(S) 등이다. 이 금속 실리콘을 할로겐화물 같은 기체 또는 액체의 중간 화합물로 바꿔, 그 상태로 각종 화학적, 물리적 처리를 해서 정제한 후 이것을 열분해 또는 환원시키면 순수한 다결정 실리콘을 얻을 수 있다. 중간 실리콘 화합물로는 모노실란(SiH_4), 할로

겐화물〔사염화규소($SiCl_4$), 4요오드화실리콘(SiI_4)〕, 수소화할로겐화물인 삼염화실란($SiHCl_3$) 등이 있지만 삼염화실란($SiHCl_3$)이 가장 많이 사용된다. 삼염화실란($SiHCl_3$)은 실온에서 액체이고 수소(H_2)와의 반응 온도도 비교적 낮고 반응 속도가 빠르다. 증류, 재결정들의 물리적 정제를 반복해서 반도체용 순도로 제조된다. 더욱이 이것을 수소 가스(H_2)와 혼합해서, 먼저 900~1460℃로 가열한 석영(SiO_2)관 속을 통해 환원되기 쉬운 불순물을 제거한 후, 실리콘(Si) 다결정봉의 표면에 흘려보내면 그 표면에 다결정 실리콘(Si)이 정출되고 지름이 수 cm 이상의 고순도 다결정 봉을 얻을 수 있다. 이 상태의 다결정 실리콘(Si) 불순물과 그 함유량은 1 ppm 이하이고 단결정 제조의 원료가 된다. 그림 Ⅲ-6은 삼염화실란($SiHCl_3$)법을 통한 고순도 다결정 실리콘(Si)의 제조 공정을 나타내고 있고, 그림 Ⅲ-7은 실리콘(Si)의 이용 형태를 나타내고 있다.

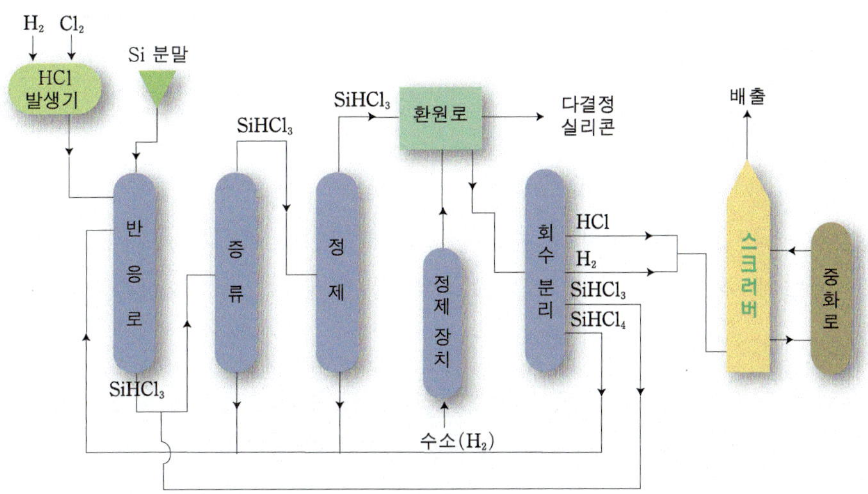

그림 Ⅲ-6 삼염화실란법을 통한 실리콘(Si)의 제조 공정

> **용어해설**
>
> **스크러버 (scrubber)**
>
> 공정 장비들로부터 발생되는 여러 종류의 유해 배기 가스들을 적정 기준치 이하로 처리하여 배출시키는 장치

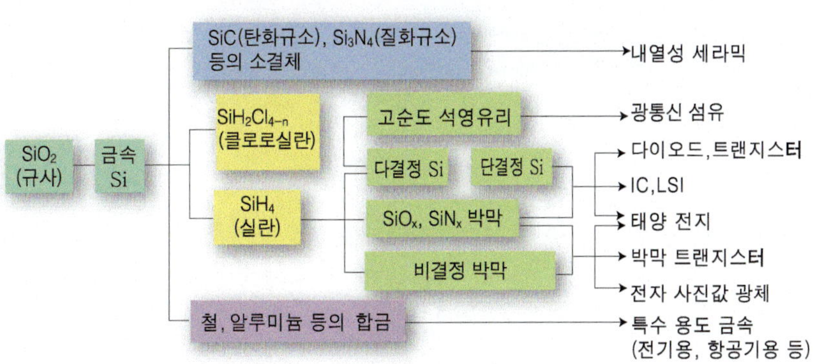

그림 Ⅲ-7 실리콘의 이용 형태

(2) 게르마늄의 정제

게르마늄(Ge)은 함유량이 비교적 많은 광석인 겔마나이트(germanite), 아지로다이트(argyrodite), 섬아연광, **황동광** 등의 광석에서 얻는다. 이 광석의 가루를 직접 염소화하여 염화게르마늄($GeCl_4$)을 만들고, 이것을 증류·정제하고 증류수로 가수 분해하여 건조시키면 산화게르마늄(GeO_2)이 된다.

$$GeCl_4+2H_2O \rightarrow GeO_2+4HCl \quad \cdots\cdots \text{식(Ⅲ-1)}$$

여기서 얻은 산화게르마늄(GeO_2)를 다시 650℃에서 수소와 환원 반응을 시키면 순수한 게르마늄(Ge)을 얻을 수 있다.

$$GeO_2+2H_2 \rightarrow Ge+2H_2O \quad \cdots\cdots \text{식(Ⅲ-2)}$$

이것을 불활성 기체 분위기에서 1100℃로 가열·용융시켜 99.99 % 순도의 잉곳을 만든다.

> 용어해설
> **황동광**
> 구리와 철의 황화 광물

02. 물리적 정제

(1) 대역 정제법

게르마늄(Ge), 실리콘(Si)의 결정을 용융시킨 다음 한쪽 끝에서 다른 쪽으로 천천히 응고시켜 나가면 먼저 응고된 부분이 나중에 응고된 부분보다 불순물 농도가 낮다. 이러한 편석 현상을 이용하여 반도체 결정을 정제하는 방법이 대역 정제(zone refining)법이다.

그림Ⅲ-8은 대역 정제법을 나타낸 것으로 대역을 용해시켜 그 대역을 한쪽 방향으로 이동시킨다. 이와 같은 조작을 반복하면 불순물이 한쪽으로 모이게 되어 순도가 높아진다. 실리콘(Si)의 경우는 용융 온도가 높기 때문에 보트로

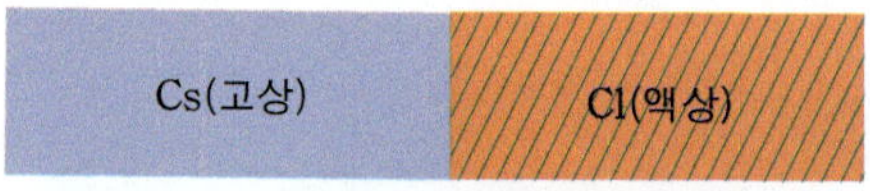

(a) 대역 정제의 원리

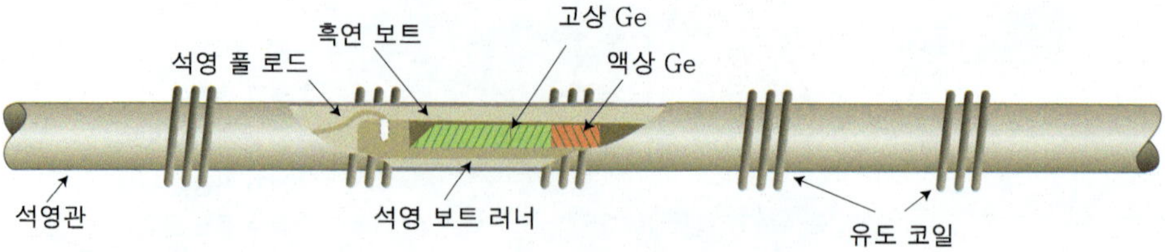

(b) 대역 정제 장치

그림 Ⅲ-8 대역 정제법

부터 불순물이 섞일 우려가 있으므로 보트를 사용하지 않고 **시료**(specimen)를 수직으로 세워 용융시키는 방법도 있다. 이와 같은 수직 대역 용해를 부유대역 용해(floating zone melting)라 한다.

> **용어해설**
>
> **시료**
> 시험이나 검사 분석 따위를 하기 위한 재료
>
> **에피택셜**
> 기판 역할을 하는 단결정 실리콘 웨이퍼 위에 가스 상태의 반도체 결정을 석출시키면 기판의 결정축을 따라서 결정이 성장되는 현상

03. 단결정 성장법

반도체 부품 중에서 다결정을 그대로 사용하는 것도 있으나, 다결정이면 결정 경계가 캐리어의 운동을 방해하는 장벽이 되는 경우가 많으므로, 트랜지스터나 정류기 등에서는 단결정이 사용된다. 단결정을 만드는 방법에는 인상법(CZ법), 부유대역법(FZ법), **에피택셜**(epitaxial) 성장법 등이 있다.

(1) 인상법(CZ법)

인상법에서 단결정 실리콘(Si) 잉곳(ingot)은 단결정 실리콘(Si) 종자(seed)를 용융한 실리콘(Si)과 접촉시킨 후 천천히 위로 끌어올리면서 냉각 고화시켜 제조된다. 현재 인상법으로 지름이 300 mm이고 무게가 100 kg 이상인 실리콘(Si) 단결정을 상업적으로 생산하고 있다. 인상법에 의한 단결정 성장 장치의 구조를 그림 Ⅲ-9에 나타내었다.

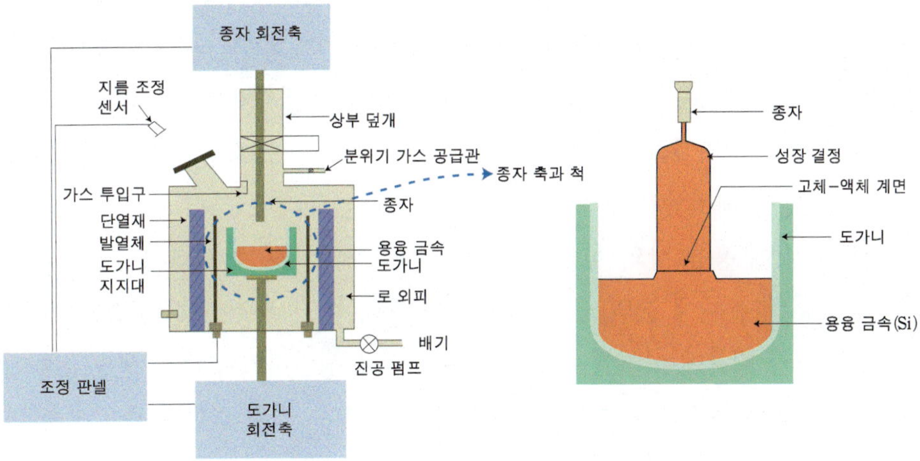

그림 Ⅲ-9 인상법 결정 성장기의 구조

단결정 성장은 실리콘(Si)의 용융점인 1412 ℃의 고온에서 이루어진다. 용융 상태로부터 결정 성장을 방해할 수 있는 산화실리콘(SiO_2)이나 질화실리콘

(Si_3N_4)의 생성을 막기 위해서는 성장기 내부에 공기의 출입을 차단하는 것이 필수적이다. 성장기 내부는 고순도의 아르곤(Ar) 가스를 주입하여 약 20~30 Torr의 압력을 유지한다. 흑연(graphite) 발열체는 용융 실리콘(Si)과 성장 중인 결정을 적절한 온도로 유지시킨다.

단결정 실리콘(Si)의 성장을 위해 성장기 내부에 다결정 실리콘(Si)을 넣고 목적하는 전기적 특성을 갖기 위해 정해진 양의 **도핑제**(dopant)를 첨가한다. 성장기를 밀폐한 후에 적당한 기체의 흐름과 압력을 유지하고, 다결정 실리콘(Si)을 용융시켜 실리콘(Si)이 완전히 녹으면 성장기의 온도를 실리콘(Si)의 용융점보다 몇 ℃ 정도 높게 유지한 후 적절한 회전 속도(보통 15 rpm)로 성장기를 회전시키면서 단결정을 성장시킨다.

> **용어해설**
>
> **도핑제**
>
> 반도체는 전류를 운반해 주는 매체를 조절할 수 있는 것
>
> **전위**
>
> 결정체 속에 들어 있는 선형(線形) 격자 결함의 일종

실리콘(Si) 종자(seed)는 길이가 약 100 mm이고 지름이 약 10 mm 정도로서 종자의 결정 방향이 성장될 단결정 실리콘(Si)의 방향을 결정한다. 주로 사용되는 결정 방향은 〈100〉과 〈111〉이지만, 때때로 〈110〉이 사용되기도 한다. 종자를 아래로 내려서 용융 상의 실리콘(Si)과 접촉시키면 용융 실리콘(Si)의 큰 표면 장력으로 인해 종자는 용융 실리콘(Si)의 표면보다 약간 높은 위치에서 고체-액체 계면을 형성하게 된다. 결정을 성장시키기 위해서 종자를 약간 올리면, 고체-액체 계면은 조금씩 냉각하기 시작하면서 결정의 성장이 시작된다. 끌어올리는 속도나 온도를 높이면 성장하는 결정의 지름은 작아지는 반면, 올리는 속도와 온도를 낮추면 지름이 큰 결정을 얻을 수 있다. 일반적으로 성장기와 종자를 지속적으로 회전시키면서 결정을 성장시키게 되는데, 이는 용융 상의 흐름을 조절하여 계면의 온도를 균일하게 함으로써 불순물의 분포가 균일한 결정을 제조하기 위해서이다.

성장 초기에 용융 상의 실리콘(Si)에 종자를 접촉시키게 되면 심한 열 충격으로 인해 종자 내에 **전위**(dislocation)라 불리는 2차원적 결함(defect)이 형성될 수 있기 때문에 이러한 결함이 없는 결정을 생산하기 위해서 성장 초기에 종자의 올리는 속도를 증가시키는 방법을 사용한다. 전위 결함은 주로 {111}면을 따라 전파되며 실리콘(Si) 외부 표면에서 결함의 전파가 정지되기 때문에 성장 초기에 결함이 표면에서 모두 제거될 때까지는 단결정의 지름을 키우지 않고 성장을 진행하게 된다.

결함이 모두 제거되면 온도를 약간 내리고, 끌어올리는 속도를 약 2.5 cm/h

정도로 줄여서 결정의 지름을 점차 증가시킨다. 결정이 만족할 만한 지름을 이루게 되면 결정이 더욱 커지는 것을 막기 위해 속도를 다시 증가시켜 일정한 지름에서 성장이 이루어지도록 유지한다. 100 mm 지름의 결정을 성장시키기 위한 일반적인 속도는 약 8 cm/h 정도이며, 지름이 더욱 큰 결정을 얻기 위해서 좀더 느린 속도로 성장시켜야 한다. 결정의 성장이 거의 끝나게 되면 결정의 지름을 점차적으로 작게 하기 위해서 속도를 조금 증가시킨다. 결정의 끝부분의 지름을 점차 작게 하는 이유 또한 결정이 용융 상으로부터 완전히 분리될 때 생기는 전위(dislocation) 결함을 막기 위해서이다.

한편, 다결정 실리콘(Si) 원료와 함께 실리콘(Si)의 전기적 특성을 조절하기 위해 첨가하는 도핑제는 단결정 성장과 함께 용융 실리콘(Si)에 균일하게 첨가된다. 이 때, 도핑제의 농도는 너무 높지 않아야 하며, 어느 정도 이상의 농도에서는 도핑제가 실리콘(Si)에 **고용체**(solid solution)를 형성하지 않고 석출 상으로 얻어질 수 있다.

도핑제는 반도체의 전기적 특성을 조절하기 위해 인위적으로 첨가한 불순물이지만, 단결정 성장 과정 중에 어쩔 수 없이 첨가되는 두 가지의 불순물이 있는데 이것은 산소(O_2)와 탄소(C)로서 각각 성장 장치의 소재들로부터 유입된 것들이다. 실리카(SiO_2) 성장기로부터 비교적 많은 양의 산소 원자(O)가 유입되며, 탄소(C)는 흑연(graphite) 발열체로부터 유입된다. 산소(O_2)는 대개 결정 내에 존재하는 도핑제의 농도와 동일한 정도의 높은 농도로 발견되는데, 실제로 산소(O_2)의 농도는 성장기의 크기, 성장기와 종자의 회전 속도, 용융 상과 결정 상과의 비율 등 여러 가지 변수에 따라 다르게 나타난다. 산소(O_2)는 주로 격자(lattice)의 침입형 자리(interstitial site)에 위치하며, 탄소(C)는 실리콘(Si)의 격자 위치에 치환형으로 첨가된다. 결정 내에 존재하는 산소(O_2)는 집적 회로 제조 공정 중 열공정으로 인해 과포화되어 산화실리콘(SiO_2)으로 석출(precipitation)이 일어나게 되어 반도체 소자의 성능을 저하시킨다. 결정 내에 존재하는 산소(O_2)의 양을 줄이기 위해 결정을 열처리하게 되면 침입형 자리에 존재하던 산소 원자(O)는 쉽게 이동하여 실리콘(Si) 표면에서 산소(O_2) 가스로 되어 제거될 수 있다. 이러한 현상은 주로 표면 부근에서 일어나며 이렇게 산소(O_2) 불순물이 제거된 표면 부근의 영역에 집적 회로를 형성한다. 또한, 결정 내부의 깊은 곳에 제거되지 않은 산소(O_2) 결함은 실리콘

용어해설

고용체

완전하게 균일한 상(相)을 이룬 고체의 혼합물

(Si) 내부의 다른 불순물들을 제거해 주는 역할을 하는데 이러한 현상을 게터링(gettering)이라고 부른다.

(2) 부유 대역법(FZ법 : float zone method)

용융 상 실리콘(Si) 영역을 다결정 실리콘(Si) 봉을 따라 천천히 이동시키면서 다결정 실리콘(Si) 봉이 단결정 실리콘(Si)으로 성장되도록 하는 것이다. FZ법은

① 용융 상과 직접 접촉되는 성장기를 사용하지 않고,

② 성장 장치 내부에 흑연(graphite) 가열기을 사용하지 않으며,

③ 성장기 안에 있는 용융 상 실리콘(Si) 내에 도핑제의 분리 효과가 나타나지 않기 때문에 고순도의 단결정을 만들 수 있다는 장점을 가지고 있다.

FZ법 장치의 주요 구성 요소는 흑연을 사용한 가열 장치와 실리카(SiO_2) 성장기를 사용하지 않는다는 점 외에는 CZ법의 구성 요소와 유사하다. 가열은 한 순간에 봉의 일정한 부분만을 용융시키는 단선의 RF(radio frequency) 코일로 제공한다(그림 Ⅲ-10). 또한, 근본적으로 공정 자체가 다르므로 자동화 시스템이 CZ법과 다르다.

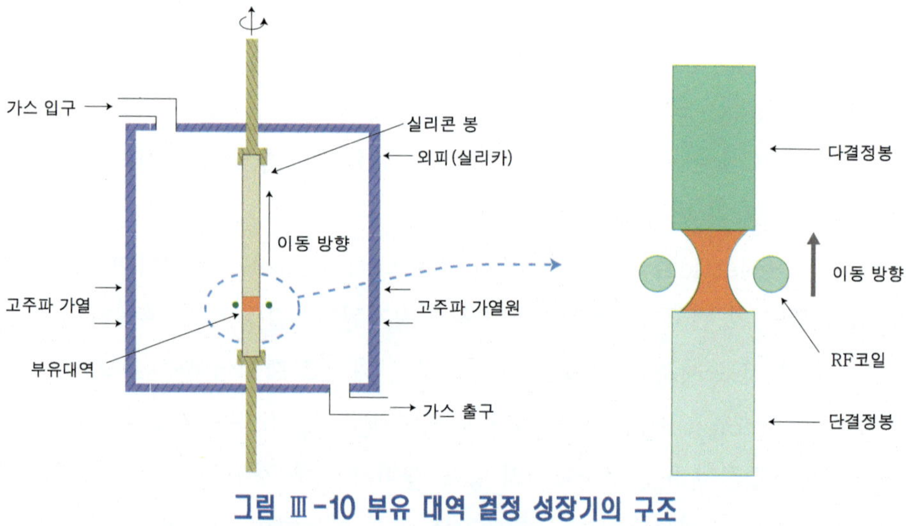

그림 Ⅲ-10 부유 대역 결정 성장기의 구조

다결정 실리콘(Si) 봉은 회전 운동을 하면서 위에서부터 아래에 있는 반응기 내부로 이동되며 이 때 봉 밑의 일부분이 녹으며 액상은 표면 장력의 효과로 봉에 부착되어 있는 상태가 된다. 종자는 아래로부터 액상의 실리콘(Si)과 접

축된다. 종자를 밑으로 내려줌과 동시에 주입봉을 천천히 코일 히터 쪽으로 내려주면서 단결정의 성장이 시작된다. 초기의 하강 속도와 공급 전력을 적당한 지름의 단결정이 성장하도록 맞춘다. 결정의 크기는 종자와 다결정 봉과의 상대적인 하강 속도의 비로 결정한다. 다결정 봉의 지름이 균일해야만 성장되는 단결정 실리콘(Si)이 균일한 지름을 가진다. 불순물 농도가 높은 꼬리 부분은 버려지게 된다. 원하지 않는 불순물과 함께 도핑제가 분리되는 것을 피하기 위해서, 도핑제는 공정의 마지막 과정에서 가스와 함께 첨가된다.

FZ법에 의한 결정을 이용하면 고내전압 특성을 얻을 수 있기 때문에 전력용 소자에 많이 사용된다.

(3) 에피택셜법

단결정 기판 위에 게르마늄(Ge) 또는 실리콘(Si)을 기상법으로 석출시키면 기판 결정과 같은 방향을 가지는 단결정 박막이 형성된다.

$$SiCl_4 + 2H_2 \xrightarrow{\text{고온}} Si + 4HCl \cdots\cdots\cdots \text{식(IV-3)}$$

에피택셜 성장법은 적당한 기판 결정 위에서 결정축을 맞추어 박막 단결정을 성장시키는 방법으로 기판보다도 결정성이 좋은 박막의 단결정을 얻을 수 있다. 실리콘(Si) 에피택셜 결정은 반응 가스로서 사염화규소($SiCl_4$), 삼염화실란($SiHCl_3$), 모노실란(SiH_4) 등을 이용해서 고온에 의한 수소(H_2) 환원 또는 열분해에 의해 주어진 실리콘(Si) 기판 위에서 성장시킬 수 있다. 에피택셜 층의 성장 속도는 성분 가스비, 가스 함유량, 온도 등에 따라서 변화한다. 일반적으로 성장 속도를 일정하게 유지하기 위해 시간을 바꿔 성장층의 두께를 제어한다. 1μm 이하의 얇은 층에서부터 100μm 정도의 두꺼운 층까지 목적에 맞게 성장시킨다. 성장층에는

① 기판 결정의 전위를 받아서 발생하는 전위

② 기판 표면의 오염 또는 불순물의 석출 등을 원인으로 해서 발생하는 전위와 적층 결함과 옭은 **에치 피트**(etch-pit)를 나타내는 결함

③ 기판과 성장층에서 불순물의 종류와 농도가 다르기 때문에 발생하는 격자 상수의 차로 인한 변형을 완화하기 위해서 형성된 **부정합**(misfit) 전위

④ 자동 도핑된 불순물과의 상호 작용에 의한 점 결함 등 각종의 결함이 관

용어해설

에치 피트

부식 자국

부정합

석출물이 기지 조직의 결정 격자와 분리되어 있는 것

찰되는 경우도 있다.

전위의 발생을 억제하기 위해서는 다음과 같은 방법이 사용되고 있다.

① 무전위 결정의 기판을 사용한다.

② 부정합을 전위 계면 내에 발생시킨다.

③ 기판 결정의 전위를 부정합 전위에 접속해서 결정 밖에 놓아 둔다.

에피택셜 층 안의 반도체형(n형, p형)과 저항률을 제어하기 위해서는 성장할 때 흐르는 반응 가스 안에 수소(H_2) 또는 알곤(Ar)로 희석한 불순물 첨가용 가스를 동시에 흘려보낸다. 통상 n형에는 포스핀(PH_3)와 아르신(AsH_3), 디보란(B_2H_6) 등을 적당하게 혼합한다. 이들 도핑 가스는 고온에서 분해하고 성장 결정 속에서는 인(P), 비소(As), 붕소(B) 등의 원자로 된다. 기체 상태에서 고체 상태로 불순물의 양은 성장 조건(성장 온도, 성장 속도, 가스의 유속)에 의해 변화한다.

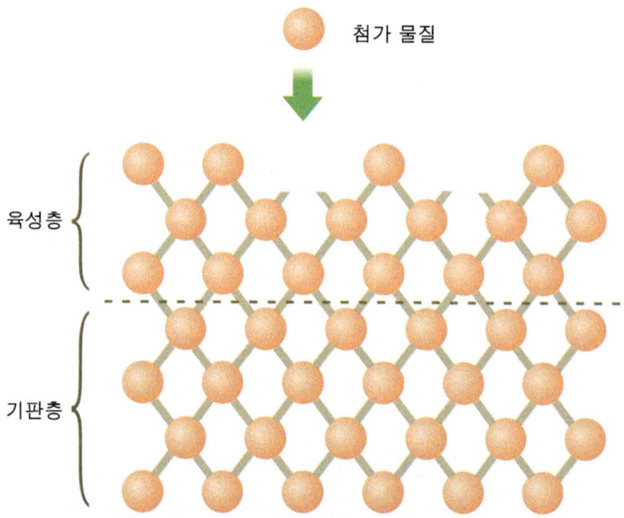

그림 Ⅲ-11 에피택셜 성장 모형

(4) 그 외의 결정 성장법

기타의 결정 성장법으로는 대량의 액상 실리콘(Si)을 큰 표면 장력을 이용하여 도가니 모양의 고주파(RF) 코일에 넣고 전기장을 형성시켜 실리콘(Si) 결정을 성장시키는 냉각 도가니(cold crucible)법이 있다. 이것은 액상의 실리콘(Si)과 접촉하는 실리카(SiO_2) 도가니(crucible)가 필요 없는 장점이 있다. 또한, 도가니 안에 종자(seed)를 넣은 후 용융시키고 이것을 바닥에서부터 위로 천천히 냉각시켜 도가니 내에서 결정을 성장시키는 경사 냉각(gradient freeze)법이 있다. 그리고 Ⅲ-Ⅴ족 단결정을 생산하기 위한 수평-수직 브리지먼(Bridgman)법이나 액상 포획(liquid encapsulated) CZ법 등이 있다.

04. 불순물 확산

반도체 소자를 만들기 위해서는 반도체 내에 불순물을 첨가해서 원하는 저항값을 갖도록 해야 한다. 특히, pn 접합은 반도체 소자 제작에서 중요한 기술이다. pn 접합의 제작법에는 합금법, 확산법, 기상 성장법, 융액 성장법, 이온 주입법 등이 있다. 실리콘(Si) 소자, 특히 IC(integrated circuit: 집적 회로)에는 확산법 및 이온 주입법이 널리 사용되고 있다. 확산법은 Ⅲ족 불순물의 확산 계수가 실리콘(Si)보다 작은 산화실리콘(SiO_2)막을 확산 마스크로 하고 웨이퍼 표면에 불순물층을 형성하는 공정인 프리데포지션(predeposition)과 웨이퍼를 적당한 분위기 안에서 고온으로 가열하여 표면 부근에 있던 불순물을 내부로 확산시키는 **드라이브 인**(drive-in) 공정의 2단계로 나뉘어 실시되는 경우가 많다. 프리데포지션 방법으로는 고온(900 ℃)에서 가열한 석영관 안에서 웨이퍼를 세우고 캐리어 가스로서 질소(N_2)를 불순물과 함께 웨이퍼 위로 운반해 웨이퍼 표면에 고농도의 불순물층을 만드는 방법이다. 불순물의 공급에는 포스핀(PH_3), 디보란(B_2H_6) 등의 기체의 경우와 옥시염화인($POCl_3$), 3취화붕소(BBr_3) 등의 액체에서 증발된 경우, 오산화인(P_2O_5), 산화붕소(B_2O_3) 등의 고체에서 승화된 경우 등이 있다. 또다른 방법은 500 ℃ 정도의 저온이므로 모노실란(SiH_4)과 산소(O_2)가 반응하는 웨이퍼 상에 산화실리콘(SiO_2)을 증착시킬 때 포스핀(PH_3), 디보란(B_2H_6), 아르신(AsH_3) 등의 도핑 가스를 동시에 유출시켜 인(P), 붕소(B), 비소(As) 등을 함유한 산화실리콘(SiO_2)막을 증착시켜 이것을 불순물 확산의 소스로서 이용하는 것이다. 도핑 가스의 유량에 의해 산화실리콘(SiO_2)막 안의 불순물 농도를 제어할 수 있으므로 넓은 범위로 표면에서의 불순물 농도를 변화시킬 수 있고, 특히 고용 한도 이하의 농도를 얻을 수 있다. 또, 도핑된 산화물을 일정한 부분만 남기고 다른 부분을 식각한 다음 확산시키면, 도핑된 산화물이 남은 부분만 불순물이

용어해설

드라이브 인

주입된 이온(ion)을 필요한 만큼 확산시키는 공정

확산되어 산화실리콘(SiO_2)막을 통상의 확산 마스크로서 이용하는 것과는 다른 형태로 선택하여 확산시킬 수 있다.

이온 주입법은 주입을 필요로 하는 불순물을 고주파 방전을 통해 이온화하고 수십 KeV~수백 KeV의 에너지로 가속해서 직접 웨이퍼 상에 주입하는 방법이다. 이 방법은 불순물 분포를 정밀하게 제어할 수 있고, 큰 면적에 균일한 주입이 가능하며, 특히 저농도 영역($10^{18}/cm^3$ 이하)에서의 도핑을 정밀하게 행할 수 있는 등의 이점이 있다. 결점으로는 불순물 이온의 대량 주입에 의해 웨이퍼 안에 격자 결함이 발생하고, 이상 확대의 원인이 되어 소자 특성의 열화를 초래하는 것과 주입층이 깊게 생기지 않는 것 등이 있다.

3. 다이오드

학|습|목|표

- pn 접합의 3가지 제조 방법과 각각의 특징을 설명할 수 있다.
- 다이오드의 종류를 설명할 수 있다.
- 태양 전지의 동작 원리와 종류를 설명할 수 있다.

01. 금속-반도체 접합과 정류 작용

금속과 반도체를 접합시킨 경우에는 두 물질의 **일함수**(work function)의 크기에 따라 정류성 특성을 나타내기도 하고 저항성 특성을 나타내기도 한다. 그림Ⅲ-12에 금속과 n형 반도체의 에너지 밴드를 나타내었다. ϕ_m은 금속 일함수, X_s는 반도체의 전자 친화력, ϕ_s는 반도체의 일함수이다. 그림Ⅲ-12(a)는 $\phi_m > \phi_s$인 경우의 에너지 밴드 그림이다. 금속 측의 전자에서 보면 $\phi_B = \phi_m - X_s$가 되는 높이의 에너지 장벽이 생겨 있다. 또, 반도체 측에서는 $V_P = (\phi_m - \phi_s) / e$가 되는 확산 전위(diffusion potential) 또는 접촉 전위(contact potential)가 발생한다. n형 반도체 측에 음(-)의 바이어스를 걸어 주면 금속 측으로 전자가 다량 흐를 수 있지만, 역으로 n형 반도체 측에 양(+)이 되도록 전압을 인가했을 때 에너지 장벽이 높아져 전자는 금속 측으로 거의 흐르지 않고 정류 특성이 나타난다. 이 정류성 접촉을 특히 '**쇼트키**(schottky) 접촉'이라 한다. 한편, 그림Ⅲ-12(b)는 $\phi_m < \phi_s$의 경우를 나타낸 것인데 전자의 흐름을 저해하는 에너지 장벽이 존재하지 않기 때문에 저항 특성이 나타난다.

반도체를 사용하는 장치는 반도체를 금속과 접촉시키는 경우가 있다. pn 접합에서 유용한 정류 특성은 간단히 반도체와 금속을 접합함으로써 얻어질 수 있다. 이러한 반도체와 금속 접합에 전류를 흘려주면 전류의 방향에 따라 저항이 현저하게 달라지고, 이 때의 전류-전압 관계는 **옴의 법칙**(Ohm's law)에 따르지 않는다. 따라서, 이 장치에 교류를 흘려주면 한 방향으로만 전류가 흐르는 정류 작용이 생긴다. 이와 같이 반도체와 금속을 결합하여 만든 정류성 다이오드를 쇼트키 다이오드라 한다.

용어해설

일함수

물질 내에 있는 전자(電子)를 밖으로 끌어내는 데 필요한 최소의 일

쇼트키

금속과 반도체의 접촉면에 생기는 정류 작용(整流作用)

옴의 법칙

도체 내의 2점 간을 흐르는 전류의 세기는 2점 간의 전위차(電位差)에 비례하고, 그 사이의 전기 저항에 반비례한다는 법칙

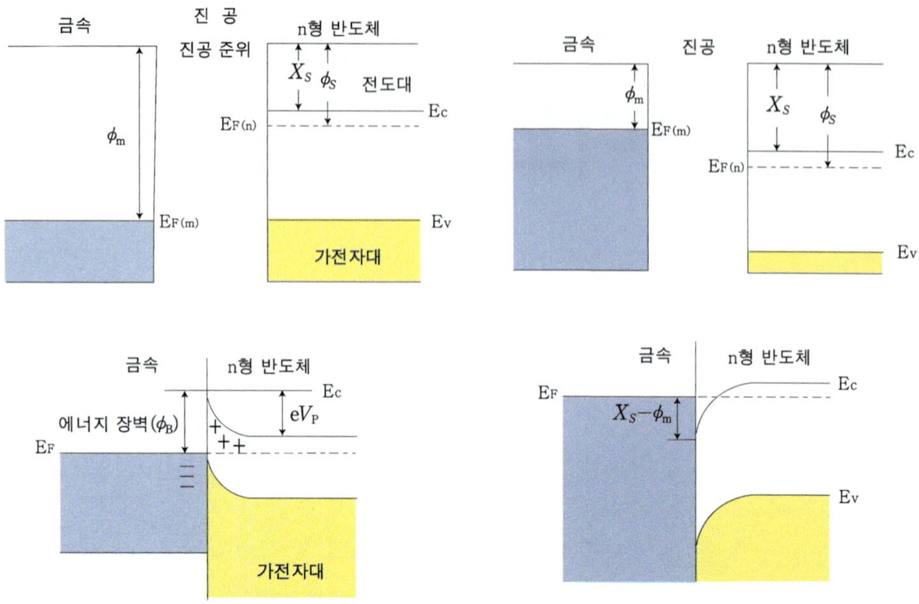

(a) $\phi_m > \phi_S$(정류성 접촉) (b) $\phi_m < \phi_S$(저항성 접촉)

그림 Ⅲ-12 금속과 n형 반도체의 에너지 벤드(상 : 접합 전, 하 : 접합 후)

한편, 많은 경우 반도체와 금속 접합에서 양방향 바이어스 전압이 선형인 I-V 특성을 가지는 금속-반도체 접합을 원하는 경우가 많다. 예를 들면, 집적 회로의 표면은 반도체 소자와 소자 사이 또는 소자와 외부를 금속으로 연결해 주어야 할 경우가 많다. 이와 같은 때에는 접합부가 최소한의 저항만을 가지며, 정류성이 없어야 한다. 이러한 목적에 맞게 접합하는 방법을 저항성 접촉이라 한다. 반도체와 금속 접합이 정류성이냐 저항성이냐 하는 것은 반도체나 금속이 가지는 일함수의 크기에 따라 달라지며, 또 반도체가 n형이나 p형이냐에 따라 좌우된다. 반도체와 금속의 접합에서 정류성이냐 저항성이냐를 표Ⅲ-5와 표Ⅲ-6에 요약하여 나타내었다.

표 Ⅲ-5 반도체와 금속과의 접합에 관한 정류성

반도체	정류성 특성	저항성 특성
n형 반도체와 금속 접합	$\phi_s < \phi_m$	$\phi_s > \phi_m$
p형 반도체와 금속 접합	$\phi_s > \phi_m$	$\phi_s < \phi_m$

* ϕ_s : 반도체의 일함수, ϕ_m : 금속의 일함수
* n형 단결정 실리콘(Si) 일함수 : 4.15 eV, p형 단결정 실리콘(Si) 일함수 : 5.2 eV

표 Ⅲ-6 실리콘을 금속과 접합시켰을 때의 측정 예

금속	일함수(eV)	n형 Si	p형 Si	금속	일함수(eV)	n형 Si	p형 Si
Mg	3.46	저항성 접촉	정류성 접촉	Cu	4.47	정류성 접촉	정류성 접촉
In	4.12~4.2	저항성 접촉	정류성 접촉	Ni	4.84	정류성 접촉	정류성 접촉
Pb	4.02	저항성 접촉	정류성 접촉	Fe	4.36	정류성 접촉	정류성 접촉
Sn	4.11	저항성 접촉	정류성 접촉	Au	4.58	정류성 접촉	정류성 접촉
Cd	3.92	저항성 접촉	정류성 접촉	Rh	4.65	정류성 접촉	정류성 접촉
Ag	4.28	정류성 접촉	정류성 접촉	Pt	4.29	정류성 접촉	정류성 접촉

02. pn 접합

(1) 접합

1) pn 접합의 제조

pn 접합을 이론적으로 해석하기에 앞서 실제로 접합을 만드는 방법을 대략 알아 두는 것이 도움이 될 것이다.

① 합금 접합법

합금(alloy) 접합법은 n형 게르마늄(Ge) 단결정 시료 위에 그림Ⅲ-13(a)와 같이 작은 알갱이의 인듐(In)을 놓고, 인듐(In)이 용해되도록 500 ℃ 정도로 가열하면 그림 (b)의 게르마늄(Ge) 경계면에서는 용해된 n형 게르마늄(Ge)과 인듐(In)이 합금이 형성된다. 합금된 접합부가 냉각되어 굳어질 때, 이 부분은 용해되지 않은 n형 게르마늄(Ge) 결정과 연속적인 구조를 가지는 p형의 게르마늄(Ge) 결정을 형성하게 된다.

용어해설

합금

한 가지 금속에 한 가지 이상의 원소를 첨가하여 새로운 성질의 금속을 만듦.

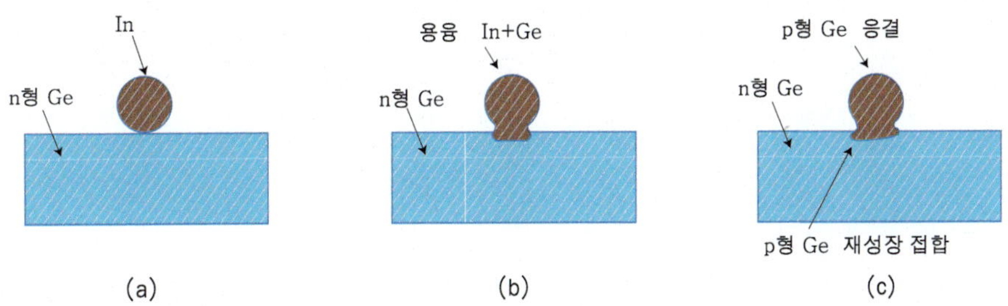

접합 공정 : (a)n형 Ge과 접촉되어 있는 In의 작은 구, (b) 가열 중 In과 Ge의 용융상, (c)합금된 접합부의 단면상으로 p형의 재성장 영역과 In 속에서의 Ge 응결을 나타내고 있음.

그림 Ⅲ-13 합금 접합법

그림Ⅲ-13(c)를 보면, 게르마늄(Ge)이 들어가지 않은 인듐(In)의 윗부분은 전극의 역할을 하게 된다. 이와 같은 pn접합 제조법을 합금 접합법이라 한다.

② 성장 접합법

성장 접합을 이용한 pn 접합 제조법은 그림Ⅲ-14와 같다. 앞에서 설명한 것처럼 단결정의 성장 과정에서 p형과 n형의 불순물을 차례로 넣어 주면 그림 Ⅲ-14의 (a)에서처럼 p형은 n형으로 점차 변화한다. 이와 같은 방법을 성장 접합이라 한다. 그림 (b), (c)는 2개의 pn 접합을 만든 다음에, 잘라서 npn 성장 접합형 트랜지스터를 만드는 과정을 나타낸 것이다.

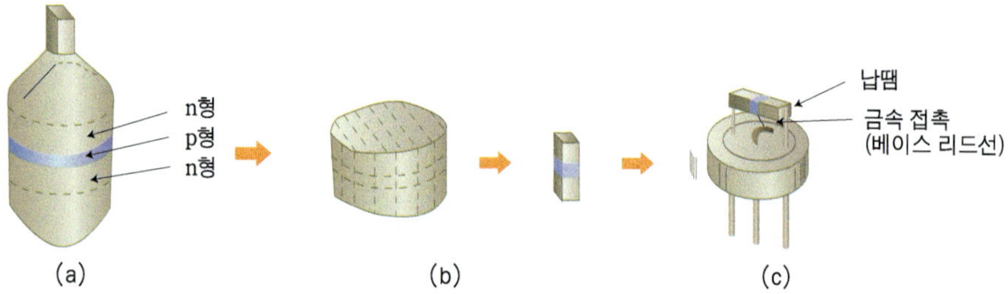

그림 Ⅲ-14 성장 접합법

③ 확산형 접합

pn 접합을 만드는 데 가장 많이 쓰이며, 대량 생산이 가능한 방법이 불순물 **확산**(diffusion) 공정법이다. 산업체에서 IC를 만드는 경우, 이 방법이 주로 이용되고 있다.

n형 실리콘(Si) 웨이퍼를 고농도의 붕소(B) 원자를 함유하고 있는 가스 분위기 속에서 1000 ℃의 온도를 가해 주면, 시료 표면에 불순물 농도차가 생긴다. 온도가 충분히 높아지면 이들 원소들은 느린 불규칙한 운동을 하게 되고, 그림 Ⅲ-15와 같이 붕소(B) 원소는 **시료**(specimen) 내부로 확산을 시작한다.

용어해설

확산

어떤 물질 속에 이종(異種)의 물질이 점차 섞여 들어가는 현상

시료

시험이나 검사 분석 따위를 하기 위한 재료

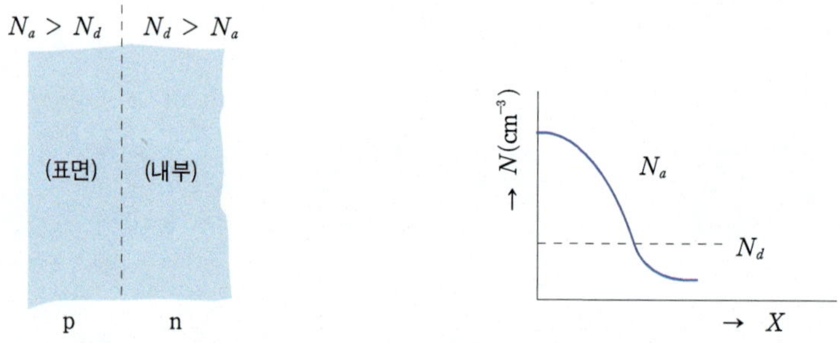

(N_a : 확산해 들어간 억셉터의 농도, N_d : n형 반도체 웨이퍼의 도너 농도)

그림 Ⅲ-15 붕소 원소의 확산 그림

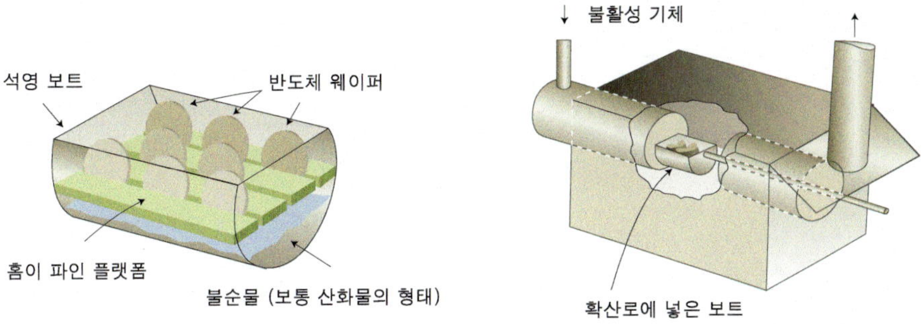

(a) 확산 보트 구조 (b) 확산로 구조

그림 Ⅲ-16 확산로

반도체 소자의 생산에 주로 사용되는 확산로는 그림Ⅲ-16과 같다. 노의 중심은 불순물 가스가 흐르는 석영관으로 둘러싸여 있다.

실리콘(Si)에서 불순물 확산을 위하여 주로 사용되는 불순물은 붕소(B)의 경우 산화붕소(B_2O_3), 3취화붕소(BBr_3) 및 염화붕소(BCl_3)이며, 인(P)의 경우 포스핀(PH_3), 오산화인(P_2O_5) 및 옥시염화인($POCl_3$)이다.

(ㄱ) 실리콘(Si) 표면에 불순물의 확산을 방지하기 위하여 표면을 산화시켜 산화실리콘(SiO_2)층을 만든다.

(ㄴ) 산화실리콘(SiO_2)층 (두께 1μm 이하)을 성장시키기 위하여 산소(O_2) 가스를 함유한 노 속에 넣어 둔다. 선택적으로 산화물(SiO_2)을 제거할 수 있도록 산화물(SiO_2) 표면에 내산성 피복제를 덮는데, 이 피복제에는 **포토레지스트**(PR : photo resist)라고 하는 감광성 유기 물질이다.

(ㄷ) 원하는 모양의 마스크를 씌우고 자외선을 쬐면 빛에 노출된 PR층(양성의 경우)은 중합된다. 중합되지 않는 부분은 사진 인화법으로 제거한다.

(ㄹ) 이 시료를 불산(HF) 용액에 넣어 **식각**(etching)시키면 피복제가 도포되어 있지 않은 부분의 산화실리콘(SiO_2)층이 제거된다.

(ㅁ) 붕소(B)를 확산시켜 pn 접합을 만든다.

(ㅂ) 입·출력 단자를 만들기 위하여 표면에 알루미늄(Al)을 증착시킨다.

(ㅅ) p형에 접촉되어 있지 않은 알루미늄(Al)을 제거하기 위하여 마스크를 씌우고, (ㄴ)~(ㄷ)의 과정을 반복한다.

④ 이온 주입법

확산 접합법의 대안으로서 온도를 높여 주지 않고 pn 접합을 만드는 방법으

용어해설

포토레지스트

RAM과 같은 고체 전자 소자를 만들 때 특정한 패턴을 만들기 위해서 리소그래피(lithography)라는 공정 시 필요한 감광 물질

식각

화학 약품을 그대로 웨이퍼의 표면에 작용시켜서 표면을 깎는 과정

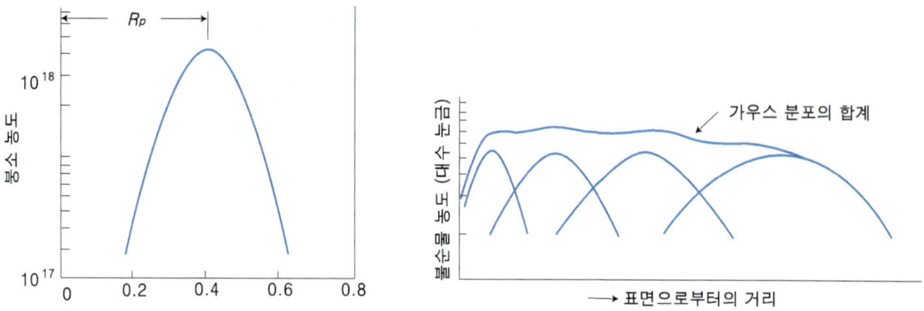

(a) 표면으로부터 거리 R_p를 중심으로 한 붕소 원자의 가우스 분포

(b) 에너지와 투여량을 선택하여 주입한 때의 4가지 가우스 분포를 합쳐서 이루어진 비교적 평탄한 분포

그림 Ⅲ-17 주입 불순물 분포

> **용어해설**
>
> **이온 주입법**
>
> 반도체의 기판(基板)에 특정 불순물의 이온을 주입해서 반도체 소자(素子)를 만드는 기술

로 반도체 속으로 이온을 주입하는 **이온 주입법**(ion implantation)이 있다. 수 KeV에서 수 MeV 정도의 운동 에너지를 가진 불순물 이온 빔을 시료 내부에 주입시키면 그림Ⅲ-17의 (a)와 같은 불순물 농도를 가진다.

균일한 불순물 분포를 얻기 위하여 여러 가지 운동 에너지를 가지는 빔을 쬐면 그림Ⅲ-17의 (b)처럼 분포하게 된다. 이온 주입법은 비교적 낮은 온도에서 이루어질 수 있고, 불순물 농도를 정확하게 조절할 수 있다는 장점이 있다. 그림Ⅲ-18은 이온 주입 장치의 개략도이다.

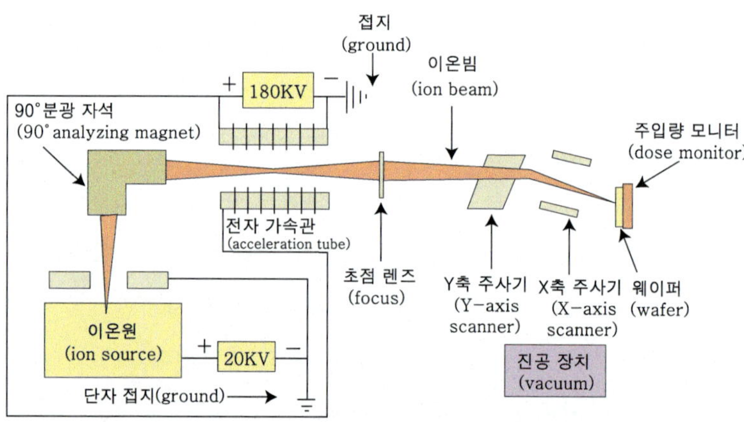

그림 Ⅲ-18 이온 주입 장치의 개략도

(2) pn 접합 다이오드의 동작 원리

n형 반도체와 p형 반도체를 접합시켜 놓은 것이 다이오드이다. 그림 Ⅲ-19 (a)~(b)는 pn 접합 다이오드의 동작 원리를 나타낸 것이다. 그림 Ⅲ-19 (a)와 같이 전압 E를 걸어 줄 때, p 쪽에 (+)를, n 쪽에 (−) 전압을 걸어 주는 경우를

순방향 바이어스 전압이라고 한다. 이 때, p층 내부 영역의 정공(hole)은 n 쪽으로, n층 내부의 전자는 p 쪽으로 이동하며 외부 회로에는 순방향 전류 I_A가 흐른다. 이 전류는 $I_A \cong I_S\ e^{qE/kT}$로 표시된다. 여기서 I_S는 포화 전류로서, 다이오드의 개별적인 물성에 관한 항이며, 역방향 연결 시의 포화 누설 전류이기도 하다. 또, q는 전자 또는 정공(hole)의 전하량이고, E는 인가 전압, K는 볼츠만 상수, T는 절대 온도이다.

그림 Ⅲ-19 (b)는 (a)와의 역방향으로 전압 E(역 바이어스 전압)를 걸어 줄 때의 그림을 나타낸 것이고, p층 내의 정공(hole) 및 n층의 전자는 각각의 전극 쪽으로 밀려 간다. 이 결과, 정공(hole)과 전자가 이동해 가 버린 후의 빈 영역을 **공핍층**(depletion layer)이라 부른다. 이 층에는 전기 전도에 기여할 수 있는 자유 전하가 없고, 이온화된 도너와 억셉터 원자들이 존재하게 되어 마치 평판 콘덴서와 같은 역할을 하게 된다. 역방향 전류는 $I_A \cong -I_S$로 표시된다. 한편, 순방향과 역방향을 고려하지 않은 일반적인 다이오드 정류 특성은 맥스웰-볼츠만 분포식인 $I_A = I_S(e^{qE/kT}-1)$로 표시된다. 그림 Ⅲ-20은 이것을 그래프로 나타낸 것이다.

용어해설

공핍층

공간 전하층 반도체 중의 pn 접합 등에서는 움직이려는 캐리어(carrier)의 전하 밀도가 희박하여 도너(donor)급 억셉터(acceptor)의 전하 밀도를 중화하는 데 불충분한 상태로 되어 있는 영역

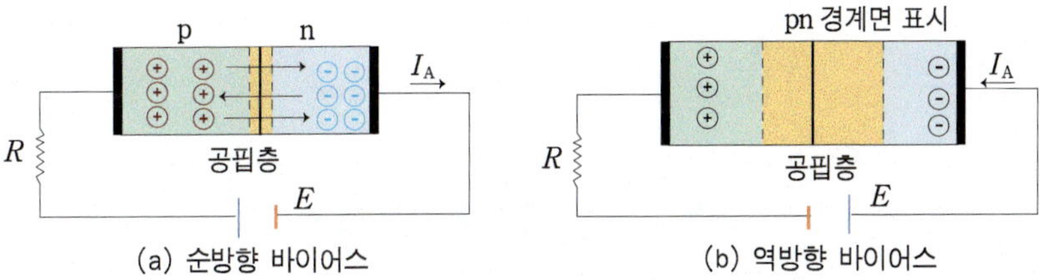

그림 Ⅲ-19 다이오드의 구조와 동작 원리

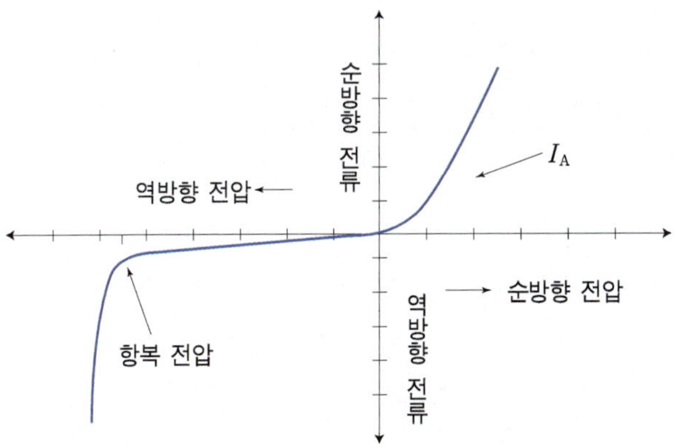

그림 Ⅲ-20 다이오드의 전압-전류 특성 곡선

(3) pn 접합의 용량 변화

앞에서 설명한 것과 같이, pn 접합의 접합면에는 공핍층이 있다. 이 공핍층은 p형과 n형 반도체라는 전극 사이에 끼어 있는 그림 Ⅲ-21과 같은 일종의 평판형 콘덴서라고 생각할 수 있다. pn 접합의 공핍층의 유전율을 ε, 공핍층의 폭을 l이라 하면, 단위 면적당 정전 용량 C는 다음과 같다.

$$C = \varepsilon / l \quad \cdots\cdots \text{식(Ⅲ-4)}$$

공핍층의 폭 l은 pn 접합의 바이어스의 종류와 크기에 따라 달라지며, 접합이 계단형이냐 경사형이냐에 따라서도 달라진다. 이와 같이 바이어스 전압에 따라 접합부의 정전 용량이 달라지는 현상을 이용한 다이오드를 '가변 용량 다이오드'라 한다. 가변 용량 다이오드는 버랙터라는 이름으로 마이크로파 고감도 수신기, 마이크로파 통신 등에 이용되고 있으며, 최근에는 직류 전압에 의한 주파수 변환용으로도 사용되고 있다.

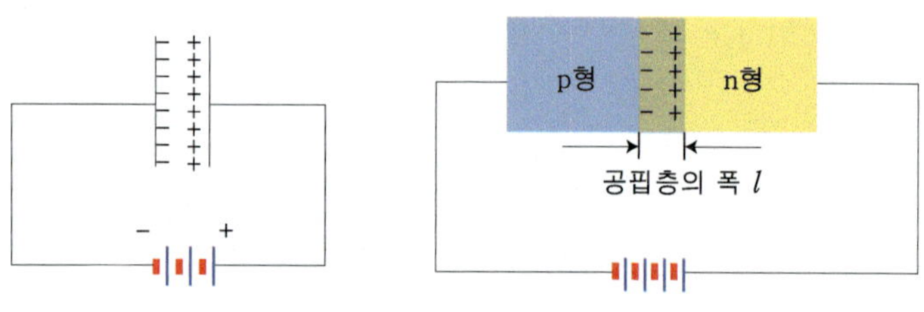

(a) 평행한 콘덴서 (b) pn 접합

그림 Ⅲ-21 공핍층과 정전 용량

(4) 발광 현상

pn 접합에 주입된 캐리어들은 대부분 재결합에 의해서 소멸한다. 재결합 도중에는 전도대의 전자와 가전자대의 정공이 직접 재결합함으로써 전도대와 가전자대의 에너지 차이만큼에 해당되는 에너지가 빛으로 발생한다. 이러한 현상을 발광 현상이라 한다. 이와 같이 발광 현상을 이용한 pn 접합 다이오드를 발광 다이오드(LED : light emitting diode)라 한다.

발광 다이오드는 광신호 전달용 발광 소자나 브라운관을 대신하여 고체 영상판, 지시등용 발광 소자, 전자 손목 시계, 휴대용 전자 계산기, 전자 계측기 등의 전자 숫자 표시 장치 등에 널리 이용되고 있다. 최근 반도체의 발광 현상을 이용한 레이저 다이오드가 개발되어 이를 이용한 광 통신, 초정밀 측정, 각종 산업 장치 및 의료 기기 등의 응용 연구가 급속히 추진되고 있다.

(5) 광기전력 현상

앞에서 설명한 것과는 다르게 반도체는 광에너지를 전기 에너지로 변환하는 데에도 이용된다. pn 접합 반도체의 접합면에 빛을 쬐면 캐리어가 생성되어 기전력이 발생한다. 이러한 현상을 광기전력 효과(photo voltaic effect)라 한다. pn 접합에 빛을 쬐면 빛에너지에 의하여 접합면에 전자와 정공이 생긴다. 이것들이 전위 장벽의 내부 전기장에 의하여 전자는 n형 영역으로, 정공은 p형 영역으로 이동하며, 그로 인해 p측은 양으로, n측은 음으로 대전되어 기전력이 발생한다. 이러한 광기전력 현상을 이용한 pn 접합 다이오드는 태양 전지 등에 사용한다.

03. pn 접합 다이오드의 종류

(1) 접합 다이오드

접합 다이오드에는 어느 한쪽의 리드선에 띠 모양의 마크가 붙어 있다.

이 띠 표시가 캐소드 쪽을 나타내고 있다. 그림 Ⅲ-22의 경우, 좌측에서 우측으로는 전류가 흐르고, 우측에서 좌측으로는 전류가 흐르지 않게 된다.

그림 Ⅲ-22 다이오드의 표시법

(2) 가변 용량 다이오드

전압을 역방향으로 가했을 경우에 다이오드가 가지고 있는 콘덴서 용량(접합 용량)이 변화하는 것을 이용하여, 전압의 변화에 따라 발진 주파수를 변화시키는 등의 용도에 사용한다. 역방향의 전압을 높이면 접합 용량은 작아진다.

(3) 정전압 다이오드(제너 다이오드)

역방향으로 전압을 가했을 경우에 어떤 전압에서 안정되는 성질을 이용하여, 일정한 전압을 얻기 위해서 사용한다. 역방향으로 전압을 가했을 경우, 약 6 V에서 일정하게 되며, 입력 전압을 더욱 높이려고 하면 다이오드에 흐르는 전류가 증가하고, 전압은 변하지 않는다(약간 변한다.). 그러나 흘릴 수 있는 전류는 30 mA 이하로, 그 이상을 흘리면 파괴되므로 너무 많이 흘리지 않도록 한다. 전원의 안정화에는 통상 3 단자 레귤레이터를 사용하기 때문에 이 다이오드의 용도는 순간적인 과전압(너무 높지 않은 경우)으로부터 회로를 보호하는 용도 등에 사용된다.

(4) 터널 다이오드

pn 다이오드의 불순물 농도를 대단히 크게 하면 공간 전하 영역의 폭이 매우 얇게 되어 터널 효과가 발생할 수 있게 된다. 이와 같은 터널 효과를 이용한 터널 다이오드(tunnel diode)는 일반 pn 다이오드의 전압-전류 특성과는 매우 다른 그림 Ⅲ-23과 같은 특성을 나타낸다.

순방향 전류 특성을 보면, 전압이 낮은 범위에서는 전압 증가에 따라 전류가 증가하나, Ⅰ 영역 전압이 어떤 값 이상이 되면 전류는 오히려 감소한다. Ⅱ 영역 전압이 더욱더 높아지면 전류가 Ⅲ 영역과 같이 다시 증가한다. 불순물 농도의 증가에 의하여 만들어진 얇은 공간 전하 영역에서는 강한 전기장이 발생하고, **터널 효과**(tunnel effect)로 캐리어가 pn 접합의 전위 장벽을 뚫고 흐르게 되어 Ⅱ 영역과 같이 순방향 전류가 감소한다. 터널 다이오드는 고속 스위치나

> **용어해설**
>
> **터널 효과**
>
> 에너지 장벽을 뛰어넘지 않고 통과하는 현상

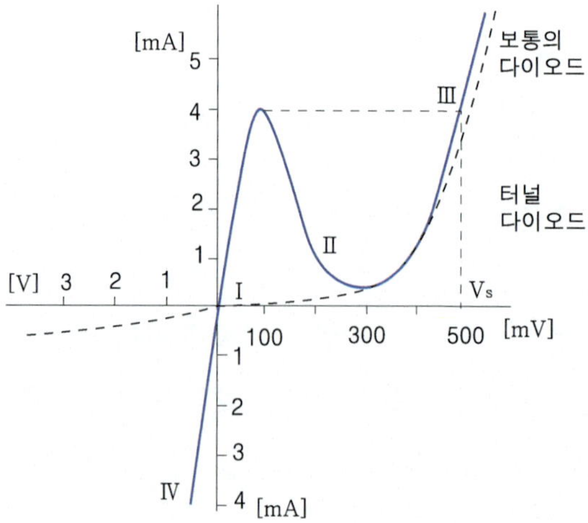

그림 Ⅲ-23 터널 다이오드의 특성

발진, 증폭 작용을 하는 소자로서 주로 사용되고 있고, 다음과 같은 특성을 가지고 있다.

① 동작 속도가 빠르다.

② 불순물 농도가 높기 때문에 온도 변화에 따른 특성 변화가 적은 편이다.

③ 일단 다이오드에서 나타나는 소수 캐리어의 확산에 소요되는 이동 시간에 제한이 없어 아주 높은 주파수에서도 사용이 가능하다.

(5) 쇼트키(schottky) 다이오드

금속과 반도체의 접촉 특성을 응용한 다이오드로 금(Au), 니켈(Ni), 텅스텐(W), 몰리브덴(Mo), 바나듐(V) 등 금속의 얇은 막을 만들어 쇼트키형의 장벽을 형성시킨 다이오드이다. 갈륨비소(GaAs)의 반도체 기판 위에 진공 증착(眞空蒸着), 전기 도금, 화합물로부터의 분해 등의 방법으로 제작한다. 반도체로부터 금속에 주입되는 캐리어에 의해 전기가 전도되고, 소수 캐리어가 반도체 쪽으로 주입되는 일은 없다. 이런 종류의 다이오드는 마이크로파·밀리파의 작은 신호의 발진 장치 및 검파, 믹서, **파라메트론**(parametron)용 장치로 쓰인다.

그림 Ⅲ-24 쇼트키 다이오드의 기호

(6) 발광 다이오드

발광 다이오드(LED)는 pn 접합에 순방향 바이어스 전압을 인가하고 전류를 흘려주면 주입된 소수 캐리어가 결합하여, 남은 에너지를 광량자로서 방출, 발광하는 것으로, 다른 소자에 비해 **고휘도**, 고효율이라는 특징이 있다. 발광 다이오드에 사용되는 재료는 주로 비화갈륨(GaAs)과 같은 화합물 반도체가 있으며, 금지대 폭에 따라 여러 가지 파장의 빛을 얻을 수 있다. 발광 다이오드로서 주로 사용되고 있는 재료는 표Ⅲ-7과 같다.

그림Ⅲ-25는 발광 다이오드의 대표적인 구조를 나타낸 것이다. 그림에서 pn 접합면에서 생긴 빛은 모든 방향으로 발산되기 때문에, 이러한 빛을 될수록 많이 한쪽 방향으로 방출시키려면 다이오드를 둘러싼 패키지나 렌즈계의 선택

용어해설

파라메트론

비선형(非線型) 리액턴스를 가진 공진 회로(共振回路)를 파라미터 여진(勵振)시켜 분주 운동(分周運動)을 일으키게 하여 그 위상(位相)을 이용하는 회로 소자

고휘도

빛을 내는 물체의 면적을 고려한 밝기 정도가 높은 것

표 Ⅲ-7 발광 다이오드 종류

종류	최대 파장(nm)	색
GaAs	940	근 적외선
GaP	700	적색
Ga(AsP)	620~680	적색
(GaAl)As	640~700	적색
GaN	470~572	청색
InGaN	572	녹색

을 적절히 함으로써 효율을 높일 수 있다. 일반적으로, 인가 전압은 1~16V, 전류는 5~50 mA를 사용하며, 응답 속도는 100 ns 정도로 매우 빠르다. 또, 전류에 대한 광출력의 직선성이 좋고 램프와 같이 끊어질 염려도 없어 제어 소자로도 응용된다.

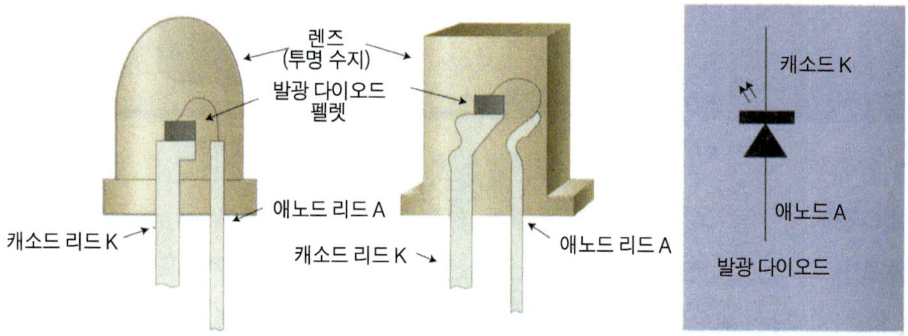

(a) 구조 (b) 배선도

그림 Ⅲ-25 발광 다이오드의 구조

04. 태양 전지

태양 전지는 태양으로부터의 복사 에너지를 광기전력 효과에 의해 전기 에너지로 변환시킨 것으로서, n형 반도체 위에 붕소(B)를 얇게 확산시켜 표면 가까이에 pn 접합을 형성시켜 만든다. 태양 광선이 pn 접합에 비치면 n형 영역에는 전자가, p형 영역에는 정공이 모이게 되어 각각 음(−)과 양(+)으로 대전되어 기전력이 생긴다.

태양 전지 재료에는 실리콘(Si) 이외에도 인화인듐(InP), 비소화갈륨(GaAs), 텔루르화카드뮴(CdTe) 등이 있다.

그림Ⅲ-26은 n형 실리콘(Si) 표면에 붕소(B)를 얇게 확산시켜 표면 가까이에 pn 접합을 형성시킨 태양 전지의 구조를 나타낸 것이다.

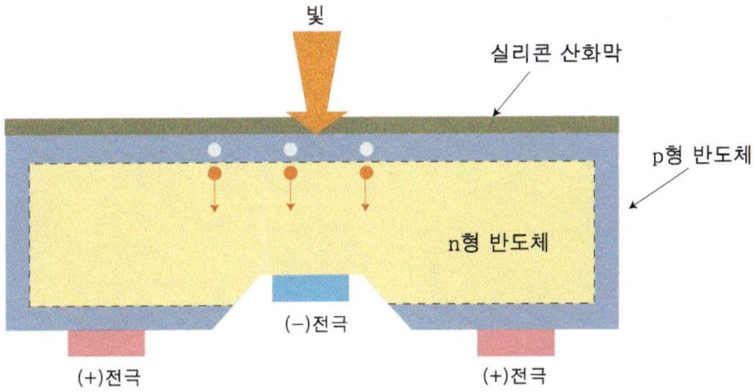

그림 Ⅲ-26 태양 전지

먼저, 태양 광선이 이 pn 접합에 조사되면 전자와 정공쌍이 생기게 된다. 그 결과, n형 영역에는 전자가, p형 영역에는 정공이 모이게 되어 각각 음·양으로 대전됨으로써 그림에 표시한 방향으로 기전력이 생기게 된다.

(1) 동작 원리

pn 접합면에 빛을 쬐면 전자와 정공이 발생하며, 이들 캐리어는 전기장과 확산에 의해 이동함으로써 **기전력**(electro motive force)이 생긴다. 이것을 '광기전력 효과'라 한다. 태양 전지는 이 현상을 이용하여 태양 에너지를 직접 전기 에너지로 변환하는 반도체 소자이다.

광전지는 그림Ⅲ-27과 같이 철(Fe), 구리(Cu) 등과 같은 기판 위에 산화제일구리(Cu_2O) 등과 같은 반도체 박막을 입힌 다음, 그 표면을 금이나 납 등의 투명 박막을 부착시켜 만든다. 이 광전지의 반도체와 금속 박막 사이의 접촉면에 빛을 쬐면 반도체로부터 방출된 광전자가 금속 내로 흘러 들어가 전지 작용을 하게 된다.

> **용어해설**
>
> **기전력**
>
> 회로에 전류를 흘려보내는 원인이 되는 작용

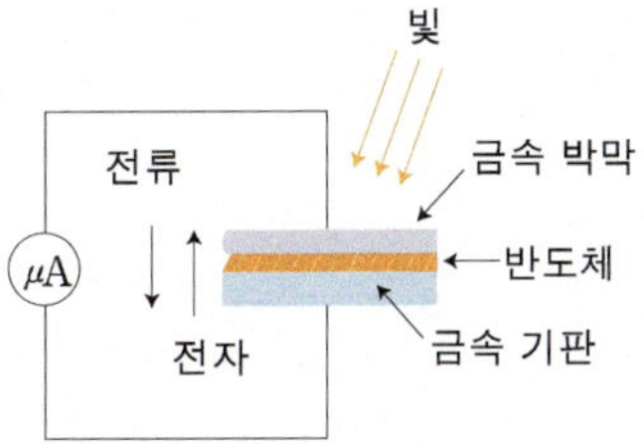

그림 Ⅲ-27 광전지의 일반 구조

4. 트랜지스터

학습목표

- 트랜지스터의 종류와 그 특징을 설명할 수 있다.

오늘날 트랜지스터에는 여러 종류가 있으나, 동작 특성에 따라 나누면 전류 제어형인 바이폴라 트랜지스터(BJT : bipolar junction transistor)와 전압 제어형인 전계 효과 트랜지스터(FET : field effect transistor)로 나눌 수가 있다.

01. 바이폴라 트랜지스터

2개의 pn 접합을 포함해서 증폭 작용 또는 스위칭 작용을 하는 3단자 디바이스를 '바이폴라 트랜지스터(또는 접합 트랜지스터)' 라 한다. 그림 Ⅲ-28에 나타나 있듯이 훨씬 얇은 p 영역이 2개의 n 영역에 의해 좁혀진 구조의 소자를 npn 트랜지스터라고 부른다. p형과 n형을 바꾸어 넣은 구조의 것은 'pnp 트랜지스터' 라고 한다. 그림Ⅲ-28(a)에는 이미터 접지에서의 바이어스 전압을 가하는 방법이 나타나 있다. 통상의 동작 상태에서의 npn 트랜지스터에서는 이미터-베이스 간에는 **순방향 바이어스** 전압이 인가되고 이미터에서 베이스로 전자가 주입된다. 주입된 전자는 그 일부가 베이스 영역 내에서 정공과 재결합해서 감소하지만 대부분은 **역방향 바이어스**된 컬렉터-베이스 접합에 도달해서 컬렉터 영역으로 흡수된다.

이미터 전류 I_E 중에서 대부분은 컬렉터 전류 I_c가 되고 베이스 전류 I_B는 극히 소량이다. 따라서, 이미터 접지에서의 전류 증폭률(컬렉터 전류와 베이스 전류의 비)은 수십~1000까지도 된다. 전류 증폭을 크게 하기 위해서는 이미터의 불순물 농도를 많게 하고 베이스 폭을 작게 하면 된다. 고주파 특성 또는 스위칭 속도는 베이스에 주입된 소수 캐리어가 베이스 영역으로 통과하기에

용어해설

순방향 바이어스

p쪽에 (+)극을 n쪽에 (-)극을 인가하면 p쪽의 정공과 n쪽의 전자는 같은 극성을 만나게 되어 밀리면서 전류를 형성

역방향 바이어스

p쪽에 (-)극을 n쪽에 (+)극을 인가하면 P쪽의 정공과 n쪽의 전자는 다른 극성을 만나게 되어 각 캐리어들은 각 극성에 달라붙게 되어서 캐리어가 없는 공핍대가 커지게 된다. 공핍층에는 캐리어가 없어 전류가 흐르지 못하므로 스위치의 OFF와 같은 기능으로 사용

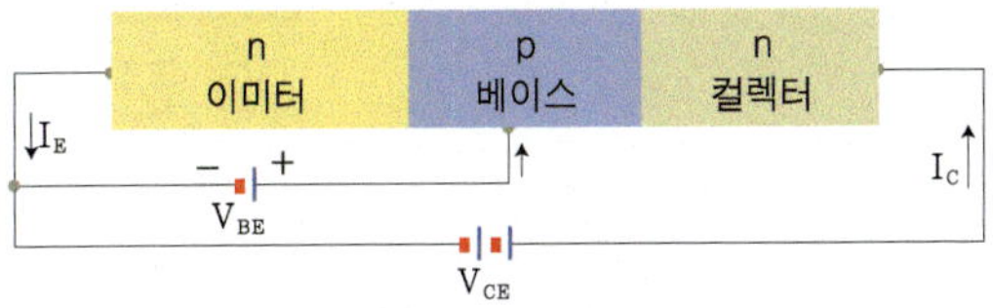

(a) 동작 상태의 바이어스(이미터 접지)

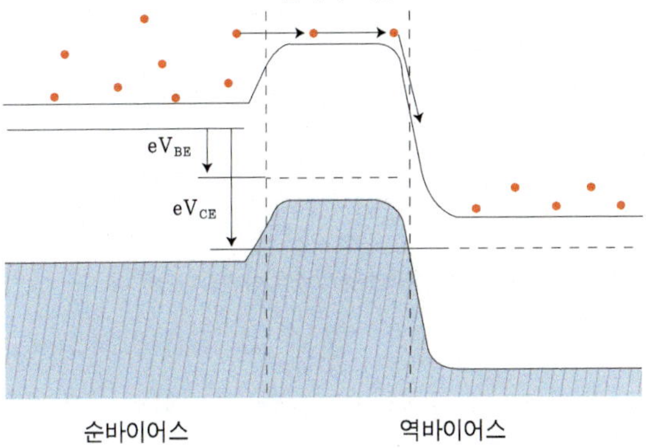

(b) 동작 상태의 있어서의 에너지 밴드 그림

그림 Ⅲ-28 npn 트랜지스터

필요한 시간 T_d에 의해 결정되고 T_d가 작을수록 차단 주파수는 높다. T_d가 작게 하기 위해서는 베이스 폭을 좁게 하거나 또는 캐리어를 가속하기 위해 베이스 영역 내의 불순물 분포를 불균일하게 해서 내부 전계를 만들기도 한다.

그림Ⅲ-29에서는 실리콘 에피택셜(epitaxial) **플래너**(planar)형 트랜지스터의 구조를 나타내었다. 또, 전력용 바이폴라 트랜지스터는 각 영역의 면적을 크게 해서 대전류화를 도모함과 동시에 그 컬렉터 영역의 두께를 증폭시키고 불순물 밀도를 낮게 하는 방법으로 고내전압화를 가능하게 했다. 고주파용 바이폴라 트랜지스터에서는 베이스 폭을 작게 하기 위해서 이미터, 베이스에도 불순물 확산에 의해 만든 2중 확산법이 사용되고 있다. 또, 마이크로파용에서는 베이스 영역 형성에 이온 주입이 많이 사용되고 있다.

> **용어해설**
>
> **플래너**
>
> 웨이퍼라고 하는 평평한 반도체 표면에 트랜지스터 등의 소자를 새겨 넣을 때 공정마다 CMP연마로 평평한 상태로 만들어 작업하는 것

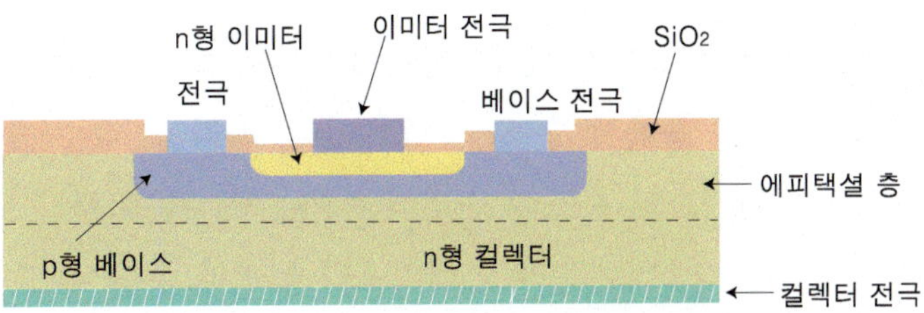

그림 Ⅲ-29 실리콘 에피택셜 플래너형 트랜지스터 구조

02. 전계 효과 트랜지스터

(1) 접합형

그림Ⅲ-30에 전계 효과 트랜지스터의 구조와 동작 원리를 나타내었다. 얇은 n형 반도체 양 끝에 저항 접촉의 소스, **드레인**(drain)이라는 전극을 각각 붙인다. 그 중간 위치에서 양면에 p형층을 만들어 pn 접합을 형성한 후 게이트라는 전극을 붙인다. 게이트에 바이어스 전압 V_g를 인가하면 게이트 부분의 pn 접합면의 공핍층이 넓어지고 소스로부터 드레인으로 이동하는 전자의 통로가 좁아져 I_D가 감소한다. 이 통로를 채널(channel)이라 한다. V_D가 일정한 상태에서 V_g를 변화시키면 공핍층(depletion layer)의 두께가 변하여 I_D의 세기가 변화되는데, 이와 같은 현상을 '전계 효과(field effect)' 라 한다. 그러므로 FET는 게이트를 고입력 임피던스의 입력 단자로, 드레인-소스 간은 출력 단자로 동작하는 능동 소자이다. 이 트랜지스터는 다수 캐리어를 제어하는 것으로, 전압 제어 소자로 사용한다.

> **용어해설**
>
> **드레인**
>
> 전기장 효과 트랜지스터(FET)의 3개의 전극 중 하나

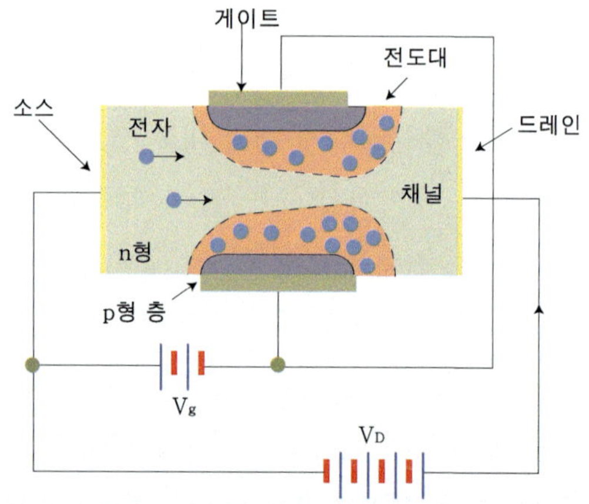

그림 Ⅲ-30 접합형 전계 효과 트랜지스터의 구조

전계 효과 트랜지스터(FET : field effect transistor)는 단극성 트랜지스터라고도 한다. 게이트에 일정한 전압을 인가함으로써 다수 캐리어(carrier)의 흐름을 제어하여 전류를 증폭할 수 있기 때문이다. 따라서, 다수 캐리어를 이용하는 전계 효과 트랜지스터는 소수 캐리어를 이용하는 바이폴라 트랜지스터와는 동작 원리가 다르다. 바이폴라 트랜지스터에 비해 응답 속도가 빠르며, 입력 저항이 높고, 잡음이 적고 집적도가 높은 장점이 있다.

(2) MOS형

전계에 의한 반전을 이용한 트랜지스터로서, MOSFET (metal oxide semiconductor field effect transistor)가 있다. 그림 Ⅲ-31에 n채널 MOS FET 구조의 한 예를 나타내었다.

MOS FET의 동작 원리를 간단히 설명하면 다음과 같다. 2개의 n영역(소스, 드레인)은 p영역에 의해서 막혀 있기 때문에 그 사이에는 전류가 흐르지 않는다. 그러나 게이트 전극에 플러스 전압이 걸리면 게이트 전극의 아래의 표면은 n형으로 반전하기(채널이 형성) 때문에 소스-드레인 사이에 전류가 흐르게 된다. 이 때의 전류량은 형성된 반전층의 깊이에 의존해서 드레인 전압 V_{DS}의 증가와 함께 증대되지만 게이트 전압 V_{GS}를 초과하면 일정한 값이 된다.

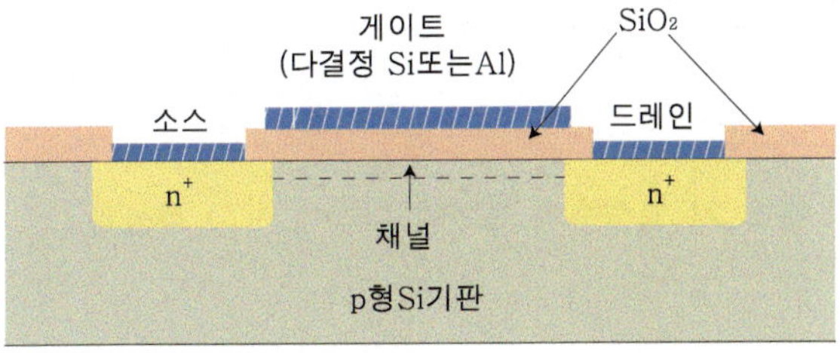

그림 Ⅲ-31 MOS FET의 구조

실제의 소자에서는 게이트 금속과 반도체의 일함수 차이, 산화막 계면 및 산화막 안의 전하량, 채널부의 캐리어 밀도 등에 의해, 드레인 전류가 흐르기 시작하는 문턱 전압(V_{th})은 0이 아니다. V_g=0에서 채널이 생성되지 않아 전류가 흐르지 않는 것을 증가형(enhancement mode)이라 한다. MOS FET에서는 게이트 전압에 의해 채널을 형성한 전류를 흘려보내지만 이것과는 반대로 게이트 전압에 의해 채널을 좁혀서 전류를 제어한 타입의 전계 효과 트랜지스터도 있다. 역 바이어스 때의 pn 접합의 공핍층이 넓어지는 것에 의해서 제어하는 것을 공핍형(depletion mode)이라 한다.

단원 종합 문제

1. 반도체 재료를 구별하고 각 분류별 반도체 물질의 종류를 설명해 보시오.

2. 반도 소자의 용도별 반도체 물질의 종류를 설명해 보시오.

3. 차세대 반도체 소자로는 (   ), (   ), (   ) 등이 있다.

4. 실리콘(Si) 단결정 제조에 많이 이용되는 성장법은?
   ① 성장법   ② 인상법   ③ 합금법   ④ 확산법

5. 금속과 반도체의 접촉 시 일함수의 크기에 따라 (   ) 특성과 (   ) 특성이 나타난다.

6. pn 접합의 4가지 제조 방법을 쓰시오.

7. pn 접합 제조 방법 중 비교적 낮은 온도에서 제조가 이루어질 수 있고, 불순물의 농도를 정확하게 조절할 수 있는 방법은 무엇인가?

8. 다음 중 pn형 접합을 만드는 방법이 <u>아닌</u> 것은?
   ① 합금형   ② 확산법   ③ 존 레벨링   ④ 성장법

9. 전도대의 전자와 가전자대의 정공이 직접 재결합함으로써 전도대와 가전자대의 에너지 차이에 해당하는 에너지를 빛으로 발생시키는 현상은?

10. 다음 다이오드를 설명하시오.
    ① 제너 다이오드   ② 터널 다이오드
    ③ 가변 다이오드   ④ 광전 다이오드

11. 트랜지스터의 종류와 특성을 설명하시오.

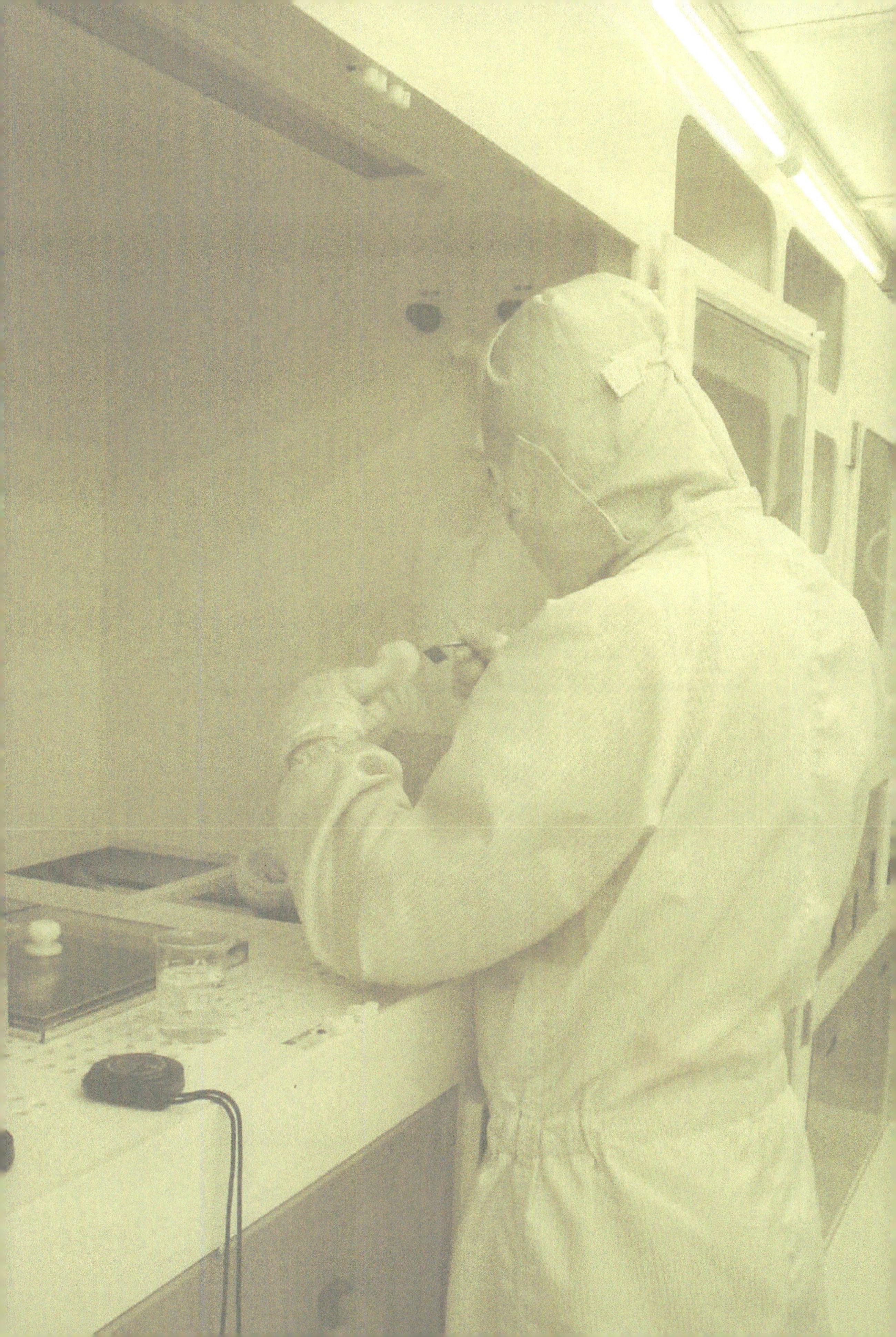

Ⅳ 반도체 공정 재료

1. 반도체 공정 재료　2. 전 공정 재료　3. 후 공정 재료

반도체 제조의 전 공정과 후 공정에 대해서 각각의 공정 별로 재료의 종류와 용도를 중심으로 내용을 구성하였다.

1. 반도체 공정 재료

학|습|목|표

● 반도체 공정 재료의 종류와 용도를 설명할 수 있다.

반도체 공정 재료란 반도체 제조에 투입되는 소재를 총칭한다. 반도체 재료는 표 Ⅳ-1에 나타낸 바와 같이 반도체 구성 단계에 따라 반도체의 기판인 기능 재료, 기판으로부터 칩을 제조하는 데 사용되는 공정 재료, 완성된 칩을 **패키지**(package)화하는 데 사용되는 구조 재료로 나누어진다.

용어해설

패키지

반도체 IC를 밀봉(hermetic seal) 또는 플라스틱 모듈(plastic module)로 포장한 것을 말하며, IC의 최종 형태

집적도

전자 회로를 소형화하기 위해 다이오드, 트랜지스터 등의 소자를 쌓은 밀도

표 Ⅳ-1 반도체 공정 재료의 종류

구 분	종 류	용 도
기능 재료	웨이퍼	칩의 기판
공정 재료	포토마스크	석영 유리에 회로를 묘화한 회로도 원판
	펠리클	마스크의 오염 방지를 위한 보호막
	포토레지스트	웨이퍼에 회로를 인쇄하기 위한 감광제
	공정 가스	성막, 에칭, 도핑 등에 사용되는 가스
	화학 약품	세정, 에칭, 포토리소그라피 공정에 사용
	배선 재료	웨이퍼 상에 형성되어 회로로 사용
구조 재료	리드 프레임	칩과 외부 회로와의 접속을 위한 지지대
	본딩 와이어	칩과 리드 프레임을 연결
	봉지재	칩을 밀봉하기 위한 에폭시 수지

자료 : 반도체산업협회

반도체 공정 재료가 반도체 제조 비용에서 차지하는 비중은 25 % 내외에 불과하지만 **집적도**나 수율에 미치는 영향이 커서, 소자 업체가 원재료 구매선을 쉽게 교체할 수 없다. 가격면에서 기존 제품은 매년 일정률의 단가 인하 압력이 있는 반면, 신규 제품은 상대적으로 높은 판매 단가를 유지할 수 있다. 반도체 제조 원가의 구성비를 그림 Ⅳ-1에 나타내었다.

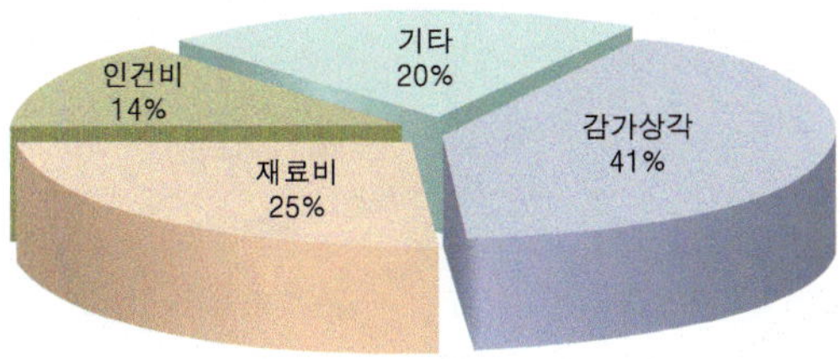

자료 : 제일투신증권리서치센터

그림 Ⅳ-1 반도체 제조 원가 구성

2002년 전세계 반도체 재료 시장의 규모는 반도체 경기 회복에 따라 전년 대비 11.1% 증가한 234억 달러이었고, 이 가운데 전 공정 재료의 시장 규모는 11.3 % 증가한 141억 달러, 후 공정 재료의 시장 규모는 10.9 % 증가한 93억 달러이었다.

한편 2004년 국내 반도체 재료 시장 규모는 18억 9천만 달러였으며, 이중 국내 업체 공급량은 12억 달러이었다.

반도체 공정 재료 가운데 **실리콘 웨이퍼**(silicon wafer), **포토마스크**(photo mask), **리드 프레임**(lead frame)은 2001년 기준으로 전체 시장의 50.3 %를 차지하는 주요 재료이다. 이 중에서 실리콘 웨이퍼 시장은 그림 Ⅳ-2에 나타낸 바와 같이 전 공정 재료의 45 %, 전체 반도체 재료의 25 %를 차지하고 있다.

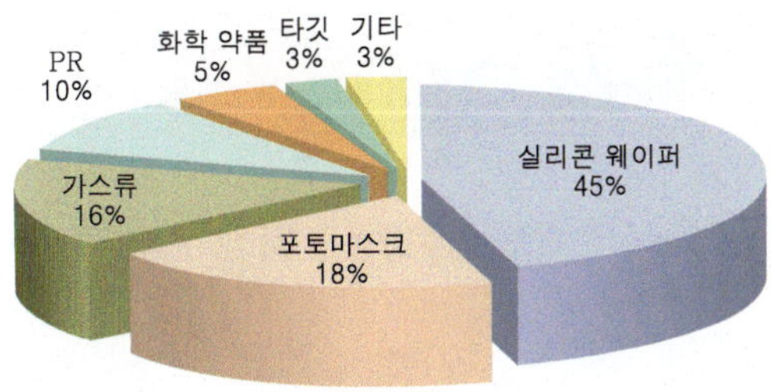

자료 : SEMI

그림 Ⅳ-2 반도체 전 공정 재료비 구성

그림 Ⅳ-3에서는 전 공정 재료의 5 %를 차지하고 있는 화학 약품(chemical)의 구성비를 나타내고 있는데, 연마용 슬러리(slurry)가 34 %로 가장 많고 PR **박리제**(striper)가 22 %를 차지하고 있다. 한편 2004년 화학 약품의 시장 규모는 8억 9백만 달러이었다.

용어해설

실리콘 웨이퍼

집적 회로를 만드는 토대가 되는 얇은 실리콘 판

포토마스크

반도체 및 LCD 제조 시 매우 중요한 원재료로 사용되며 유리 기판 위에 반도체의 미세 회로를 형상화한 것

리드 프레임

반도체 칩을 올려 부착하는 금속 기판

박리제

물체를 박리시키기 위한 재료의 총칭

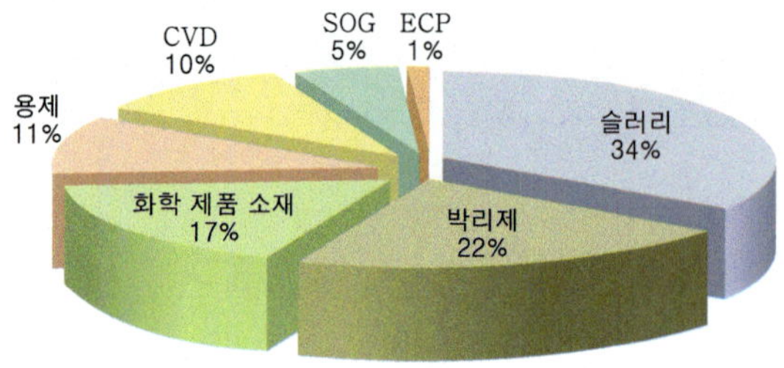

자료 : SEMI

그림 Ⅳ-3 반도체 전 공정 화학 약품 시장 구성(2004년)

전 공정 재료의 18 %를 차지하는 포토마스크 시장은 반도체 업체가 직접 생산하는 자체 생산(captive) 부문과 외주 가공하는 주문 생산(merchant) 부문으로 나누어진다. 포토마스크 산업은 연평균 20 % 이상의 고성장을 유지하고 있지만, 반도체의 고집적화에 대응하기 위해서 매년 매출액의 40 %에 이르는 설비 투자가 지속되어야 한다. 2004년 포토마스크의 세계 시장 규모는 2천 8백만 달러이었으며, 그림 Ⅳ-4는 포토마스크의 세계 시장 구성 현황을 나타내고 있다.

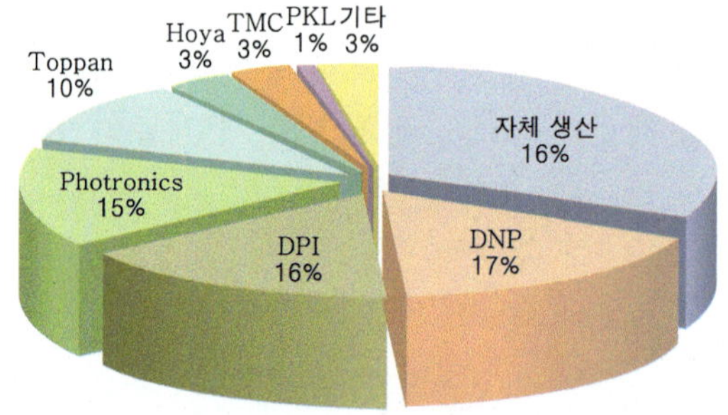

자료 : Photronics

그림 Ⅳ-4 전세계 포토마스크 시장 구성(2004년)

반도체 칩을 외부 전극과 전기적으로 연결해 주는 리드 프레임은 후 공정 재료의 36 %, 전체 반도체 재료의 14 %를 차지한다. 대부분 일본 업체들이 시장을 점유하고 있다. 패키징 기술의 다양화에 따라 리드 프레임 기술도 다양하게 변하고 있지만, 리드 프레임은 반도체 칩과 외부 전극을 전기적으로 연결할 뿐만 아니라 지지대 및 방열판 역할도 한다. 2004년 리드 프레임의 세계 시장 규모는 3천 5백만 달러이었으며, 그림 Ⅳ-5에 리드 프레임의 세계 시장 구성 현황을 나타내었다.

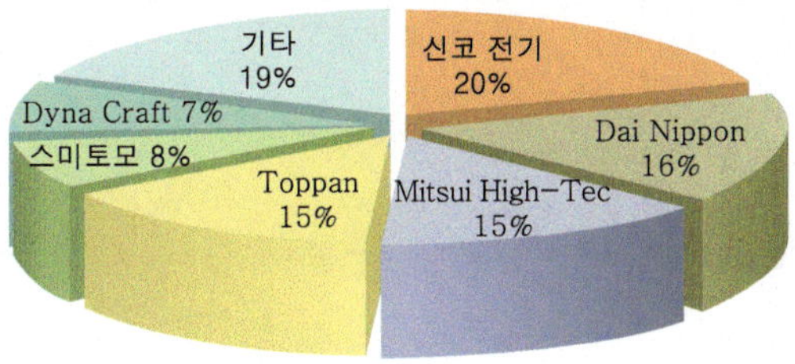

자료 : Data Quest

그림 Ⅳ-5 전세계 리드 프레임 시장 구성(2004년)

국내 반도체 재료 산업은 S사와 L사가 본격적인 양산 체제에 들어간 1980년대 후반부터 본격화되었다. 단순 가공과 외국 업체와의 합작 생산을 통해서 생산 기반을 확립하였으며, 비교적 생산이 용이한 후 공정 재료를 중심으로 국산화가 진행되어 현재 실리콘 웨이퍼, EMC(epoxy molding compound), 리드 프레임, 골드 와이어, 일부 화학 약품, 가스류를 생산하고 있다.

용어 해설

EMC

반도체 칩을 외부 환경으로부터 보호하기 위해 봉지되는 열경화성 유무기 복합 재료로서, 성형 가공성이 뛰어나고 기계적인 물성과 전기 특성이 양호한 에폭시 수지

2. 전 공정 재료

학|습|목|표

- 반도체 제조의 전 공정 재료를 종류별로 구분하여 설명할 수 있다.

반도체 공정 재료는 웨이퍼 제조용, 웨이퍼 처리용과 조립용으로 나눈다. 웨이퍼 제조 공정은 실리콘(혹은 화합물 반도체) 기판을 제조하는 공정으로서 기판 소재, 연마재, 고순도 가스 등이 사용되며, 웨이퍼 처리 공정에는 포토레지스트, 포토마스크, 현상액, 포토레지스트 제거액, 세정액, 반도체용 고순도 가스, 스퍼터링 타깃 소재 등이 사용되고 있다. 조립 공정은 반도체를 최종 제품으로 마무리하는 단계로 리드 프레임, 본딩 와이어, 패키지 재료, 마킹용 약품 등이 사용된다.

01. 웨이퍼

(1) 실리콘 웨이퍼

실리콘(Si) 웨이퍼는 회로를 만드는 토대가 되는 얇은 실리콘(Si) 판으로서, 실리콘(Si) 기판, 실리콘(Si) 박판이라고도 한다. 순도 99.999999999 %의 실리콘(Si)을 용융시킨 액체 속에 종자(seed) 결정이라는 단결정을 넣고 그 곳에서부터 종자(seed) 결정을 서서히 끌어올리면 이것에 접한 실리콘(Si)이 종자 결정과 같은 결정으로 응고되어 결정화된다. 이 방법으로 원통형 단결정 실리콘(Si)을 만들고 이것을 얇게 자른 것이 실리콘(Si) 웨이퍼이다. 실리콘(Si) 웨이퍼는 1980년대 반도체 초창기부터 국산화가 진전된 분야이다. 현재 국내 생산 업체로는 2개의 업체가 있으며, 이들은 국내 시장의 50 %를 점유하고 있다. 반도체 업체는 원활한 재료 공급을 위해 일본 업체를 중심으로 한 외국 업체가 시장의 나머지 50 %를 점유하고 있다. 실리콘(Si) 웨이퍼는 원재료인 폴리실리콘을 가공하여 단결정화하는데, **폴리실리콘**(poly silicon)은 전량 수입에 의존하고 있다. 2000년 실리콘 웨이퍼의 시장 규모는 7천 7백만 달러였으

용어 해설

폴리실리콘

다결정 실리콘

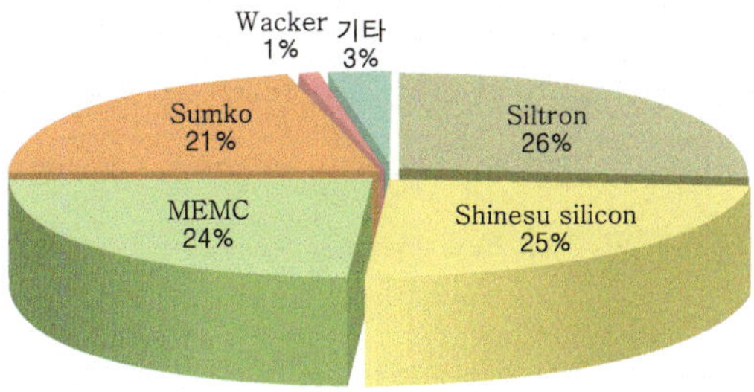

자료 : 제일투신증권 리서치 센터

그림 Ⅳ-6 국내 실리콘 웨이퍼 시장 구성

며 국내 시장은 524만 달러였다. 이 중 3억 달러는 수입에 의존하고 있다. 국내 실리콘(Si) 웨이퍼의 시장 점유 현황을 그림 Ⅳ-6에 나타내었다.

실리콘(Si)은 일반적으로 규석(SiO_2)으로 모래, 암석, 광물 등의 형태로 존재하며 이들은 지각의 $\frac{1}{3}$ 정도를 구성하고 있어 지구 상에서 매우 풍부하게 존재하고 있다. 따라서, 반도체 산업에 매우 안정적으로 공급될 수 있는 재료일 뿐 아니라 독성이 전혀 없는 우수한 재료이다. 실리콘(Si)은 넓은 에너지 밴드 갭(1.12 eV)을 가지고 있기 때문에 비교적 고온(약 200 ℃ 정도까지)에서도 소자가 안정적으로 동작할 수 있다는 장점이 있다. 이러한 장점 때문에 실리콘(Si) 웨이퍼는 반도체 산업에서 트랜지스터(transistor), DRAM, ASIC(application specific integrated circuit), CMOS(complementary metal oxide semiconductor), ROM(read only memory), EPROM(erasable programmable read only memory) 등 다양한 형태의 반도체 소자의 재료로 이용되며, 이들 소자들은 컴퓨터, 전자 제품, 산업용 기계, 인공 위성 등 모든 산업 분야에서 없어서는 안 될 매우 중요한 부품들이다. 따라서, 산업이 발전되어 감에 따라 실리콘(Si) 웨이퍼의 수요는 더욱 증가될 것으로 전망된다.

1) 도핑제 종류에 따라

- n형 : 5가 원소(P, Sb)를 도핑제(dopant)로 사용, 전자 발생
- p형 : 3가 원소(B)를 도핑제로 사용, 정공 발생

2) 결정 방향에 따라

- 〈100〉, 〈111〉, 〈110〉

3) 웨이퍼의 지름에 따라

- 3인치, 4인치, 5인치, 6인치(150 mm), 8인치(200 mm), 12인치(300 mm)

용어 해설

ASIC

특정 용도로 설계된 비메모리 반도체 칩

CMOS

p형과 n형 MOS를 하나의 회로에 동시에 구성하여 단위 트랜지스터의 기능을 발휘하게 한 IC회로로서, 소비 전력이 작은 장점을 가지고 있다.

ROM

한 번 기록한 후에는 빠른 속도로 읽어 내는 것만을 허용하고 다시 기록하는 행위는 금하거나 극히 제한하는 기억 장치

EPROM

메모리 속에 저장된 내용을 지우고 재사용할 수 있는 PROM

4) 결정 특성

실리콘(Si) 웨이퍼는 고순도의 다결정 실리콘(Si)을 용융시켜 특정 방향으로 성장시킨 단결정 실리콘(Si)으로서, 이 결정 방향은 소자 제조 공정에서 기계적 성질, 확산, 식각 등에 있어서 중요한 영향을 끼친다.

5) 가동(mobile) 특성

반도체 소자 제조 공정의 원활함과 고품질 회로의 구성을 위해서 실리콘(Si) 웨이퍼 표면이 평탄해야 하고, 고도의 청결이 요구된다. IC 회로를 집적시킬 때 치명적인 영향을 주는 입자(particle)나 스크래치(scratch)와 같은 표면 손상 또는 미량의 화학적 성분이 표면에 잔존해서도 안 되며 평탄도(flatness)가 요구된다. 따라서, 절단(slicing), **랩핑**(lapping), 연마(polishing) 작업 시 미세한 진동(vibration)도 없어야 하며, 웨이퍼는 손으로 만져서도 안 된다. 또한, 탈이온수(deionized water)로 세척하여 표면의 정전기를 방지하고, 청정실(clean room)에서의 작업으로 고도의 청결을 유지해야 한다.

6) 12인치로의 대 구경화

12인치 웨이퍼는 단결정 제조 방법, 웨이퍼 모양 및 특성 면에서 현재 제조되고 있는 4~8인치 웨이퍼와 유사하나 웨이퍼의 크기가 기존의 웨이퍼에 비해 매우 크기 때문에 생산 기술 및 장비의 발전이 뒷받침되어야 한다. 그러나 소자의 생산성 증대에 따른 생산비 절감이라는 측면에서 주력 웨이퍼로 자리 잡고 있다.

용어 해설

랩핑

랩이라 불리는 공구와 공작물의 표면 사이에 숫돌 알맹이 또는 기름 등을 혼합한 랩제를 끼워 넣고, 공구와 공작물을 적당한 압력으로 누르면서 상대 운동을 시켜 랩제에 의해 공작물의 표면의 돌출한 부분이나 부스러기를 제거하여 정밀도가 높은 마무리 면을 얻는 가공 방법

광 검지기

프리즘 면에 반사된 빔을 검지하는 에러 검출용 기기

(2) SOI 웨이퍼

SOI(silicon on insulator)는 기존 웨이퍼와는 달리 산화막(SiO_2)을 사이에 두고 2장의 웨이퍼를 접합시킨 웨이퍼이다. SOI 웨이퍼는 절연체(열 산화막)로 분리된 얇은 무결점 실리콘(Si) 층을 제공하기 때문에 절연막이나 웰(well) 형성 공정 등을 줄일 수 있어 제품 개발 및 생산 기간과 비용을 줄일 수 있다. 또한, 현재의 장비를 그대로 사용하거나 오히려 줄일 수 있어 설비 투자에 대한 부담이 없다. SOI 웨이퍼의 가격이 기존 실리콘(Si) 웨이퍼에 비해 다소 비싸더라도 전체적인 생산 비용이 줄어들기 때문에 오히려 이익을 얻을 수 있다. 고온 특성, 저소비 전력 특성, 고속 특성을 이용한 응용 분야인 TFT-LCD용 CMOS, 양극성 CCD(charge coupled device detectors), HDTV, **광 검지기**

(photo detector) 등에 사용된다. 그리고 고속화의 요구가 아주 큰 MPU(micro processor unit)의 개발 및 상품화의 움직임이 시작되고 있다. 고속화와 저소비 전력화를 꾸준히 해야 하는 휴대 전화 등의 통신용 IC 및 노트북 컴퓨터, 휴대용 단말기 등에 사용되는 반도체 소자(device)의 제조에 SOI 웨이퍼가 사용될 것이다. 또한, MEMS(micro electro mechanical system)와 같은 자체의 구조적인 특징을 이용한 소자(device)에도 응용될 것이다.

(3) 에피택셜(epitaxial) 웨이퍼

에피택셜 웨이퍼는 기존의 실리콘(Si) 웨이퍼 표면에 또다른 단결정층을 성장시킨 웨이퍼를 말하며, 기존의 실리콘(Si) 웨이퍼보다 표면 결함이 적고 반도체의 전기적 제어가 가능한 특성을 지니게 된다. 에피택셜 공정은 현재 반도체 제조에서 기본이 되는 공정이면서 핵심이 되는 공정이다. 실리콘(Si) 웨이퍼 제조에 이용되어 고품질, 고부가 가치화를 가능하게 하였다. 에피택셜 층(epitaxial layer)의 성장은 다양한 방법으로 가능하며, 그 중에서도 CVD(chemical vapor deposition)법을 가장 일반적으로 사용하고 있다.

에피택셜 웨이퍼(epitaxial wafer)는 소자의 종류에 따라 다양한 구조로 제작이 가능한 장점뿐만 아니라, 연마 웨이퍼 표면 또는 표면 부위에 존재하는 COP(crystal originated pits) 등의 미소 결함을 제어함으로써 소자 제조 후 GOI(gate oxide integrity) 특성을 개선시킬 수 있는 장점이 있다. 에피택셜 구조는 IC의 분리(isolation) 및 낮은 컬렉터 저항 성능을 개선하기 위한 목적으로 적용되었고, CMOS 경우는 래치업(latch-up) 문제를 억제할 수 있다. 내전압 특성을 개선한 개별 전력 소자(discrete power device)는 에피택셜 웨이퍼를 사용한다. 현재의 에피택셜 웨이퍼 시장은 소구경 및 비메모리 분야에 주로 형성되어 있으나, 웨이퍼의 대구경화 및 메모리의 고집적화에 따라 에피택셜 웨이퍼 사용이 더욱 늘어날 전망이다.

용어 해설

MPU
연산 처리 장치

MEMS
육안으로 식별이 어려운 극히 소형의 기계

CVD
가스 상태의 화학 성분들이 높은 온도의 기판 위에서 반응하여, 기판 위에 고체상을 생성하는 방법

COP
결정 성장에서 발생한 결함(피트)으로 웨이퍼 표면에서는 사각형 모양으로 나타나고, 웨이퍼 내부에서는 팔면체 모양으로 나타나고 산화막 형태로도 나타난다.

GOI
게이트 산화막(gate oxide)의 품질 정도를 말하며, 전압을 증가하면서 누설 전류가 파괴 전류가 될 때의 전압(BV, 파괴 전압)으로 나타낸다.

래치업
상기 바이어스 전압이 일정 한계 전압 이상으로 상승

(1) 블랭크마스크(blank mask)

블랭크마스크는 우리 나라 주력 수출 품목인 반도체 및 TFT-LCD (박막 트랜지스터 액정 표시 장치), 컬러 필터(color filter) 등을 제조하는 데 필수 구성 요소인 포토마스크를 생산하기 위한 재료로서, 패턴이 노광되기 전의 마스크를 가리키며, **석영**(quartz) 기판 위에 금속막과 레지스트가 도포된 형태로 이루어져 있다. 여기서 포토마스크는 블랭크마스크 상에 전자 빔(E-beam) 또는 광학(optic) 장치를 이용하여 일정한 패턴을 형성하는 과정으로서, 각 패턴은 투명과 불투명 영역에서 구분되어 입사하는 빛에 대하여 선택적으로 투과하게 하는 것이라고 할 수 있다.

블랭크마스크는 일반적으로 BIM(binary mask)과 PSM(phase shifter mask)으로 구분된다.

1) BIM(binary mask) 블랭크마스크

이원계(binary) 블랭크마스크는 차광막과 반사 방지막으로 이루어져 있고, 차광막은 금속 타깃(target)에 주로 크롬(Cr)이 사용되어 일정한 두께의 박막을 형성한다. 반사 방지막은 크롬(Cr)의 금속 타깃에 아르곤(Ar) 가스와 반응성 가스로 산소(O_2)를 혼합하여 형성시킨다. 증착된 금속막 위에 전자 빔 레지스트(E-beam resist) 또는 포토레지스트(photo resist)를 도포하면 그림 Ⅳ-7과 같은 이원계(binary) 블랭크마스크의 제작이 완성된다.

2) PSM(phase shifter mask) 블랭크마스크

PSM 블랭크마스크는 반도체 장치가 고집적화되어 포토마스크에서 패턴이 미세해짐에 따라, 종래의 마스크에서 어떤 한계 이하의 선폭을 가지는 패턴을 형성하기가 불가능했던 것과는 달리 고해상도와 초점 심도를 웨이퍼 상에 구현할 수 있게 하는 최첨단 소재이다. PSM 블랭크마스크는 BIM 블랭크마스크와는 달리 그림 Ⅳ-8과 같이 위상 반전막을 포함하고 있는 것으로, 석영(quartz) 위에 위상 반전막과 금속막 그리고 레지스트의 구조를 이루고 있다. 여기서 차광막은 **입사광**의 빛을 차단하는 역할을 하며 위상 반전막은 투과하는 **노광광**의 위상을 반전시켜 공기를 통과하는 빛의 강도를 감쇠시키는 역할을 하는 막이다. 그 위에 BIM 블랭크마스크와 동일하게 레지스트를 도포하여

용어 해설

석영(SiO_2)

육방정계(六方晶系)에 속하는 광물

이원계

2가지 원소 물질의 합금

입사광

물체를 향하여 비추는 빛. 물체의 빛깔은 입사하는 빛의 반사 파장과 흡수 파장의 조합 함수로 결정된다.

노광광

다른 투사 각도를 가지는 다수의 노광광을 발생하는 다수의 광원 및 노광광들에 의해 기판 상에 다수의 노광 패턴을 형성하는 데 쓰는 것

그림 Ⅳ-7 BIM 블랭크 마스크

그림 Ⅳ-8 PSM 블랭크 마스크

마스크 제작이 완성된다.

(2) 포토마스크(photo mask)

포토마스크는 크롬(Cr)이 코팅된 석영 유리인 블랭크마스크에 레이저, 전자 빔으로 미세한 크롬(Cr) 패턴을 형성한 회로 원판이다. 국내에서는 DRAM 생산이 많아 상대적으로 포토마스크의 수요가 적은 편이다. 포토마스크는 반도체 업체가 직접 제조하는 자체 생산(captive) 방식과 외주 가공하는 주문 생산(merchant) 방식이 있는데, S사의 경우 50 %, H사는 30 %대의 자체 생산 비중을 유지하고 있다. 나머지 주문 생산 부문은 P사와 T사가 양분하고 있다. 포토마스크 산업의 과제는 지속적인 연구 개발과 설비 투자를 하는 것과 짧은 납기에 대응할 수 있는 신속한 제조 능력을 갖추는 일 등이다. 그림 Ⅳ-9에 포토마스크를 나타내었다.

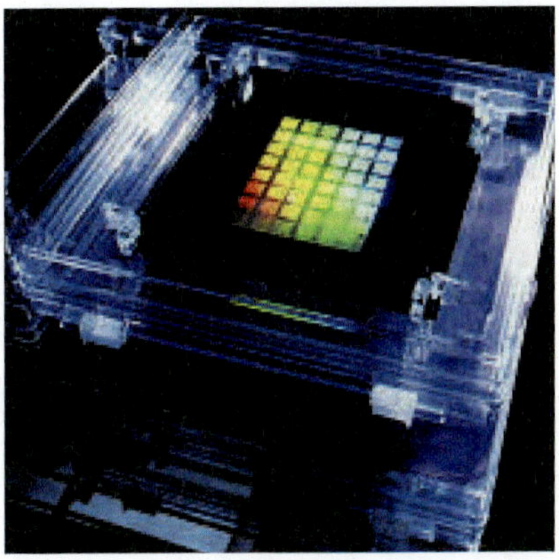

그림 Ⅳ-9 포토마스크

(3) 래티클

설계된 회로 패턴을 노광 장비로 유리판 위에 그려 만든 마스크로, 웨이퍼 전체면을 1장의 마스크를 가지고 한 번의 작업으로 할 수 없어 여러 번 반복적으로 위치를 바꾸어 가면서 작업이 진행되는 마스크를 래티클이라고 말한다.

03. 감광 수지(photo resist)

포토레지스트 산업은 2003년 현재 일본 업체가 국내 시장의 80% 이상을 차지하고 있고, 국내 업체는 국내 시장 15 %의 점유에 불과하다. 메모리 반도체의 경우 64 Mb에서는 i-선(line)이 주로 사용되었으나, 128 Mb부터는 불화크립톤(KrF)이 사용되고 있어 국내에서 판매되는 감광제 가운데 불화크립톤(KrF) 비중이 높아질 것으로 예상된다. 넓은 의미의 감광 재료(photo sensitive materials)는 일반적으로 광 및 방사선 에너지의 작용으로 물리적, 화학적 변화가 일어나는 유·무기 조성물 또는 광 조사에 의하여 상(image)이 형성되는 조성물계로 광원에 따른 분류와 구성 물질을 표 Ⅳ-2에 나타내었다.

용어해설

i-선

수은등 레이저에서 나온 빛으로 파장이 365nm인 것

G-선

수은등 레이저에서 나온 빛으로 파장이 436nm인 것

노볼락

페놀 수지의 하나로 페놀이나 포름알데히드 등을 산성 촉매에 반응시켜 얻는데, 염산, 수소 등과 반응시킬 때 생기며 알코올에 녹는다.

감광성

빛의 작용에 의하여 화학적 또는 물리적 변화를 하는 성질

표 Ⅳ-2 감광 재료의 분류 및 구성 물질

구 분	분 류	분류 기준(관점)
광원에 따른 분류	436 nm(음성, 양성)	G-선을 이용한 레지스트
	365 nm(음성, 양성)	크레졸 노볼락 수지를 주로 하며, i-선에 감광 특성을 지닌 DNQ와 노볼락(novolak)수지로 구성
	248 nm(음성, 양성)	폴리 히드록시 스티렌 유도체를 이용한 화학 증폭용 수지로, 수지와 PAG로 구성
	193 nm(음성, 양성)	레지스트용 폴리머로 아크릴레이트, COMA, 폴리노보렌을 이용하며, 수지와 PAG로 구성
	157 nm(음성, 양성)	폴리 실록산계 불소 고분자를 이용한 수지
	e-빔(음성, 양성)	TSI(top surface image), 실리콘 함유 분자
구성 물질	수지(resin)	피막 형성 성분으로 고분자 물질
	PAC	빛에 감광성 있는 고분자로, 빛을 받았을 때 산성화되어 레지스트의 극성(polarity) 변화가 발생하며 현상액에 용해성을 가지게 하는 물질
	PAG	빛을 받아 산을 생성하는 물질
	용해 억제제	노광부의 용해를 촉진시키고 비노광부의 용해를 억제시켜 대비(contrast)를 향상시키는 물질
	가교제	광산 발생제에 의해 생성된 산에 의해서 고분자 주쇄 또는 측쇄와 반응하여 가교 결합을 생성시키는 물질

* 음성 형태는 라디칼, 아지드, 시아네이트, 에폭사이드, 광 열경화, 가교제일 경우

감광성 고분자는 광학 리소그래피(optical lithography)와 광 가공(photo-fabrication) 기술을 이용하는 고집적 반도체 분야와 인쇄 회로 기판(PCB : printed circuit board) 가공용 포토레지스트, 인쇄 제판용 감광 재료, 전자 표시 장치인 브라운관과 고체 촬상 소자(CCD)용 감광 재료, 평판 표시 장치(FPD : flat panel display)의 컬러 필터, TFT, STN용 포토레지스트 등 다양한 분야에서 중요하게 사용되고 있다.

용어해설

TFT

액정 표시 장치에 사용되는 박막 트랜지스터

STN

초 비틀린 네마틱

폴리머 (polymer)

탄소와 수소로 이루어진 고분자 물질

04. 공정용 화학 약품

공정용 화학 약품의 국내 생산은 황산(H_2SO_4), 과산화수소(H_2O_2) 등 사용량이 많은 품목에 집중되어 있다. 표 Ⅳ-3에 반도체 공정 중 사용되는 약품들을 나타내었다.

표 Ⅳ-3 반도체 공정 중에 사용되는 약품

공 정	용 도	사용 약품
세정	유기물 제거	아세톤, 이소프로필알코올, 메탄올, 크실렌 트리클로로에틸렌, 메틸렌 클로라이드
	레지스트 잔사 제거	$H_2SO_4-H_2O_2$ 혼합액 $NH_4OH-H_2O_2-H_2$
	이온 오염물 제거	$HCl-H_2O_2-H_2O-$탈이온수
	원자 이온물 제거	$HCl-H_2O_2-H_2O$, $H_2SO_4-H_2O_2$ $NH_4OH-H_2O_2-H_2O$
에칭	산화실리콘막	$HF-H_2O$ 혼합액, $HF-NH_4F$ 혼합액
	실리콘	$HF-HNO_3-CH_3COOH$, KOH, 히드라진-IPA 혼합 수용액, 에틸렌디아민-카테콜
	알루미늄 배선	$H_3PO_4-HNO_3-CH_3COOH-H_2O$, HNO_3-H_2O
	Si_3N_4막	H_3PO_4
	GaAs	$H_2SO_4-H_2O_2-H_2O$
포토 리소그래피	포토레지스트	감광성 폴리머를 용제에 녹인 액
	포토레지스트용 시너	크실렌, 지방족계 탄화수소
	현상액	(네거티브용)지방족계 탄화수소 (포지티브용)유기아민계 혼합액, 규산소다, 인산소다

포토 리소그래피	린스액	(네거티브용) n-부틸아세테이트 (포지티브용) H_2
	레지스트 박리제	전용 박리제
	기판 표면 개질제	유기클로로실란, 헥사메틸디실란
건조	증기 건조	프레온, 에탄올, 이소프로필알코올

05. 초순수

(1) 초순수 제조 장치

초순수란 일반적으로 그림 Ⅳ-10과 같은 장치를 사용하여 17~18 MΩ·cm 정도의 전기 저항(electrical resistivity)을 가진 물리·화학적으로 화합 물질 및 합성 물질 등이 거의 존재하지 않는 고순도의 순수한 물을 말한다. 따라서, 초순수 제조 장치의 응용은 사용 목적과 요구되는 수질(quality)에 따라 장치의 선택적 설계가 필요하며, 목적에 적합한 초순수를 지속적으로 생산하기 위해서는 장치의 운전 및 유지 관리가 쉬워야 한다. 또한, 정교한 장치로 생산된 초순수는 주위 환경 및 조건에 의해 민감한 변화가 있을 수 있으므로 이의 보존 및 관리에 있어서 세심한 주의가 필요하다. 역삼투식(reverse osmosis process) 초순수 제조 장치에 이용되는 반투막(membrane)은 거의 모든 공급 원수에 대하여 85~99.8 %의 우수한 고형 물질 제거 능력을 가지고 있다. 따라서, 역삼투압 처리 장치에 의해 1차 처리된 공급 원수를 2차 처리 장치인 이온 교환 장치(MBP : mixed bed polisher system) 등에 통과시켜 잔류 고형 물질(이온 물질)을 제거함으로써 전기 저항(electrical resistivity) 10~18.3 MΩ·cm의 초순수를 생산해 낼 수 있다. 역삼투 반투막은 최적 조건 하에서 2~3년간 지속적으로 사용이 가능하며 간단하게 교체할 수 있다. 다만, 무기성 물질에 의한 녹(scale)의 발생 또는 유기 물질에 의한 미세공의 막힘(clogged) 현상에 대비하여 공급원수의 연수화(softening), 녹 방지 약품(anti-scalent solution)의 투입 및 전처리 여과 필터의 사용 등 현장의 요건에 맞는 정확한 설계가 필요하다.

(2) 초순수의 응용 분야

용어 해설

박리제(stripper)

물체를 박리시키기 위한 재료의 총칭

역삼투식

유체 평행 상태에서 고농도 용액 측에 삼투압 이상의 압력을 가하게 되면 삼투 현상과는 반대로 고농도의 용액에서 순수한 물이 저농도 용액 측으로 흘러 들어가는 현상을 역삼투 현상이라 하며 가해진 압력을 역삼투압이라 한다.

반투막

콜로이드 용액 혼합 기체 등과 같은 혼합물의 일부 성분은 통과시키지만, 다른 성분은 통과시키지 않는 막

그림 Ⅳ-10 초순수 제조 장치

1) 반도체 공업

반도체 웨이퍼(semiconductor wafer) 세척용 초순수는 실리카(silica), 미생물(microbe), 용존 산소(dissolved oxygen), **발열성 물질**(pyrogen), 고형 물질(particle), TOC 등을 제거해야 한다.

2) 초음파 세척(ultrasonic cleaning)

초음파 세척은 초음파의 **음압**과 **공동 현상**(cavitation)을 이용한 고정밀도의 기계적 세척 방법이다. 공동 현상에 의해 발생하는 기포의 진동 또는 기포의 분열에 의해, 여러 형태의 물리적 또는 화학적 운동 작용이 복합적으로 반복됨으로써 세척액의 화학 반응이 촉진되고 분산 작용이 증가하여 정밀도가 매우 높은 세척이 이루어진다.

06. 반도체용 가스 재료

반도체 공정용 가스는 **분위기 가스**와 **특수 가스**로 나누어진다. 질소(N_2), 산소(O_2), 아르곤(Ar) 등의 분위기 가스는 국내에서 공급하고 있으며, 특수 가스는 국내에서 공급하고 있지만, 고순도의 가스는 국산화가 아직 미진한 상태이다. 반도체용 가스는 일반적으로 화학적인 활성을 가지고 있으며 폭발성, 독성, 부식성이 강하다. 그러므로 제조에서 소비에 이르기까지 총체적인 공급 계통에 있어 고도의 안전 대책이 필요하다. 대부분의 반도체 공정에서 가스가 사용되며 칩의 제조 공정에 이용되는 가스의 종류를 용도별로 분류하면 표 Ⅳ-4에 나타낸 바와 같고, 분위기 가스, 에피택셜, 도핑 가스, 박막 형성용 가스(CVD용), 식각 가스 등으로 나눌 수 있다.

용어해설

발열성 물질

대부분의 발열성 물질은 박테리아의 세포벽으로부터 생성되어져 나온 다당류(polysaccharide)로서 대략적인 크기는 20,000 MW(분자량)로부터 0.1 μm의 지름을 가지는 집합체들까지 있다. pyrogen은 가압 멸균, 정밀 여과 또는 흡착 매개물에 의해서는 완벽하게 제거되지 않으며 한외 여과(ultra filtration) 등의 특수한 여과 과정에 의해서만이 제거될 수 있다.

음압

매질 속을 지나는 음파에 의해 생기는 압력

공동 현상

유체(流體) 속에서 압력이 낮은 곳이 생기면 물 속에 포함되어 있는 기체

분위기 가스

반도체 소자를 제조할 수 있는 환경을 만들기 위해 첨가하는 가스

특수 가스

반도체 소자 물질을 생성하기 위해 첨가하는 가스

표 Ⅳ-4 용도별 반도체 가스

용 도		사용 약품
분위기용		N_2, O_2, H_2, Ar
에피택셜		SiH_4, SiH_2Cl_2, $SiHCl_3$, $SiCl_4$
도핑 가스		AsH_3, PH_3, B_2H_6, PCl_3, BCl_3, SbH_3
박막 형성 (CVD)	SiO_2막	SiH_4, SiH_2Cl_2, $SiCl_4$, O_2, NO, N_2O
	PSG 또는 BSG막	SiH_4, $SiCl_4$, PH_3, B_2H_6
	Si_3N_4막	SiH_4, SiH_2Cl_2, $SiCl_4$, NH_3
식각	기상 식각	Cl_2, HCl, SF_6, HF, HBr
	플라스마 식각	CF_4, BCl_3, C_3F_8, NF_3, SiF_4, C_2F_8
	이온빔 식각	CF_4, SiF_4, CHF_3, CuF_3, NF_3, C_3F_8, BCl_3
	반응성 스퍼터	O_2

07. 타깃(target) 재료

타깃 재료는 반도체의 박막 형성 공정, 배선 형성 공정 등 스퍼터링법에 필요한 금속판으로 화이브 나인(99.999 %) 이상의 초고순도가 요구된다. 반도체 외에도 최근에 활발한 LCD의 수요를 반영하여, LCD의 구성 소자인 컬러 필터의 블랙 매트릭스(BM) 용도 등 LCD 관련 분야의 사용 확대도 두드러진다. 또한, 상변화형 CD(콤팩트 디스크)의 보호층에 사용하기 위한 수요가 증가하는 등 성장 속도가 매우 빨라서 세계 시장 규모가 약 7백억 원에 달하고 있다.

그림 Ⅳ-11 스퍼터링 타깃

반도체의 생산은 웨이퍼 위에 박막의 형성, 노광, 식각 등 각 공정을 반복하고, 웨이퍼 위에 소자를 형성하여 배선으로 연결한다. 이 배선 공정은 스퍼터링에 의해 수행되는데, 그 필수 제품이 타깃 재료이다. 알루미늄(Al), 구리(Cu), 티탄(Ti)이나 텅스텐(W) 등의 금속과 금속간화합물을 포함하는 광범위한 재료가 사용된다.

08. 펠리클(pellicle)

펠리클은 마스크(mask)와 레티클(reticle) 표면을 대기 중 분자나 다른 형태의 오염으로부터 보호해 주는 막이다. 펠리클 막은 양극 산화된 알루미늄(Al) 프레임에 부착된 후 다시 레티클 위에 단단히 부착된다. 일반적으로 펠리클은 반도체 노광 장비인, 프로젝션 얼라이너(projection aligner)에서는 레티클의 한쪽인 크롬(Cr) 면에, **스텝퍼**(stepper)에서는 레티클의 크롬(Cr) 면과 유리면 양쪽에 부착되어 포토레지스터 결함을 줄이고 마스크의 수명을 연장시킨다. 특히, 대기 중의 먼지가 마스크에 떨어져 빛을 가리는 것을 방지하여, 웨이퍼 이미지에 영향을 주지 않도록 한다. 펠리클 위에 떨어진 먼지는 노광 시 초점에서 벗어나므로 영향을 끼치지 못한다. 따라서, 펠리클의 사용 목적은 다음과 같이 요약될 수 있다.

> **용어 해설**
>
> **스텝퍼**
>
> 사진 노광 장치의 일종으로 레티클(reticle)의 패턴을 광학 렌즈를 사용하여 웨이퍼 위에 축소 노광하여 전사하는 장치

① 반도체 제품의 수율 향상
② 포토마스크의 오염 방지
③ 포토마스크의 사용 수명 연장
④ 포토마스크의 세정 주기 연장
⑤ 반복적인 포토마스크의 사용 시 오염원으로부터의 격리

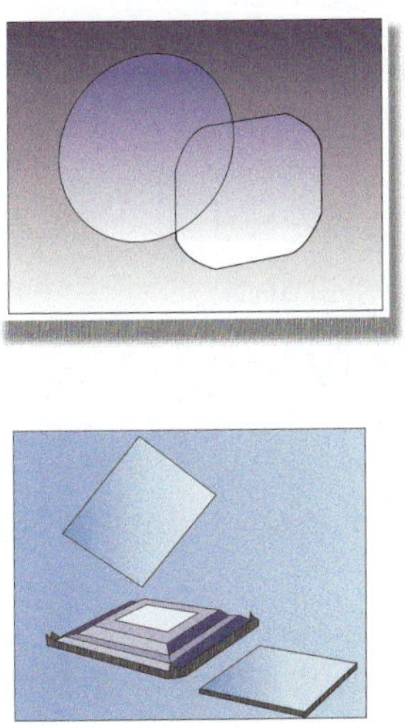

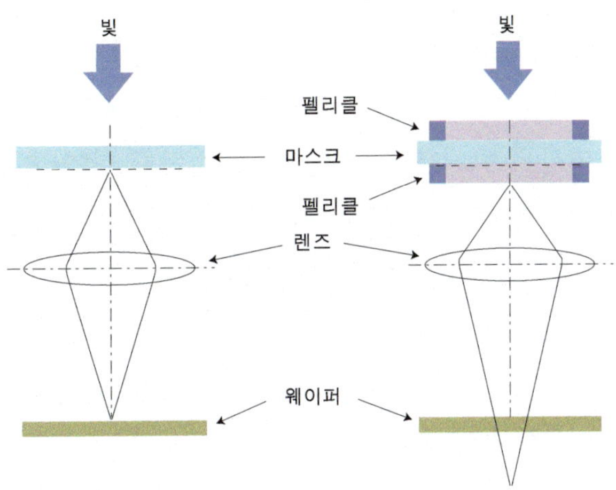

(a) 펠리클이 없는 경우 (b) 펠리클이 사용된 경우

그림 Ⅳ-12 펠리클과 그 역할

09. CMP용 관련 자재

CMP(chemical mechanical polishing)는 화학적·기계적 평탄화 작업으로, 반도체 제조의 최근 추세인 미세 회로 선폭과 다층 배선의 제조를 위해 등장한 반도체 제조 기술이다.

종래의 실리콘(Si) 단결정 웨이퍼의 연마에서는 슬러리, 패드, 웨이퍼의 지지 수단이 연마 웨이퍼(polished wafer)의 평탄도, 면거칠기 등의 주요 품질을 결정하는 자재 요인으로, '연마용 자재의 3요소'로 지칭되어 왔다. 그러나 소자 제조 공정에서의 CMP에 있어서는, 특히 배치마다 연마의 재현성이 요구되며, 이를 확보하는 것이 양산화를 위한 필수 조건이다. 따라서, 종래의 단결정 웨이퍼의 연마에서 주로 노하우나 숙련도에 의존했던 것과는 달리 연마 패드의 조정(dressing 또는 conditioning) 방법은 연마 자재를 최대한 효율적으로 사용하기 위한 제 4의 요소로 간주할 수 있다. CMP 연마용 자재의 4요소를 표 Ⅳ-5에 나타내었다.

표 Ⅳ-5 CMP 연마용 자재의 4요소

CMP 연마용 자재의 4요소	
1. 연마 슬러리(polishing slurry)	2. 연마 패드(polishing pad)
3. 웨이퍼 지지대(template assemblies)	4. 연마 패드의 조정(conditioning)

이들 각 요소는 당연히 연마기의 구조나 가공 조건의 선정에 따라 다양한 조합이 가능하지만, 동시에 상관 관계도 있어 인자를 변화시키면 다른 자재 요소도 영향을 받게 된다. 따라서, 순수하게 단일 요소만을 변화시켜 평가하기가 곤란한 것도 연마 기구의 해석을 복잡하게 하는 원인 중 하나이다.

CMP 공정의 기본적인 요소는 연마 기계, 패드, 슬러리로서 실질적인 웨이퍼 상의 산화막층을 제거하는 것은 우레탄 패드 위에 주입된 슬러리와 패드에 의해 이루어지며, 연마 후 패드의 안정성을 유지시켜 주기 위해 다이아몬드 컨디셔너를 사용한다.

CMP 공정에 있어서는 가공을 진행함에 따라 슬러리 및 연마 잔유물에 의해 패드의 표면에 눈막힘이 발생하여 웨이퍼의 제거 속도가 급속히 저하된다. 이 눈막힘을 제거하여 안정된 가공을 지속시키기 위해서는 컨디셔너의 사용이 필수적이다.

1) 웨이퍼에 스크래치(scratch) 발생 요소

① 다이아몬드 지립(grinding wheel particle) 탈락에 기인하는 스크래치

- 결합층의 두께 불안정으로 인한 지립 탈락에 기인하는 스크래치
- 결합층의 물성 불안정으로 인한 결합층 박리에 기인하는 스크래치
- 결합층의 악력(grip) 부족으로 인한 다이아몬드 탈락에 기인하는 스크래치

② 후 공정 관리 부족(세정, 취급 부주의)에 의한 스크래치 발생

- 세정 시 이물질 부착에 기인하는 스크래치
- 취급 부주의에 의한 이물질 부착 및 결합층 변형에 기인하는 스크래치

③ 부적절한 지립(저급 다이아몬드)에 기인하는 마이크로 스크래치 발생

- 저품위 지립의 사용에 의한 다이아몬드 미세 균열 발생에 기인하는 마이크로 스크래치 - (전형적 스크래치 요소)
- 컨디셔너 제조 공정 중 관리 실수(지립 파손)에 기인하는 마이크로 스크래치
- 다이아몬드 관리 기술 부족(보관, 세정, 분급)에 기인하는 마이크로 스크래치

2) 웨이퍼 제거 속도(wafer removal rate), 균일성(uniformity)에 영향을 주는 요소

① 다이아몬드 지립의 결합 형태

② 다이아몬드 지립의 영향

- 지립 크기
- 지립의 종류
- 지립 분포 형태 및 집중도, 패턴 형태
- 지립의 노출량 및 균일도

③ CMP 컨디셔너의 평활도

용어해설

지립

연마 지석 입자

악력

손으로 물건을 쥐는 힘

(1) 연마 슬러리(polishing slurry)

CMP는 화학 용액과 연마 입자로 구성된 슬러리의 화학 작용과 연마기의 기계 작용의 조합에 의해 수행된다. 슬러리는 웨이퍼를 기판으로 사용하기 전에

표면을 미세하게 평탄화하거나 칩 제조 공정에서 소자층을 평탄화하고 단차를 줄이는 데 필수적으로 사용되며, 국내 시장 규모는 연 400억 원 정도이다. 일반적으로 슬러리는 제거 대상의 종류 및 특성에 따라 다양한 종류가 있다. 즉 수산화칼륨(KOH), 수산화암모늄(NH_4OH) 등의 알칼리 용액에 80~230 nm의 입자 지름을 가지는 실리카(SiO_2), 알루미나(Al_2O_3), 세리아(CeO_2), 다이아몬드 등의 연마 입자가 현탁된 것이다. 절연막이나 배선층의 제거 속도나 표면 품질을 결정하는 슬러리의 인자로는, 연마 입자의 크기, 분포 및 화학 특성, 콜로이달 안정성, 슬러리의 공급 속도 등이 있다. 슬러리는 제조 업체 및 용도에 따라 다양한 종류가 있지만, 크게 절연막용과 금속용 슬러리로 구분할 수 있고, ILD(inter layer dielectrics)용 슬러리, 금속용 슬러리, 텅스텐(W)용 슬러리, 알루미늄(Al) 용 슬러리, 구리(Cu)용 슬러리 등으로 세분할 수 있다.

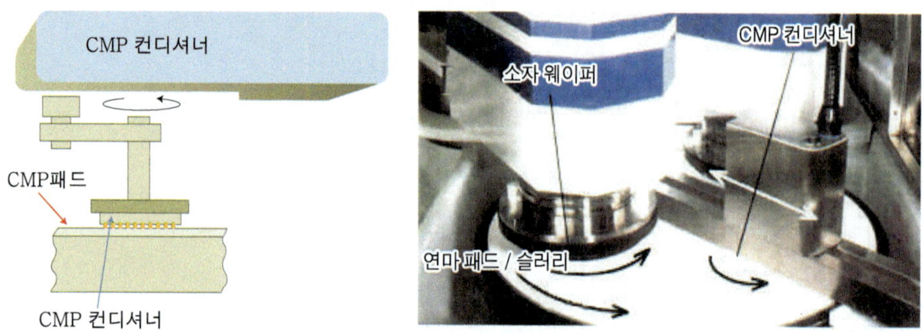

그림 Ⅳ-13 CMP 패드의 드레싱 모습

1) 절연막용 슬러리

절연막용 슬러리는 개발 역사가 길며, 연마 유리 산업에서 그 근원을 찾을 수 있다. 일반적으로 TEOS(tetraethoxysilane), BPSG(borophosphorsilicate glass) 및 열산화막과 같은 절연막의 연마용 슬러리에는 실리카계가 사용되는데, 표 Ⅳ-6에 주성분인 실리카(SiO_2)의 종류를 나타내었다.

슬러리의 비용 측면에서는 이온 교환법에 의한 콜로이달 실리카(colloidal silica)를 이용하는 것이 유리하며, 콜로이달 실리카는 단결정 실리콘(Si)의 연마 슬러리로서 현재 이용되고 있지만, 입자 지름이 작고 표면 활성이 매우 높으므로 산화막과 쉽게 응착을 일으켜 반응물 제거가 곤란하다. 또한, 출발 물질이 규산나트륨(Na_2SiO_3)이므로 최종 제품에서 나트륨 양이온(Na^+)을 위시한 금속 원소를 허용 범위 이하로 낮출 수가 없으므로 CMP 용도로는 사용되지

용어해설

ILD
디램의 최하층에 로직 트랜지스터 및 저장 트랜지스터를 형성하고 층간 절연막을 형성한 것

TEOS
$Si(OCH_2CH_3)_4$

BPSG
PSG나 BSG의 단점을 보완하기 위해 사용되는 보호막

열산화막
불산 수용액으로 반도체 기판 상부에 형성된 자연 산화막을 제거하고, 강한 산화력이 있는 화학 약품을 사용하여 자연 산화막과 비슷한 두께의 화학 산화막을 형성한 후, 상기 화학 산화막을 열처리하여 열산화막을 형성

콜로이달 실리카
물이나 에탄올 등의 분산상에 실리카 입자들이 분산되어 있는 상태

표 Ⅳ-6 연마 슬러리에 사용되는 실리카(SiO_2)의 종류 및 특징

종류	출발 원료	제조 공정	평균 입자경(nm)	특 징
콜로이달 실리카	물유리	이온 교환법	10~100	저가, 반영구 현탁액
습식식 실리카	물유리	습식법	100~5000	저가
퓸드 실리카	$SiCl_4$	기상 가수 분해법	50~1000	고순도
Stouber법 실리카	유기시란(TEOS 등)	Stouber법	10~10,000	고순도

않는다. 단, 폴리실리콘의 연마에 대해서는 사용이 검토되고 있다. 연마 업계의 용어로서 사용되고 있는 콜로이달 실리카는, 이화학 용어로서 콜로이드 용액성을 가지는 실리카 입자의 **현탁액**이라는 의미가 아니고, 규산나트륨(Na_2SiO_3)을 출발물로 하는 이온 교환에 의한 실리카 입자 현탁액이라는 의미이다. 한편, **퓸드 실리카**(fumed silica)로 불리는 건식 화염 처리에 의해 제조된 실리카(SiO_2)는 비용적으로는 불리하지만, 금속 불순물량이 적으며, 2차 응집한 입자 지름의 편차가 비교적 넓으므로 CMP용 슬러리의 주류로 되어 있다. 따라서, 절연막용 슬러리는 수산화칼륨(KOH)이 1 % 이하인 알칼리 수용액에 퓸드 실리카(fumed silica) 입자가 콜로이달 상태로 현탁된 것이다.

구체적으로 실리카(SiO_2) 입자의 크기는 7~140 nm, 체적비는 12~30 %, 비중은 1.0~2.0, pH가 10~11인 범위를 가진다. 그리고 TEOS(tetra ethoxy silane)를 출발 재료로 한, 즉 **Stouber`법**에 의한 실리카는 고순도라는 점은 우수하지만, 제품이 비싸다는 등 몇 가지 문제가 있어 실제로는 사용되고 있지 않다. 표 Ⅳ-7은 ILD1300(Rodel-Nitta Corp.의 상품명) 실리카슬러리의 특성의 일부를 나타낸다. 실리카계의 슬러리는 실리콘(Si) 단결정의 연마용으로 주로 미국에서 널리 사용되고 있고 일본에서도 그 방향이 검토되고 있지만, 연마 제거 속도에서 한계가 있다.

다층 배선의 제조 공정상, 층간 절연막 두께를 어느 정도 두껍게 한 경우, 생산성을 고려하면 더욱 높은 연마 제거 속도가 요구된다. 산화세륨(ceria)을 연마 입자로 한 슬러리는 실리카(SiO_2) 슬러리에 비해 3~4배 높은 연마 제거 속도를 얻을 수 있다. 즉, 4000 A/min에 가까운 연마 제거 속도를 얻을 수 있으므로 아주 매력적이다. 그러나 현재의 산화세륨(CeO_2)으로서는 평탄도, 가공 표면 품위, 불순물 금속 레벨 등에 있어서 실리카(SiO_2)계 슬러리와 비교하여 뒤떨어지는 경향이 있어 향후 검토 과제로 남아 있다.

용어 해설

현탁액

액체 속에 고체의 미립자가 분산되어 있는 것

퓸드 실리카

환상 디메틸실록산에 의해 소수화 처리된 퓸드 실리카

Stouber 법

TEOS를 출발 재료로 한 실리카 슬러리 제조 방법

표 Ⅳ-7 ILD1300의 특성

평균 입자 지름(nm)	140	
pH(25 ℃)	10.7	
SiO_2 농도(%)	13	
비중(25 ℃)	1.07	
점도(cps)	4	
불순물 금속(ppb)	Ca	30
	Cr	60
	Cu	60
	Fe	100
	K	100
	Mg	<10
	Na	10
	Ni	50
	Sn	<30
	Zn	5

2) 금속 배선용 슬러리

금속 배선용 연마 슬러리로서는 알루미나(Al_2O_3)를 연마 입자로 가지는 슬러리와 실리카(SiO_2)를 가지는 슬러리가 있다. 표 Ⅳ-8에 주요 금속 배선용 슬러리의 일례를 나타내었다.

표 Ⅳ-8 금속용 슬러리(Rddel-Nitta Corp.)

품 명	연마 입자	고형분 (%)	입자 지름 (nm)	pH	적용 금속	비 고
MSW1000	Al_2O_3	14	230	4.0	W	과산화수소(H_2O_2)와 혼합(1:1)
XJFW7355	Al_2O_3	3.5	210	3.6	Cu, Al	과산화수소(H_2O_2)와 혼합(1:1)

일반적으로 금속용 연마 슬러리는 절연막용 슬러리와는 완전히 다른 화학 조성이다. 우선 pH 2~4의 산성 용액에 주로 알루미나 연마 입자를 분산시킨 것으로, 상대적으로 짧은 유효 기간(shelf life)을 가진다. 즉, 연마 입자가 콜로이달 상태로 존재하지 않으므로, 사용 전이나 사용하는 동안에 기계적인 교반을 필요로 한다. 교반을 하지 않을 경우 빠르게 응집해 버리고, 이는 입자 크기의 분포를 크게 하여 가공 표면에 결함을 유발시키기 때문이다.

접점홀(contact hole)과 **비아 홀**(via hole), 배선의 금속 재료로는 텅스텐(W), 알루미늄(Al), 구리(Cu) 등이 쓰이고 있다. 이러한 금속용 연마 슬러리에 요구되는 특성은

① 금속에 대하여 적당한 연마 제거 속도를 가질 것

② 금속과 층간 절연막의 선택비가 충분히 높을 것

③ 납작해지거나(dishing) 가늘어지는 현상(thinning) 등을 일으키지 않을 것

등이다. 이른바 **다마신**(damascene) **공정**은 다층 배선을 위한 유력한 방법으로 평가되고 있어, 연마 슬러리에 대한 기대도 매우 크다. 한편, 실리카(SiO_2) 및 산화망간(MnO_2) 슬러리에 대한 검토도 최근 이루어지고 있다.

슬러리의 수소 이온 농도(pH)는 실리카 입자의 분산에 매우 중요한 역할을 한다. 실리카(SiO_2) 입자는 표면 전하를 띠고, 전하의 부호와 크기는 슬러리의 pH에 의존한다. 제타 전위(zeta potential)란 액체 속에 부유하는 콜로이드 입자의 표면 전위를 나타내는 것으로 확산층(diffuse layer)의 시작점과, 음이온과 양이온의 수가 같은 중화점 사이의 전위차를 말한다. 이 제타 전위는 pH의 증가와 함께 감소하고, 중성 이상의 pH에 대하여 (-)값을 가진다.

실리카(SiO_2) 슬러리 수용액의 점도는 pH 7.5 이하에서 매우 높으며, pH 7.5 이상에서는 실리카(SiO_2) 입자가 정전기적 반발에 의해 분산되어 점도는 급격히 떨어진다. 그리고 pH 10.7 이상에서는 입자가 용해하여 **규산염**(silicate)을 형성하고, 수소 이온의 고집중도가 산화막의 에칭 속도를 증가시킨다.

> **용어해설**
>
> **접점홀**
>
> 기판에 형성된 반도체 소자 사이를 전기적으로 연결하기 위해 도전 재질로 제1배선을 형성하고 상기 제1배선 위에 절연 재질로 IMD층을 형성
>
> **비아 홀**
>
> 금속 배선이 형성된 반도체 기판 상에 다층의 절연층을 형성하고, 절연층 상에 금속 배선과 대응된 부위를 노출시키도록 구멍을 뚫은 것
>
> **다마신 공정**
>
> 상기 미세 금속 배선 패턴 간의 금속층 간 절연막을 실리콘 산화막 및 불화 비정질 탄소층의 적층 구조로 형성하여 반도체 소자의 다마신 공정에서 금속층 간 절연막을 형성하는 방법
>
> **규산염**
>
> 각종 규산의 수소가 금속 원자와 치환된 중성염의 총칭

(2) 연마 패드

일반적으로 연마 패드는 경질 폴리우레탄(foamed cross linked polymer)이나 폴리우레탄이 함침 혹은 코팅된 부직 폴리에스테르 펠트(non-woven poly-ester felt)가 주류를 이루고 있으며, 크게 2가지 기능을 수행한다. 첫째, 패드면의 기공(open pore)은 슬러리의 유동을 원활하게 하며 둘째, 발포 융기(foam cell walls)는 웨이퍼 표면으로부터 반응물을 제거하는 기능이 있다. 이와 같이 연마 패드는 CMP의 화학적 및 기계적인 측면을 지원하게 된다. 일반적으로 CMP 가공 중에 패드는 그림 Ⅳ-14에서 보는 바와 같이, 소자 패턴의 대소 조밀에 의해 응력 집중이 큰 부위일수록 연마 제거 속도는 상대적으로 크게 나타나게 된다.

연마 패드의 경도는 연마 제거 속도의 균일성에 크게 영향을 주며, 일반적으로 다음과 같은 장단점이 있다.

① 경질 패드는 칩 내부에 대해서는 국소 평탄화 특성(local planarization)은 좋으나, 표면 결함 등을 발생시키는 단점이 있다.

② 연질 패드는 웨이퍼의 표면 품위 특성은 좋으나, 연마 제거 속도의 편차가 발생하는 단점이 있다.

종래의 CMP용 패드는 주로 유리나 단결정 실리콘 웨이퍼 연마 공정으로부터 도입되었으나, 최근 CMP에 적합하게 사용되기 위해 개선되고 있다. 예를 들면, IC-60(Rodel)은 원래 유리 연마용으로 사용되었으나, 패턴에 적용할 경우 많은 표면 결함을 유발시킨다. 이에 IC-60과 같은 기능을 가지면서 스크래치를 생성시키지 않는 IC-1000이라는 패드를 개발하여 CMP에 적용하기 시작하였다.

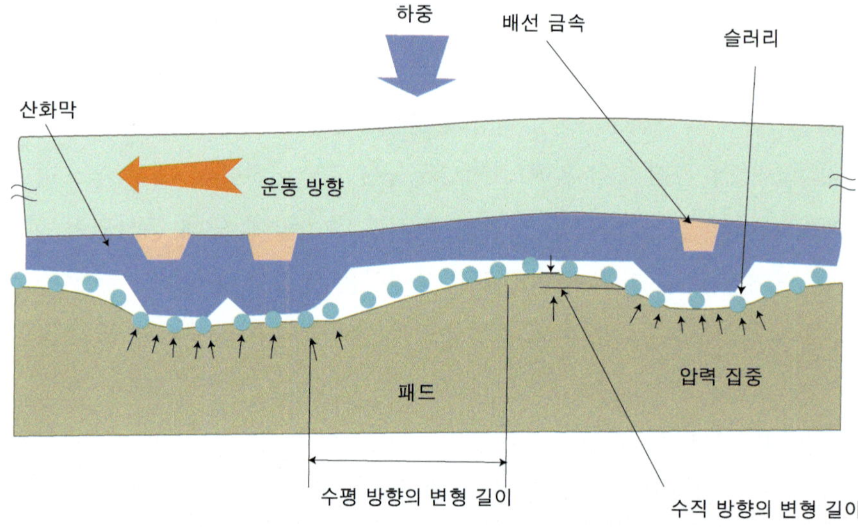

그림 Ⅳ-14 CMP 작업 시 패드의 변형

1) 성능

패드의 성능은 기본적으로 경도, 표면 상태 및 압축 변형량에 의해 결정된다. 우선 절연막용 패드는 슬러리에 의해 화학적으로 식각된 절연막 반응 생성물을 제거하기 위해 단단하고 거친 표면을 가질 필요가 있다. 금속용 패드의 조건은 연마될 금속에 의해 좌우된다. 이를 요약하면 다음과 같다.

① 알루미늄(Al)의 경우, 그 자체가 연질이며 더럽혀지고 손상되기 쉬우므로 연질 패드가 바람직하다. 연질 패드를 적용하여 연마 제거 속도 3000 Å

/min, 산화물에 대한 선택비 40 : 1을 얻을 수 있다.

② **경질**(hard) 금속인 텅스텐(W)의 경우, 경질의 패드를 선정하는 것이 유리하다. 실제, 연마 제거 속도 2000 A/min, 산화물에 대한 **선택비** 20 : 1을 얻을 수 있다.

③ 구리(Cu)에 대해서는, 알루미늄(Al)이나 텅스텐(W)의 중간 정도의 경도를 가지는 패드가 적절하다. 실제 연마 제거 속도 4000 A/min, 산화물에 대한 선택비 100 : 1을 얻을 수 있다.

그림 Ⅳ-15 연마 패드

용어해설

경질

단단한 성질

선택비

여러 재질이 혼재한 시편을 연마할 때 재질에 따른 연마 제거 속도비

W/W

중량대 중량의 비

표 Ⅳ-9는 절연막용 패드의 성능과 특성을 나타낸다. 일반적으로 패드의 밀도가 낮을수록, 압축 변형량이 클수록 연마 제거 속도는 향상된다.

표 Ⅳ-9 절연막용 패드의 특성과 성능

패드 형식	두께(mm)	밀도 (mg/cc)	압축성	제거 속도 (A/min)	W/W 비균질성
IC-1000 (unfilled)	1.692	0.738	7.568	1400	6.0%
LPS-50 (ox filler)	1.419	1.406	0.919	1100	4.5%
LPU-50 (unfilled)	1.374	0.534	6.077	1400	10.8%
TLP-88 (Ceria)	1.374	1.081	1.506	1100	8.0%
LTP-50 (Ceria)	1.362	0.611	7.757	1500	5.0%

2) 층간 절연막 CMP용 패드

표 Ⅳ-10에 현재 시판되고 있는 각종 연마 패드를 구조 및 제조법에 따라 분류한 계통도를 나타내었다. 기존 연마 패드의 대부분은 **발포 재료**(foamed material)이고, 독립 및 연속 발포체 어느 경우에도 어느 정도의 탄성을 요구하므로 **폴리우레탄**(polyurethane)이 주원료로 이용되고 있다. CMP에는 연마 패드의 압축 변형량이 평탄도 및 잔류 박막의 균일성에 직접적인 영향을 끼치므로 IC 계열의 독립 발포체 연마 패드를 주로 이용하고 있다. 단차가 존재하는 웨이퍼 표면을 평탄화하기 위해서는 압축 변형이 작고 단단한 패드(IC-

표 Ⅳ-10 연마 패드의 종류

<table>
<tr><th colspan="2">발포의 형태 (1)</th><th>형태 (2)</th><th>충진의 유무</th><th>경도 등</th><th>R사 제품 예</th></tr>
<tr><td rowspan="6">독립 발포체</td><td rowspan="5">화학 반응 발포체</td><td rowspan="3">무기포 타입</td><td rowspan="2">충진 입자 없음.</td><td>각질(shell) 형성</td><td>IC 40, 50, 60</td></tr>
<tr><td>각질(shell) 없음.</td><td>IC100</td></tr>
<tr><td>충진 입자 있음.</td><td></td><td></td></tr>
<tr><td rowspan="2">기포 혼입 타입</td><td>충진 입자 없음.</td><td>연질</td><td>MH S35A
MH S15A</td></tr>
<tr><td>충진 입자 있음.</td><td>경질</td><td>MHC(산화세륨)</td></tr>
<tr><td>발포제에 의한 발포체</td><td></td><td></td><td></td><td></td></tr>
<tr><td rowspan="5">연속 발포체</td><td rowspan="3">부직포 타입</td><td>1차 수지 처리품</td><td></td><td>연질
중연질</td><td>Suba400
Suba400H</td></tr>
<tr><td>2차 수지 처리품</td><td></td><td>연질
중연질
경질
고경질</td><td>Suba600D
Suba600
Suba800
Suba800H</td></tr>
<tr><td>접합형</td><td></td><td>연질
중연질</td><td>Rodel1204
Rodel1205</td></tr>
<tr><td rowspan="2">스웨드 타입</td><td rowspan="2">직접 발포형</td><td>탄소 섬유</td><td>연질
중연질
경질</td><td>Politex RN
Politen RN
Politex RN</td></tr>
<tr><td>무탄소 섬유</td><td>연질
경질</td><td>Whitex WS
Whitex WH</td></tr>
<tr><td>2층 복합제 적층형</td><td colspan="3">상기 독립, 연속 발포체의 접합에 의한 스웨드 패드</td><td>고변형 타입
저변형 타입</td><td>IC1000/Sub
IC1000/Sub</td></tr>
</table>

용어해설

발포 재료

벌집 모양으로 구멍이 많이 뚫린 재료

폴리우레탄

제2차 세계 대전 중에 합성 섬유 페를론 U로서 처음 독일에서 만들어졌다. 알코올기(基) OH와 이소시안산기 NCO의 결합으로 우레탄 결합이 만들어진다. 합성 섬유(合成纖維)로 만들어지는 것은 탄성 섬유(彈性纖維) 스판덱스이다. 그것은 페를론 U와 우레탄 고무의 중간 재질이라고도 할 수 있다.

1000)만으로는 웨이퍼 전체의 균일성을 확보할 수 없다. 이러한 문제점을 해결하기 위해, 하층에 쿠션층(Suba-400)을 붙여 2층 구조 패드를 제작하였다. 따라서, 현재 층간 절연막의 평탄화에 주로 사용되는 패드는 IC-1000/Suba400 패드이다.

표면층의 고경도 패드가 국부적인 평탄도(local planarity)를, 하부층의 연질 패드가 전체적인 균일성(global uniformity)을 실현시키는 역할을 한다. 그리고 **스웨드형**(suede type)의 Supreme RN-H는 연마 정반을 2개 보유한 장치에서 세정용 혹은 끝내기 연마용으로 사용되며, 연속 발포형 부직포를 하부층으로 하고, 폴리우레탄 수지 발포 구조를 표면층으로 한다. 경도가 낮고, 부드러운 접촉을 유지하며 수명이 긴 것이 특징이다. 세정성의 향상과 웨이퍼 반송 트러블을 방지하기 위해 표면에 패터닝(patterning)을 하였다. 한편, 현재 IC-1000/Suba400 패드를 제 1 세대라고 하면, 제 2, 3 세대 패드로 IC-1400, Q-2000이 있다. IC-1400은 웨이퍼 면 내의 균일성 향상과 패드의 수명을 연장시킬 목적으로 개발된 패드이다. 제 1 세대와 동일한 2층 구조이고, 표면층은 IC-1000을 사용하며, 완충재가 되는 하부층에 IC-1000과 동일한 독립 발포 구조체를 사용하고 있다. 제 1 세대에서 문제가 되었던 침수성, 압축 특성의 경시 변화를 개선하며 균일성의 향상을 도모하였다. 표면에는 동심원상의 홈 가공을 하였다. Q-2000은 국부 평탄도(local planarity)를 보다 향상시키고, 컨디셔닝의 연마 특성에 대한 영향을 감소시킬 목적으로 개발된 패드이다. 마찬가지로 2층 구조를 가지고 있지만, 표면층을 종래의 독립 발포로부터 고경도의 미발포 형태인 **폴리머**(polymer) 시트로 제작하였다.

> **용어 해설**
>
> **스웨드형**
>
> 송아지 가죽이나 산양 가죽의 안쪽 면을 기모 가공한 것이고, 이 기모 과정에서 가죽을 형성하고 있는 콜라겐(colagen) 섬유의 끝이 갈라지면서 아주 섬세한 섬유가 가죽 표면을 덮고 있어 부드러운 촉감을 주게 된다.
>
> **폴리머**
>
> 분자가 중합하여 생기는 화합물
>
> **진공 흡착법**
>
> 금속 또는 비금속의 작은 조각을 진공 속에서 가열하여 그 증기를 물체면에 부착시키는 일

(3) 웨이퍼 지지대(template assemblies)

웨이퍼 지지 방식으로는 왁스 접착법, **진공 흡착법**, 탄성 지지대법이 있다. 현재는 진공 흡착법과 탄성 지지대법이 많이 사용되고 있다. 웨이퍼 제조 업체의 배치(batch) 연마에서는 왁스 접착법이 주류를 이루고 있으나, CMP에서는 적용할 수 없다. 탄성 지지대는 단순히 웨이퍼를 배면으로부터 지지할 뿐만 아니라, CMP의 균일성을 좌우하는 요인이므로 매우 중요하다고 볼 수 있다.

현재 탄성 지지대의 지지 방식으로는 에어 백(air back) 방식, 워터 백(water back) 방식, 백킹 필름(backing film) 방식이 있다. 에어 백과 워터 백

방식에서, 웨이퍼 배면과 접하는 재료는 당연히 미발포 상태인 실리콘계 및 합성 고무계 라텍스 필름이 중심을 이루는 것으로 추정된다. 한편, 진공 흡착법과 병용한다든가, 단독으로 사용되는 물의 표면 장력을 이용한 백킹 필름의 경우는, 역시 폴리우레탄의 습식 발포에 의한 필름이 주류를 이루며, 연마 가공 조건에 맞추어 압축 변형량이 다른 재료를 선정하여 사용하는 것이 현실적이다. 어떤 경우든 두께 편차나 변형이 어느 정도 존재하는 현재의 웨이퍼를 배면으로부터 지지하고 웨이퍼 표면 기준으로 연마를 하기 위해, 적절한 탄성 지지대의 선정이 필요하다.

(4) 컨디셔닝(conditioning)

표 Ⅳ-11은 현재까지 사용되어 온 컨디셔너를 나타낸다.

초기에는 형상 수정(truing)에 의해 발생하는 오염이나 연마 패드 표면의 변형 등을 고려하지 않고 단순히 패드 표면을 마모시키면 좋다는 개념의 수단이 많았지만, 형상 수정에 의해 무엇을 달성시켜야 하는가를 명확히 하는 과정에서, 사용되는 공구도 변화해 왔다. 다층 배선 소자를 제조하는 매우 많은 공정 중의 하나로서 CMP가 안정된 프로세스로 되기 위해서는 컨디셔닝이 큰 역할

표 Ⅳ-11 컨디셔너의 종류와 특징

종 류		표면 세정성	패드 연삭성	압입성	2차 오염	궤적 산란
와이어 브러시		△	△	××	××	××
금속 스크러버		×	△	××	×	××
플라스틱 브러시		○	×	××		○
파이렉스 유리판	(홈 있음.)	×	△	○	○	○
	(홈 없음.)	△	△	○	○	○
알루미나 판	(홈 있음.)	×	△	◎	◎	○
	(홈 없음.)	△	△	◎	◎	○
수지 접착 다이아몬드		×	◎	×	××	××
금속판 부착 다이아몬드	스테인리스강판	△	◎	×	△	○
	세라믹판	△	◎	×	○	○

※ ◎ : 매우 우수, ○ : 우수, △ : 보통, × : 불량

을 한다. IC-1000 연마 패드의 컨디셔너로 다이아몬드 입자를 스테인리스강 기판에 접착한 다이아몬드 플레이트(plate)가 사용되지만, 다이아몬드 입자의 탈락에 의한 웨이퍼 표면의 스크래치 발생 가능성이 매우 높다는 점과 스테인리스강 및 접착층으로부터 금속 오염의 우려가 있다는 점이 지적되고 있다. 최근, 최적의 컨디셔닝 공구 및 방법이 연구되고 있는데, 그림 Ⅳ-16과 같이 세라믹 플레이트 표면에 홈가공을 한 공구를 사용한다든가, 탈이온수의 고압 분사에 의한 컨디셔닝 등이 일례이다.

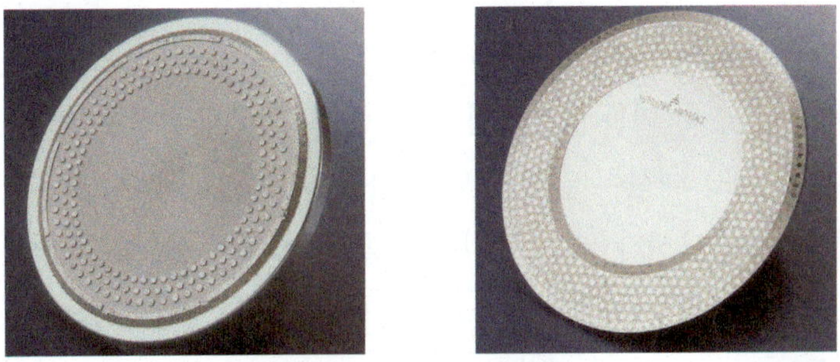

그림 Ⅳ-16 CMP 컨디셔너

10. 전극 배선 재료

반도체 소자는 각 요소 간의 배선 및 외부의 전극부에 금속이 이용된다. 반도체와 금속의 접촉에는 저항 특성과 정류 특성이 있지만 외부의 전극에서는 저항 특성을 나타내는 것이 필요하다. 실리콘(Si) 소자의 저항 접촉 배선에서는 주로 알루미늄(Al)이 사용되고 있는데, 알루미늄(Al)은 전도율이 클 것, 절연막(SiO_2, Si_3N_4, Al_2O_3 등)과의 밀착성이 좋을 것, 가공이 용이하고 가공 정밀도가 높을 것, 물리·화학적으로 비교적 안정되어 있을 것 등의 조건을 만족시키고 있다. 비화갈륨(GaAs)의 저항성 접촉의 전극에는 금(Au) 또는 그 합금이 자주 사용되고 있다. 알루미늄(Al) 전극의 문제점으로는 다음과 같은 것이 있다. 전극 제작 시에 알루미늄(Al)의 실리콘(Si) 속으로의 확산은 전도율의 변화를 발생시킨다. 이것을 차단하기 위해서는 알루미늄(Al) 안에 미리 고용 한도 이상의 수 %의 실리콘(Si)을 함유시키거나, 질화티타늄(TiN)과 텅스텐화 티타늄(TiW) 등의 격벽 금속(barrier metal)을 코팅한 후에 알루미늄(Al)을 붙이거나 알루미늄(Al) 이외의 금속(예를 들면, Ti-Pt-Au, Ti-W-Au)을 저항성

용어 해설

전류 유동

배선에 전류가 흐를 때 배선을 구성하는 원자가 주울열(Joule-heating)에 의한 온도 상승에 힘입어 전자(electron)의 흐름에 밀려 이동(migration)하는 현상

힐락

산화막 위에 금속 박막을 증착시켜 열처리할 때 열팽창 계수 차에 의해 생겨 솟아 오른 모양의 형태를 가짐.

휘스커

빗살 모양의 결정을 총칭

응력 유동

외력이 가해지면 전위의 이동에 의해 변형이 일어나기 때문에 이상적인 전단 강도보다도 훨씬 작은 응력에 의해서도 변형이 일어나는 것

LSI

고밀도 집적 회로 또는 대규모 집적 회로, IC에 포함된 소자의 집적도가 매우 높은 것. 설계, 제조 등의 기술도 IC보다 훨씬 고도의 것이다. 간단히 말해 사방 수 mm의 실리콘 기판에 소자가 1000개 이상인 IC를 말한다

CVD

가스 상태의 화학 성분들이 높은 온도의 기관 위에서 반응하여, 기판 위에 고체상을 생성하는 방법

접촉의 전극에 이용하는 연구도 실시되고 있다. IC에 있어서는 미세화에 따른 금속 배선 안을 흐르는 전류의 밀도가 10^{13} A/m^2 이상으로 큰 경우도 있다. 이와 같은 경우 알루미늄(Al) 원자가 전자의 운동 방향으로 흐르는 경우가 있다. 이 현상을 **전류 유동**(electro migration)이라고 한다. 그 결과, 알루미늄(Al)이 축적된 장소에서는 알루미늄(Al)의 **힐락**(hillock)과 침상 결정인 **휘스커**(whisker)가 발생하기도 하고, 그 반대 방향에서는 공공(void)이 발생하기도 한다. 이 때문에 휘스커에 의한 다른 배선과의 단락, 공공에 의한 배선 저항의 증대, 국소 과전류에 의한 단선 등의 현상이 나타난다. 이와 같은 현상은 고온일수록 일어나기 쉽고, 산화막 위를 계단 형태로 걸치는 곳, 식각 공정의 불량에 의해 배선이 얇게 되는 곳, 조립 과정 중에 기계적 손상을 받는 곳 등에서 일어나기 쉽다. 또, 배선이 얇게 되면 산화막과 부동태막에서 알루미늄(Al) 배선이 응력을 받아 단선과 쐐기 상의 결손을 일으키는 경우도 있다. 이것을 **응력 유동**(stress migration)이라 하고, 64 bit DRAM에서 최초로 발견되었다. 이러한 유동(migration)에 적당한 대응으로 박막 증착 공정의 개선과 더불어 Al : Si/WSi_2, Al : Si/TiN, TiW/Al : Si/TiW 등의 다층막의 사용, 배선 설계 패턴의 개선 등이 채택되고 있다. 실리콘 MOS IC는 다결정 실리콘에 인(P), 비소(As), 붕소(B) 등의 불순물을 첨가해서 저항률을 낮게 한 것이 배선으로 이용되고 있다. 그러나 배선이 얇아짐에 따라서 그 비저항이 약 5×10^4 Ω·m로 낮아지기 때문에 고융점 금속(Pt, Mo, W, Ta, Ti 등)과 그 규화물(실리사이트)의 사용이 검토되고 있다. 고온 초전도 재료를 배선으로 이용하면 배선 저항의 감소에 의해 IC 전체로서 기능의 고속화를 달성할 것으로 기대되고 있다. 제품이 점점 고기능화할수록 더 높은 전기 전도도를 가진 배선이 요구되며, 이런 전도체로는 구리(Cu), 은(Ag), 금(Au) 등이 있으나 저렴하면서도 좋은 전기 전도도를 가지고 있고, 세라믹 패키지와 함께 열처리할 수 있는 구리(Cu)가 가장 이상적인 재료로 여겨지고 있다.

LSI(large scale integrated circuit) 이상의 직접도가 되면 배선 패턴을 2층 또는 3층으로 나눈 다층 배선이 행해진다. 더욱 일반적인 다층 배선은 각 층의 알루미늄 배선을 **CVD**법으로 증착시킨 **PSG**(phosphosilicate glass)막, 또는 산화실리콘(SiO_2)막으로 절연한 구조의 것과, 다층 배선의 문제점은 하층 배선과 상층 배선과의 교차부에서 요철에 의해 상층 배선의 단선 및 상층과 하층

배선 간의 단락이 생긴다는 것이다. 이 때문에 평탄한 다층 배선 구조를 채택한다. 다층 배선의 대표적인 것으로 알루미늄(Al) 증착 후에 배선부 이외의 알루미늄(Al)을 양극 산화에 의해 절연물의 산화알루미늄(Al_2O_3)으로 바꿔서 그 후 전면에 산화알루미늄(Al_2O_3)막을 형성하는 알루미늄(Al) **양극 산화법**과 반도체용으로 개발한 폴리이미드 수지 등의 내열성 고분자를 층간 절연물로 하고 수지의 유동성을 이용해서 표면의 요철에 관계 없이 평탄한 층을 만드는 수지 절연법 등이 있다.

용어 해설

PSG

산화실리콘의 표면에 인(P)을 확산할 경우 산화실리콘의 표면은 인(P)을 다량 함유한 층으로 바뀐다. 이 층을 PSG라고 한다. PSG는 수분이나 그 밖의 불순물을 흡착하는 성질이 있고 또 PR의 밀착성을 나빠지게 하므로 인(P) 확산 후에 이것을 제거해 버리는 경우가 있으며, 또 gettering 효과를 위해 남겨 놓는 경우도 있다.

양극 산화법

금속 또는 실리콘 같은 반도체 등을 적당한 전해액 속에서 양분극 처리해 주면 표면에 산화물 피막이 생성되는데 이러한 산화물층은 매우 치밀하고 견고하여 내부의 금속을 보호해 준다.

11. 금속 재료의 종류와 특성

(1) 구리

가장 일반적으로 사용되는 전원용 및 제어 신호용 도전 재료인 구리(Cu)는 저항률이 1.72 $\mu\Omega\cdot$cm로 저항률이 1.62 $\mu\Omega\cdot$cm인 은(Ag)보다 높지만, 은

표 Ⅳ-12 구리의 물리적 성질(20℃)

비중	용융점(℃)	끓는점(℃)	응고점(℃)	비열(cal/g/℃)	열팽창률 x(10^{-6}℃)	용융 숨은 열(cal/g)	열전도율(cal/cm^2 10m/s/℃)	도전율(IACS)	저항($\mu\Omega\cdot$cm)
8.89	1083	2595	1065	0.092	16.8	48.9	0.934	약101	1.71

표 Ⅳ-13 순금속의 상대적인 전기 전도율과 열전도율

금속	상대적 전기 전도율 (구리=100)	상대적 열전도율 (구리=100)	금속	상대적 전기 전도율 (구리=100)	상대적 열전도율 (구리=100)
은	106	108	코발트	18	17
구리	100	100	철(iron)	17	17
금	72	76	강(steel)	13~17	13~17
알루미늄	72	76	백금	16	18
마그네슘	39	41	주석	15	17
아연	25	29	납	8	9
니켈	29	15	안티몬	4.5	5
카드뮴	23	24			

(Ag)에 비해 값도 저렴할 뿐만 아니라, 비중이나 열팽창률, 인장 강도 등이 뛰어나므로 전원용 도전 재료로 사용한다. 구리(Cu)는 전기 분해에 의해 얻어지며, 불순물이 포함되면 도전율이 급격히 감소하므로 구리(Cu)의 순도는 대략 99.96~99.98 %인 것이 이용되고 있으나 미량의 금(Au), 납(Pb), 산소(O_2), 수은(Hg), 은(Ag), 황(S) 등의 불순물을 포함하기도 한다. 구리(Cu)에 합금 원소를 첨가하면 합금이 가능하지만, 도전율은 크게 떨어진다.

(2) 알루미늄

알루미늄(Al)은 은(Ag), 구리(Cu), 금(Au) 다음으로 높은 도전율을 가지고 있으며, 전기 전도율은 은(Ag), 구리(Cu), 금(Au) 다음으로 좋다. 그런데 알루미늄(Al)에 티탄(Ti), 망간(Mn), 아연(Zn), 구리(Cu) 및 철(Fe) 등의 불순물이 들어 있으면 전기 전도율은 낮아진다. 비중은 구리의 $\frac{1}{3}$ 정도이다. 구리선과 길이 및 저항이 같은 경우 알루미늄(Al)의 지름은 구리(Cu)선에 비해 27 % 정도로 크지만, 도선의 중량은 절반 정도로 작다. 알루미늄(Al)은 가볍고 연성이 풍부하여 가공하기 쉬운 장점을 가지고 있다.

1) 알루미늄의 성질

① 물리적 성질

㉮ 비중 2.7, 용융점 660 ℃, **변태점**(transformation point)이 없다.

㉯ 열 및 전기의 양도체이다.

② 기계적 성질

㉮ 전연성이 풍부하며, 400~500 ℃에서 연신율이 최대이다.

㉯ 가공에 따라 경도·강도는 증가하고, 연신율은 감소하여 수축률이 크다.

㉰ 어닐링 온도는 250~300 ℃이며, 순 알루미늄(Al)은 주조가 안 된다.

용어해설

변태점

순철이나 합금을 고체 상태의 일정한 온도로 가열시키면 조직, 상(phase), 자성 등이 변화하는데, 그 때의 온도

표 Ⅳ-14 알루미늄의 기계적 성질

순도	가공 상태	인장 시험			경도(H_B)
		인장 강도(kg/mm²)	항복 점도(kg/mm²)	연신율(%)	
99.996%	75%(상온 가공)	11.5	11.0	5.5	27
	풀림	4.3	1.25	48.5	17

③ 화학적 성질 : 무기산, 염류에 침식되고, 대기 중에서 안정한 산화 피막을 형성한다.

2) 알루미늄의 특성과 용도

① **특성** : 구리(Cu), 실리콘(Si), 마그네슘(Mg) 등과 고용체를 형성하며, 열처리로 석출 경화, 시효 경화시켜 성질을 개선할 수 있다.

② **용도** : 송전선, 전기 재료, 자동차, 항공기, 폭약 제조 등에 사용된다.

구리선과 알루미늄선의 특성은 표 Ⅵ-15와 같다.

표 Ⅳ-15 구리선과 알루미늄선의 특성 비교

특성	연동선	경동선	알루미늄
도전율(%)	100	97	62
비 중	8.89	8.89	2.71
인장 강도(kg/mm²)	25	44	20
용점(℃)	1,083	1,083	660

3) 양극 산화 처리

① **수산법**

알루미늄(Al) 제품을 2 % 수산용액($C_2H_2O_4$)에 넣고 직류, 교류를 통하면 표면은 굳고 **다공성**(porosity)이 없으며 내식성이 우수한 황금색의 경질 산화 피막을 얻을 수 있다.

② **황산법**

황산법은 15~20 % 황산용액(H_2SO_4)을 사용하고, 농도가 낮은 것을 사용할수록 피막이 단단해지며, 흡착성이 좋은 피막을 얻으려면 액온을 30 ℃로 올린다. 가격이 저가이며 **투명 박막**(transparent thin film)이 얻어진다.

③ **크롬산법**

크롬산법은 3 %의 산화크롬(CrO_3) 수용액(H_2CrO_4)을 사용하며 전해 온도는 40 ℃ 정도로 유지해야 한다. 내마멸성은 작으나 내식성은 대단히 크다.

4) Al-Si계 합금

① 실루민이 대표적이며, 주조성이 좋으나 절삭성은 나쁘다.

② 열처리 효과가 없고, 개질 처리로 성질을 개선한다.

③ 개질 처리(개량 처리)란 결정을 미세화시키기 위하여 특수 원소를 첨가시키는 것으로, 다음과 같다.

- 금속 나트륨(Na) 첨가법- 최다 사용

  나트륨(Na) 첨가량 : 0.05~0.1 % 또는 0.05 % Na+0.05 % K

용어 해설

다공성

재료가 미세한 크기의 구멍이 많은 것

투명 박막

기계 가공으로는 실현 불가능한 두께로 마이크로미터(μm) 이하의 엷은 투명막

• 불소(F) 첨가법-불소(F) 화합물과 알칼리토금속을 1:1로 혼합하여 1~3% 첨가
• 수산화나트륨(NaOH) 첨가법

(3) 금

금(Au)은 면심 입방 구조로서 비중이 19.32, 용융점은 1063 ℃, 끓는점은 2970 ℃ 이며, 브리넬 경도는 18, 인장 강도는 13 kg/mm^2, 연신율은 68~73 %이다. 산과 알칼리, 기타 약품 등에 잘 견디나, **왕수**에는 용해된다.

용어해설

왕수(王水)

진한 염산과 진한 질산을 3대 1의 비율로 혼합한 액체

면심 입방 격자

정육면체의 8개의 모서리에 각각 한 개의 격자점이 배치되고 추가적으로 6개의 면의 중심에 각각 한 개의 격자점이 존재하는 공간 격자

표 Ⅳ-16 순수한 금의 성질(20℃)

비중 (g/cm^3)	용융점 (℃)	비열 (cal/g/℃)	열전도율 (cal/cm^2/cm℃/S)	팽창 계수 (℃$^{-1}$)	전기 비저항 ($\mu\Omega\cdot$cm)	온도 계수 (0~100℃, ℃$^{-1}$)	연신율 (%)	인장 강도 (kg/mm^2)
19.32	1063	0.0312	0.71	14.2×10^{-6}	2.35	0.04	50	13

(4) 은

은(Ag)은 **면심 입방 격자**(face centered cubic)의 구조를 가지며 휘은광에서 산출된다. 비중은 10.49(20 ℃), 용융점은 961.93 ℃, 끓는 온도는 2210 ℃이다. 순수한 은의 경우, 대기 중에 방치하든지 또는 가열하여도 녹이 생기지 않으나, 다만 황(S)과 황화수소(H_2S)에는 반응하여 황화은(Ag_2S)을 만들어서 검게 변화시키므로, 카메라의 필름 등은 특히 주의해야 한다. 또한, 비소(As) 같은 독극물에는 아주 민감하다. 산 반응에서는 염산(HCl), 황산(H_2SO_4), 초산(CH_3COOH)에 침식되지만 왕수에는 완전한 저항력이 있다. 그것은 은(Ag) 표면에 염화은(AgCl)의 얇은 막이 생겨서 이것이 반응의 진행을 방해하기 때문이다.

표 Ⅳ-17 은의 물리적 성질(20 ℃)

비중 (g/cm^3)	용융점 (℃)	비열 (cal/g)	열전도율 (cal/cm^2/cm℃/s)	팽창 계수 (℃$^{-1}$)	도전율 (%)	전기 비저항 ($\mu\Omega\cdot$cm)	온도 계수 (0~100℃, ℃$^{-1}$)
10.497	961.93	0.0559 0.0568	1.00	19.68×10^{-6}	108.4	1.59	0.0041

3. 후 공정 재료

학|습|목|표 ● 반도체 제조의 후 공정 재료를 구분하여 그 종류별로 설명할 수 있다.

기판의 선택에 있어서 열관리의 관점에서 높은 열전도도와 IC 소자와의 열팽창 계수를 맞추는 것이 중요하다. 이러한 기판 재료로 다이아몬드가 가장 적합하지만 값이 비싸다는 단점이 있다. 일반적으로 알루미나보다 열전달 특성이 우수한 탄화규소(SiC), 질화알루미늄(AlN) 등의 세라믹 기판 및 구리(Cu), Cu/Mo/Cu 등의 금속 기판 등이 사용된다. 그림 Ⅳ-17에 반도체 패키지의 예를 나타내었다.

그림 Ⅳ-17 반도체 패키지

반도체 패키지에는 와이어 본딩형, **멀티 칩 패키지**(MCP) 기술, 기밀 봉지 패키지 기술, TAB(tape automated bonding) 패키지 기술, **플립칩 본딩**(FCB) 패키지 기술, **WL-CSP**(chip scale package) 기술, 3차원 칩 적층 패키지 기술 등이 있지만 와이어 본딩형의 리드 프레임 기판을 중심으로 알아보도록 하겠다.

일반용 모놀리식 IC에서는 IC칩을 다이 본딩한 기판으로 플라스틱이 사용되는 경우가 많지만 내습성이 그다지 좋지 않다. 따라서, 높은 신뢰성이 요구되는 IC에는 **알루미나**와 폴스테라이트 등의 세라믹을 기판으로 사용한다. 고집적도의 LSI용의 기판으로서 열전도가 좋은 것이 요구되는데, 최근에는 탄화규

용어 해설

멀티 칩 패키지

SRAM, 플래시, DRAM 등의 여러 메모리 종류를 2개와 4개 칩으로 통합한 제품으로 공간 제약적인 휴대 전화 등의 제품에 널리 이용

플립칩 본딩

칩의 전극 패턴 혹은 이너 리드에 솔더 볼 등의 돌출부를 만들어 준다.

WL-CSP

본딩 패드들이 형성된 활성면과 반대편의 하면을 가지는 반도체 칩과 분리하여 물이 없는 빈 곳이 생기는 현상

알루미나

알루미늄과 산소의 화합물 (Al_2O_3)

용어 해설

그레이스 기판

유리질 기판

소(SiC)와 질화알루미늄(AlN) 등이 높은 열전도율을 가진 것으로 주목되고 있다. 혼성 IC용 기판으로서는 저항 및 배선을 그 위에 열압착 또는 인쇄하기 위해서 평활성 좋은 세라믹이 요구된다. 통상 알루미나(Al_2O_3) 기판 또는 **그레이스(glaze) 기판**(유리를 피복한 알루미나(Al_2O_3) 기판)이 사용되고 있다. 소비전력이 큰 전력용 IC는 열전도율이 큰 것이 필요하게 되어 알루미나(Al_2O_3)와 철의 복합판이 사용되는 경우도 있다. 컴퓨터용 기판과 같이 복수의 칩을 얻는 세라믹 다층 기판에는 주로 알루미나(Al_2O_3)가 사용되고 있다. 비교적 핀 수가

표 Ⅳ-18 패키지의 종류와 용도

종 류	구조와 용도
DIP (dual In-line package)	리드(lead)가 두 줄로 배열된 집적 회로로서 기억/논리 소자에 적용된다. 통신, 자동차, 전자 기기 등에 매우 다양한 용도로 사용되는 대표적인 반도체이다.
PGA (pin grid array)	기계 가공된 원형 핀 내에 소켓 접점(contact)을 끼워 넣은 커넥터의 일종으로 주로 게이트 어레이(gate array) 반도체를 실장하는 데 사용된다.
SOIC (small outline integrated circuit)	크기가 작으며 리드 양쪽으로 '乙' 모양으로 구부러진 표면 실장형 반도체이다.
TSOP (thin small outline package)	패키지 두께가 다른 반도체에 비해 얇은 제품으로 리드 모양은 SOIC와 동일하다.
SOJ (small outline 'j'-lead)	리드가 패키지 앞면에서 시작하여 밑면으로 향하여 'J' 자 형태로 구부러지게 배열되는 반도체로서 인쇄 회로 기판의 표면에 부착하여 사용한다.
PLCC(plastic leaded chip carrier)	크기가 작고 리드가 네 방향으로 배열된 표면 실장형 반도체로서 메모리, 프로세서, ASIC, DSP, PC Chipset 등의 형태로 자동차, 항공기용 기기에 사용한다.
QFP (quad flat package)	패키지의 네 모서리(측변)로부터 갈매기 날개 모양(gull wing type)인 L자상의 리드 핀이 나와 있는 표면 실장형 패키지를 말한다. 패키지의 소재에는 세라믹, 금속, 플라스틱 등의 재료가 있는데 대부분 플라스틱을 사용한다. 프로세서, DSP, ASI, PC Chipset, 멀티미디어 등의 형태로 사무 자동화, 자동차, 산업용 기기 전반에 사용된다.
BGA (ball grid array)	LSI 칩은 패키지 윗면에 붙이고 반대편, 즉 아랫면에는 2차원 배열의, 마치 공처럼 보이는 땜납을 붙여 리드를 대신하는 표면 실장형 패키지의 한가지다. 프린트 기판의 표면에 고집적 회로(LSI) 칩을 탑재해 몰드 수지 또는 포팅(potting)으로 봉(seal)하는 반도체 칩으로 일반적으로 200핀을 넘는 다핀 LSI용 패키지에 활용되며 PAC(pad array carrier)라고도 부르고 있다.

작은 것은 플라스틱을 사용하는 경우가 많다. 표 Ⅳ-18과 그림 Ⅳ-18에 대표적인 패키지의 종류를 나타내었다.

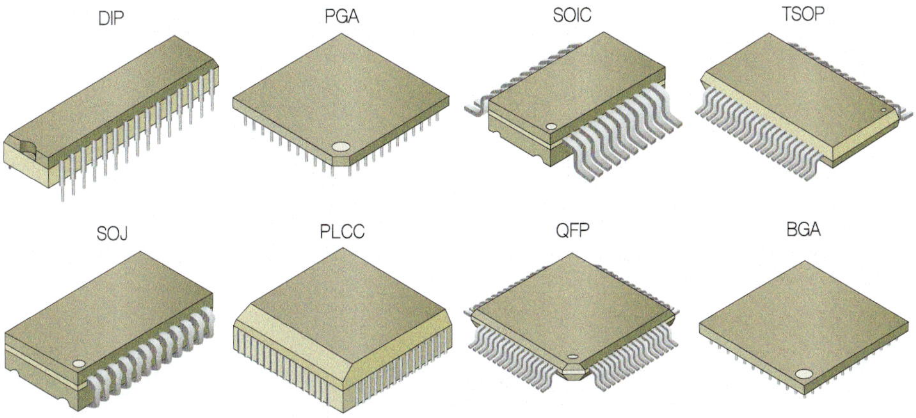

그림 Ⅳ-18 대표적인 패키지의 종류 모형

01. 리드 프레임 재료

국내 리드 프레임 업체로 S사와 P사, A사 등이 있지만, 현재 리드 프레임의 국산화율은 80 %대이다. CSP 등 새로운 패키징 기술이 발전되고 있지만, 아직은 플라스틱 패키지가 중심이기 때문에 타발식 금속 리드 프레임이 많이 사용되고 있다. 그림 Ⅳ-19는 대표적인 리드 프레임을 나타내고 있다.

그림 Ⅳ-19 대표적인 리드 프레임

(1) 리드 프레임(lead frame)

집적 회로의 조립 공정에서 필요한 대표적인 금속 재료는 리드 프레임이다.

이 리드 프레임은 인쇄 회로 기판(PCB)에서 집적 회로로 신호 전달을 하는 도전 매체(lead) 및 집적 회로에 발생하는 열을 외부로 방출하는 전열 매체로

되어 있다.

따라서, 리드 프레임 재료에 요구되는 기본적인 특성은 다음과 같다.

㉮ 열전도율, 전기 전도율이 클 것

㉯ 충분한 기계적 강도를 가질 것

㉰ 인발(drawing) 가공성이 좋을 것

㉱ 금(Au) 도금성, 납땜성이 좋을 것

㉲ 반복 굽힘 강도가 우수할 것

㉳ 내식성이 클 것

1) 열전도율과 전기 전도율

집적 회로와 인쇄 회로 기판 사이에 신호를 전달하는 리드부의 전기 전도율이 우수해야 하는 것은 당연하다.

그러나 마이크로 크기(micro size)의 알루미늄(Al) 배선에 비하여 리드부의 단면적은 매우 크므로, 상대적으로 전기 저항은 작아져 현재 사용되는 리드 프레임 재료는 전기 전도율의 측면에서는 큰 문제가 없으나, 중요한 것은 열전도율이다.

용어 해설

인발

금속의 끝을 다이스를 통해 끌어당겨 가늘게 만드는 가공법

표 Ⅳ-19 주요한 리드 프레임 재료와 특성

형태	재 질	성 분	인장 강도 (kgf/mm²)	연신율 (%)	전기 전도율 IACS(%)	연화 온도 (℃)
고전 도형	TEC-3	Cu-0.15 Sn-P	40	3	85	370
	TEC-6	Cu-0.2 Cr-0.1 Sn	41	7	90	400
	KFC	Cu-0.1 Fe-P	41	7	90	400
	Cu-Zr	Cu-0.18 Zr	40	8	90	480
중강도 중전 도형	CDA 194	Cu-2.3 Fe-0.15 Zn-P	46	5	65	425
	CDA 195	Cu-1.5 Fe-0.8 Co-0.6 Sn-P	63	3	50	525
	TEC-5	Cu-1 Fe-0.5 Sn-0.5 Zn	60	5	45	500
	MF 202	Cu-2 Sn-0.3 Ni-P	50	12	30	450
	KLF-1	Cu-3.2 Ni-0.7 Si-0.3 Zn	62	9	55	570
	CDA 505	Cu-1.25 Sn-P	52	4	40	370
	3%인 청동	Cu-3 Sn-P	55	10	20	370
	KLF-5	Cu-2 Sn-0.1 Fe-P	60	5	35	430
고강 도형	CDA 725	Cu-9 Ni-2.3 Sn	60	15	12	500
	6%인 청동	Cu-6 Sn-P	65	15	14	370
철 계	42 합금	Fe-4.2 Ni	68	7	3	720

즉, 집적 회로에서 발생되는 열을 빨리 발산하기 위해서는 높은 열전도율이 필요하다. 금속에서는 비데만-프란츠 법칙(Wiedemann-Franz law)에 따라 전기 전도율(σ)과 열전도율(K) 사이에 다음과 같은 관계가 성립한다.

$$\frac{K}{\sigma}=\frac{4k^2}{\pi e^2}T \doteqdot \frac{\pi^2 k^2}{3e^2}T=\alpha \cdot T \quad \cdots\cdots\cdots\cdots\cdots \text{식 (IV-1)}$$

α는 금속의 고유 상수〔$2.45\times10^{-8}(w\cdot\Omega/K^2)$〕, T는 온도이다. 따라서, 전기 전도 입자 속도율이 큰 재료는 열전도율도 크게 되는 것을 나타낸다.

2) 합금 강도와 열전도율

집적 회로의 초기에는 강도와 열팽창이 실리콘(Si)과 같은 정도의 철(Fe)계 합금이 리드 프레임 재료의 대부분이었다.

그러나 고집적화가 진행되고 있는 현재에는 열전도율이 좋은 구리(Cu)계 합금으로 바뀌고 있다. 베릴륨(Be)-구리(Cu)는 강력 재료로서 알려져 왔지만, 열전도성은 좋지 않다.

일반적으로, 재료의 강도와 열전도율(전기 전도율)과는 상반되는 경향이 있다. 표 IV-19는 주요한 리드 프레임 재료를 나타내고 있다.

02. 다이 접합(die bonding) 재료

모놀리식 IC 칩은 기판 상에 금(Au)-실리콘(Si) 공정 접착과 에폭시 접착제 등을 이용해서 다이(die)가 접합된다. 접착성의 전극 패드와 외부 단자, 또는 IC 기판 상의 금도금한 배선 등은 금(Au)와 알루미늄(Al)의 극세선($\phi 25\mu m$ 정도)을 리이드선으로 열압착법과 초음파 접착법에 의해 접속시킨다. 이 때, 금속 표면에 금속 탄화물 오염, 가스 흡착층 등이 존재하면 리드선의 밀착성이 나쁘게 되거나 전도성이 나쁘게 되기도 한다. 그러므로 접합 전에는 각종의 화학적, 물리적 방법으로 금속 표면에 청정화 처리가 실시된다. 게다가 금속 표면에는 피막이 존재하기 때문에 접합 시 이 피막의 파괴가 필요하다. 열압착에 따른 소성 변형, 초음파 본딩에 따른 마찰 진동, 납땜에 따른 왁스 등은 이 피막 파괴를 목적으로 이루어지고 있다. 실리콘 IC에서는 금(Au)을 리드선으로 알루미늄(Al) 전극과 접합하는 경우가 많지만 금(Au)과 알루미늄(Al)의 접합부에는 알루미늄화금($AuAl_2$, Au_2Al)의 연한 **금속간화합물**(intermetallic com-

용어 해설

$k=\frac{n(v)\lambda k}{2}$

$\sigma=ne^2\lambda/m(v)$

$(v)=\sqrt{\frac{8kT}{\pi m}}$

$\alpha=\frac{\pi^2k^2}{3\cdot e^2}=2.4\times10^{-18}$ $(w\cdot\Omega/k^2)$

n : 입자수/부피

(v) : 입자속도

λ : 평균자유행로

m : 질량

k : 볼쯔만 상수

e : 전하량

금속간화합물

금속 원소와 다른 금속 원소(또는 준금속이거나 비금속 틈새형 화합물이라도 조성비가 일정하고 금속에 가까운 성질을 띠는 원소)가 간단한 정수비로 결합하여 생긴 화합물. 그 결정 구조에는 규칙성이 있으며, 결합 전의 각 금속 원소와는 다른 특유한 물리적 화학적 성질을 나타낸다.

pound)이 성장하거나 공공연히 발생해서 단선이 되는 경우가 있다. 또, 알루미늄(Al)-금(Au)의 국부 전지 작용에 의해 알루미늄(Al) 부식이 촉진되는 경우도 있다. 따라서, 높은 신뢰성이 요구되는 것에는 배선 재료와 같이 알루미늄(Al)이 리드선으로 사용되는 경우도 있다. 이 때에도 외부 리드선은 화학적으로 안정된 금(Au)으로 도금되어 있기 때문에 알루미늄(Al) 내부 리드와의 접합에는 주의가 필요하다.

03. 본딩 와이어(bonding wire) 재료

용어 해설

본딩 와이어

집적 회로(IC)의 외부 전극(lead)과 반도체 소자의 패드(pad)를 접속하는 선

파단 강도

재료가 파단될 때의 강도

본딩 와이어(bonding wire)는 반도체 리드 프레임과 실리콘(Si) 칩을 연결해 전기적인 신호를 전달하는 역할을 하는 부품으로 반도체 생산에 핵심적인 재료이다. 머리카락 굵기 $\frac{1}{4}$ 정도의 미세한 선으로 고강도이고 높은 열에 견디어야 한다. 수요의 90 %를 국내에서 조달하고 있으며, 나머지는 일본에서 수입하고 있다. 국내 업체로는 M사와 H사가 있으며, 국내 매출뿐만 아니라 동남아 지역 수출도 증가하고 있다.

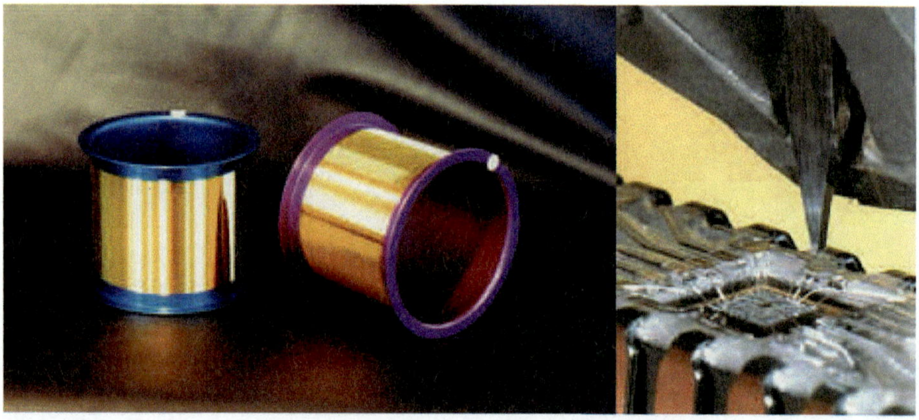

그림 Ⅳ-20 본딩 와이어

반도체의 동작 속도가 급격히 빨라지고 크기도 극소형화됨에 따라 칩과 리드 프레임 사이를 연결해 주는 본딩 와이어는 더욱 미세해지고 있는데, 이에 반해 조립 시의 불량 발생률과 패키징 높이를 최소화하기 위해서는 기존 제품보다 월등히 향상된 **파단 강도**가 요구되며 동시에 연신율은 저강도 제품과 같은 수준이 요구되고 있다. 본딩 와이어의 파단 강도를 높이기 위해 현재 널리

사용하고 있는 합금화는 전기 비저항의 상승 문제를 안고 있어 더욱 미세해지고 있는 차세대 본딩 와이어 개발에는 적합하지 않은 방법이다. 고강도 극세선 본딩 와이어를 제조하기 위해서는 첨가되는 미량 합금 원소의 최적 설계와 더불어 **신선 가공**(wire drawing) 및 재결정 열처리 기술이 현재 수준에서 현격히 향상되어야 한다. 이를 위해서는 기존 생산 공정의 정확한 진단과 이를 통한 각 공정별 설비 및 작업 조건의 최적화를 위한 상세한 연구가 매우 중요하다. 특히, 미량 첨가되는 합금 원소의 선정 및 첨가량 최적화, 용해 및 주조 공정에서 공정 안정화와 주조 결함 발생 억제, **연속 주조**(continuous casting) 후 조성 균질화 및 미세 결함 제거, 신선 및 열처리 장비의 개량 및 작업 공정의 최적화 등은 고강도 극세선 본딩 와이어 개발에 반드시 필요한 핵심 요소 기술이다. 본딩 와이어로 사용되는 재료는 금(Au) 본딩 와이어와 알루미늄(Al) 본딩 와이어, 구리(Cu) 본딩 와이어 등이 있다.

> **용어 해설**
>
> **신선 가공**
>
> 금속 소재를 선재로 가공하는 공정
>
> **연속 주조**
>
> 소성 가공(塑性加工)의 소재인 잉곳(ingot)을 비교적 길게 만드는 방법

04. 봉지재(sealing materials)

(1) 몰딩 콤파운드

반도체 봉지재는 IC(integrated circuits), LSI(large scale IC), VLSI(very large scale IC) 등의 반도체 소자를 외부의 충격, 진동, 수분, 방사선 등으로부터 보호하기 위해 사용된다.

(2) EMC

반도체 소자의 패키지 재료는 뛰어난 열저항성과 내압력성이 필요하다.

표 Ⅳ-20 페놀릭과 에폭시 상호 간의 상대적 차이

특 성	페놀릭	에폭시
열팽창 계수	크다.	적다.
유기 용매 또는 화학 약품에 대한 저항	나쁘다.	좋다.
응 축 률	크다.	적다.
경 도	약하다.	단단함.
내 습 성	나쁘다.	좋다.

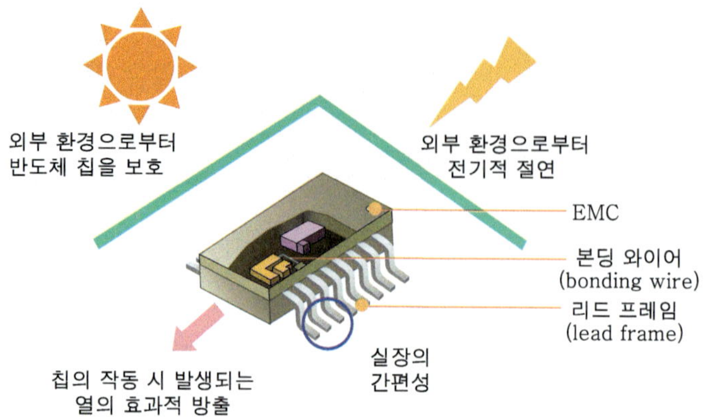

그림 Ⅳ-21 EMC의 주된 역할

EMC(epoxy molding compound)는 반도체 소자의 균열 및 습기 흡입을 방지하고 내구성을 가지게 하는 패키지 재료이다.

습도에 대한 저항, 작은 열팽창, 높은 경도 등의 이유로 해서 1970년대 초부터 페놀로부터 에폭시로 몰딩 콤파운드를 바꾸게 된 것이다.

EMC가 개발되기 이전에는 금속 또는 세라믹으로 반도체를 봉지하였으나, 1960년대 말부터 미국 TI사에서 성형이 용이하고 경제적인 에폭시 수지를 이용한 복합 재료 즉, EMC가 처음 도입되면서 주로 민수용 반도체 봉지용 재료로 적용되기 시작하였다. 이후 급격한 반도체 산업 발전에 대응하여 EMC 관

표 Ⅳ-21 EMC의 기본 조성 및 역할

NO	조 성	구성 비율	기능과 역할
1	에폭시 수지	5~20	기반 수지(접착제)
2	유기 난연제	2<	유기 난연제 작용(Br-epoxy)
3	경화제	5~10	에폭시 수지와 반응
4	촉매제	1<	반응 속도 조정
5	충진제	60~93	강도, 열전도 증대, 열팽창 감소
6	커플링제	1<	유기물과 무기광물의 접착성 증진
7	개질제	5<	열응력 감소
8	왁스	1<	성형 작용 증진
9	무기 난연제	0.5~3.0	난연제(Sb_2O_3)
10	착색제	1<	색상 부여(카본블랙)

용어해설

유기 난연제

불이 붙기 어려운 성질의 유기 물질

련 소재 개발도 빠른 속도로 발전하였으며 수년 전부터는 산업용 및 군수용 반도체에도 EMC를 적용할 수 있게 되었다. 에폭시 수지를 이용한 반도체 성형 재료의 사용이 일반화되면서 현재는 반도체 성형 재료 중 약 90 % 이상이 EMC를 사용하고 있다.

그림 Ⅳ-21에 나타낸 것과 같이 EMC의 주된 역할은

① 외부 환경으로부터 반도체 칩을 보호하고

② 외부 환경으로부터 전기적 절연을 이루며

③ 소자의 작동 시 발생하는 열을 효과적으로 방출하며

④ 표면 실장(SMT)의 간편성을 제공하는 것이다.

표 Ⅳ-21에 현재 적용되고 있는 대표적인 EMC의 조성물과 그 역할에 대하여 간략하게 정리하였다.

EMC는 열에 의해 경화되어 3차원 망목 구조를 형성하는 에폭시 및 경화재를 주성분으로 하며, 기계적 및 전기적 특성 등의 향상을 위해 실리카와 같은 무기 충전재를 기본 구성 요소로 하고 있다. 또한, 경화 속도의 적절한 조정을 위한 경화 촉매, 유무기 재료 간의 결합력을 향상시키기 위한 커플링재, 성형 작업 시 이형성 확보를 위한 왁스, **난연성**(incombustibility) 부여를 위한 난연재 및 착색제, 개질재 등으로 구성되어 있다.

> **용어해설**
>
> **난연성**
>
> 불이 붙기 어려운 성질의 물질

반도체의 응용 분야가 급속히 확대되고 요구 특성이 다양해지면서 반도체 패키지의 발전도 급속히 이루어지고 있고, 이에 따라 EMC도 고유 기능인 반도체 보호 기능 이외에 추가적인 특성이 요구되고 있다. 가장 최근의 반도체 봉지용 EMC의 요구 특성은 크게 2가지의 흐름으로 요약할 수 있다. 그 중 하나는 무연납땜(lead free solder) 대응화이며, 또다른 하나는 무할로겐(halogen free)화이다. 이 두 가지 흐름은 모두 세계적인 환경 의식의 변화와 밀접한 연관이 있으며, 독립적이기보다는 일련의 흐름으로 인식되어야 하기 때문에 앞으로 개발될 EMC 제품은 이 두 가지 요구 특성을 모두 만족시켜야만 할 것이다.

05. 솔더 볼(solder ball)

반도체 소자에 대한 고밀도 집적화 기술이 발전되고 수요자들이 보다 컴팩

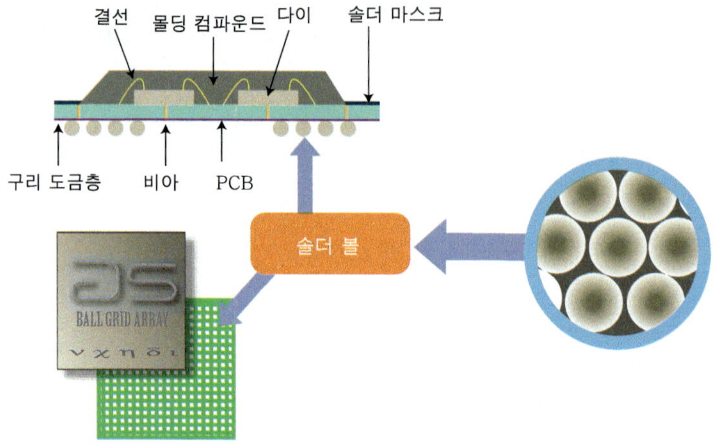

그림 Ⅳ-22 솔더 볼의 응용 예

트한 전자 제품을 선호함에 따라 표면 실장 기술(SMT)이 널리 사용되고, 반도체 소자의 패키징 기술도 BGA(ball grid array), 플립칩 본딩 등 설치 공간을 최소화하는 기술이 채택되고 있다. 이와 같은 기술이 채택된 반도체 소자들을 PCB 기판 위에 접속하기 위해서는 **솔더 볼**(solder ball)을 이용한다. 예컨대, BGA 패키지는 그 배면에 다수의 솔더 볼 안착홀이 형성되어 있고, 전자 제품 생산 공정에서 인쇄 회로 기판(PCB) 위에 패키지를 부착하기 위해 솔더 볼 안착홀에 솔더 볼을 안착하고 노(furnace)로 이송하여 이를 접합시킨다.

> **용어해설**
>
> **솔더 볼**
>
> BGA의 다리로 쓰이는 조그만 납 구슬

정보 통신 기기의 경박·단순화 경향에 따른 BGA 및 CSP(chip scale package) 채택으로 인해 특히 패키징의 경우 반드시 솔더 볼이 필요하다. 국내 BGA의 패키지용 솔더 볼은 대부분 수입하고 있는데, 현재 0.5 mm 및 0.7 mm급 제품이 주로 사용되고 있으며, 2006년 현재 0.3 mm급 마이크로 BGA용 제품이 본격 채택되어 국내 시장 규모만도 연간 300억 원대에 이른다.

전자 제품의 고성능화와 병행하여 더 소형화, 경량화된 외형에 더 많은 기능을 부가하는 추세에 따라 최근의 전자 부품의 형상이나 실장 방법도 와이어를 통한 삽입 실장형에서 표면 실장형으로 변화되고 있다. 표면 실장형은 집적 회로의 하부에 솔더 볼을 배치하여 기판에 직접 접합함으로써 리드를 제거한 혁신적인 실장 방법으로, 집적 회로 칩 크기의 3배 이상인 현재의 실장 능력을 칩 크기의 1.2배 정도로 줄일 수 있다. 다시 말하면 일정한 칩 크기를 접합하기 위하여 요구되는 인쇄 회로 기판의 면적을 약 9분의 1로 줄일 수 있는 것이다.

이러한 표면 실장 기술에 사용되는 솔더 볼을 제조하는 기술은 솔더 볼의 크기가 작기 때문에 일반적인 가공 방법으로는 제작하기가 어렵고, 진원의 형상과 균일한 크기의 특성을 유지하기가 어렵다. 종래의 방법으로는 와이어 커팅 방법, 디스크 커팅 방법 및 펄스 **미립화** 방법이 있다. 와이어 커팅 방법은 와이어를 절단하여 가열로를 거치면 용융 솔더, 즉 액체 상태의 솔더가 되는데, 이 액체 상태의 솔더는 액체의 **표면 장력**(surface tension)에 의하여 구형으로 변하게 되며, 이것을 다시 냉각시켜 솔더 볼을 만드는 기술이다.

용어해설

미립화

입자의 미세화

표면 장력

액체의 자유 표면(自由表面)에서 표면을 작게 하려고 작용하는 장력

표 Ⅳ-22 솔더 볼 재료의 조성

종류	조성	용융점(℃)	비중
Sn-Pb	63Sn-37Pb	183	8.4
	62Sn-36Pb-2Ag	179	8.4
	Sn-4Ag-0.5Cu	217`~219	7.4
	Sn-3Ag-0.5Cu	217`~219	7.4
	Sn-1.2Ag-0.5Cu +(0.05Ni+0.01Ge)	219~225	7.4
	Sn-3Ag-0.5Cu +(0.01Ni+0.01Ge)	217~219	7.4
	Sn-3Ag-0.5Cu +(0.15In+0.01Ge)	217~219	7.4

그림 Ⅳ-23 기판에 부착된 솔더 볼

단원 종합 문제

1. 반도체 제조의 전 공정 재료는 (　　) 재료와 (　　) 재료가 있고, 후 공정 재료는 (　　) 재료가 있다.

2. 웨이퍼는 (　　　)에 해당하고, 포토마스크, 펠리클, 포토레지스트, 공정 가스, 화학 약품, 배선 재료는 (　　　) 재료에 해당한다.

3. 구조 재료에는 (　　　), (　　　), (　　　) 등 3가지 재료가 있다.

4. 실리콘 웨이퍼 속에 절연막을 삽입시킨 구조를 갖는 웨이퍼를 무엇이라고 하는가?

5. 기존의 실리콘 웨이퍼의 표면에 같은 결정 방위의 단결정층을 CVD법으로 성장시켜, 표면 결함이 적고 불순물의 농도나 종류 제어가 가능한 웨이퍼를 무엇이라고 하는가?
① SOI 웨이퍼　　② 에피택셜 웨이퍼　　③ 실리콘 웨이퍼

6. 석영 기판 위에 도금막과 레지스트가 도포된 형태로, 패턴이 노광되기 전의 마스크를 무엇이라고 하는가?

7. 광 및 방사선 에너지의 작용으로 물리적, 화학적 변화가 일어나는 유·무기 조성물을 무엇이라고 하는가?

8. 일반적으로 17~18 MΩ·cm 정도의 전기 저항(electrical resistivity)을 가진 물리·화학적인 화합 물질 및 합성 물질 등이 거의 존재하지 않는 고순도의 순수를 무엇이라고 하는가?

9. 마스크(mask)와 레티클(reticle) 표면을 대기 중 분자나 다른 형태의 오염으로부터 보호해 주는 박막을 무엇이라고 하는가?

10. 화학액과 연마 입자로 구성된 슬러리의 화학 작용과, 연마기의 기계 작용의 조합에 의해 수행되는 연마법은?

11. CMP 연마용 자재의 4요소 중 세라믹 분말을 수용액으로 현탁시킨 것은?

① 연마 패드(polishing pad)

② 연마 슬러리(polishing slurry)

③ 탄성 지지대(backing film)

④ 연마 패드 표면 상태 유지 기구(conditioner)

12. 가장 이상적인 기판 재료는 다음 조건들을 만족하여야 한다. 다음 중 해당되지 않는 조건은 어떤 것인가?

① 높은 기계적 강도, ② 고열 전도도, ③ 우수한 열충격 능력, ④ 열팽창 계수가 부착되는 소자와 다름, ⑤ 낮은 유전 상수, ⑥ 낮은 손실률, 높은 유전체 강도, 높은 유전체 저항, ⑦ 표면 결함이 없고 높은 치수 정밀도, ⑧ 무해성, ⑨ 안정성, ⑩ 저가, ⑪ 낮은 전기 저항

13. IC, LSI, VLSI 등의 반도체 소자를 외부의 충격, 진동, 수분, 방사선 등으로부터 보호하기 위해 사용되는 것은?

14. 일반적으로 사용되는 전원용 및 제어 신호용 도전 재료이고 저항률이 1.72 $\mu\Omega\cdot$cm로 저항률이 1.62 $\mu\Omega\cdot$cm인 은보다 높지만, 은에 비해 값도 저렴하다. 또한, 비중이나 열팽창률, 인장 강도 등이 뛰어나며 전원용 도전 재료로 전기 분해에 의해 얻어지며, 불순물이 포함되면 도전율이 급격히 감소하는 도전 재료는 무엇인가?

15. 은(Ag), 구리(Cu), 금(Au) 다음으로 높은 도전율을 가지고 있으며, 전기 전도율은 은(Ag), 구리(Cu), 금(Au) 다음으로 좋은 도전 재료는 무엇인가?

16. 알루미늄(Al)과 실리콘(Si)의 공정점은 11.6 % Si에서 577 ℃이나, 여기에 소량의 0.55~0.1 % Na이나 불소화물 알칼리, 수산화나트륨, 알칼리염 등을 첨가하면 조직이 미세화되어 강력하게 되며 공정점이 14 % Si, 566 ℃로 이동하는 처리 방법은 무엇인가?

17. 면심 입방 구조로 비중은 19.32이고, 용융점은 1063 ℃이며, 산과 알칼리, 기타 약품 등에 잘 견디나 왕수에는 용해되는 도전체는?

18. 면심 입방 격자의 구조를 가지며, 휘은광에서 산출된다. 비중은 10.49(20℃), 용융점은 960.5℃이며, 유황과 황화수소에는 반응하여 검게 변화하는 도전 재료는?

V 디스플레이 재료 및 소자

1. 디스플레이의 종류　2. 액정 디스플레이(LCD)　3. 플라스마 디스플레이(PDP)　4. OLED

디스플레이 재료 분야는 현재 가장 유망 산업으로 시장이 나날이 확대되고 있으며, 업계에서의 경쟁도 치열한 상태이다. 따라서, 평판 디스플레이에 속하는 액정 디스플레이(LCD), 플라스마 디스플레이(PDP), OLED를 중심으로 내용을 구성하였다.

1. 디스플레이의 종류

학|습|목|표

- 평판 디스플레이의 장점을 설명할 수 있다.
- 평판 디스플레이의 종류를 분류하고 각 종류별 특징을 설명할 수 있다.

용어해설

LCD

LCD는 액체와 고체의 중간 특성을 가진 액정의 변화를 이용한 디스플레이이다. 역시 오래 전인 1888년에 개발됐지만, 실용화된 것은 1980년대 중반이다. 1990년대에 이르러 노트북 PC 화면에 대중적으로 쓰이게 됐으며, 최근 잔상(殘像) 현상 등을 극복하며 대형 TV 시장에까지 진출한 상황이다.

PDP

PDP는 자외선을 이용한 화면 표시 기술이다. 상·하판 사이의 공간 내에 채워진 가스(Ne, Xe)에서 방출된 자외선이 형광체와 부딪혀 고유의 가시광선을 방출하는 원리로 화면을 구현하며 가스 방전시 생성되는 자외선에 의한 형광체 발광을 이용하는 평판 디스플레이(flat panel display)의 한 종류이다. PDP는 인가 전압에 따라 AC 구동형과 DC 구동형으로 분류한다. AC Plasma Display는 전극이 얇은 글라스의 절연체로 피복되어 100KHz대의 펄스 전압으로 구동하는 것이고, DC Plasma Display는 전극이 방전 공간에 노출되어 직류 전압으로 구동하는 것이다.

LCD(liquid crystal display, **PDP**, OLED 어떤 소자에 대한 공론을 펼칠지라도, 우리 나라가 디스플레이의 명가가 됐음을 부인할 수 없다. 우리 나라의 두 대기업을 비롯한 우수한 디스플레이 완제품, 장비, 부품, 소재 기업들이 함께 펼쳐온 경연의 결과는 전세계인들이 혀를 내두를 만한 저력을 보여 주고 있다. 특히 쌍두마차 S사와 L사의 공격적 투자와 경쟁 구도는 놀라운 시너지를 발휘해 가며, 최근 전후방 산업의 막대한 파급 효과와 동반 발전을 가져 오고 있다. 2006년 LCD의 세계 시장 규모는 620억 달러로 추정되며, 우리 나라의 생산 금액은 그 중 250억 달러로 세계 시장의 40 %를 점유하고 있다. PDP의 세계 시장 규모는 2006년 현재 1100만 대로 대당 단가를 1000달러로 계산할 경우 110억 달러 정도가 되며, 2008년에는 320억 달러 규모에 이를 것으로 전망된다. PDP의 30인치 시장에서의 철수로 LCD와 PDP는 40인치급을 기준으로 치열한 경쟁을 하고 있다.

OLED는 2005년까지 주로 핸드폰 서브창 등 소형 디스플레이에 주로 사용되어 1 % 수준의 시장 점유율을 가지고 있으나 모바일 기술의 진보와 함께 휴대폰 메인창에 OLED 기술이 채용되기 시작하면서 2007년에는 16억 달러로 성장할 것으로 예상되고 있다.

평판 디스플레이(FPD : flat panel display)는 기존의 브라운관(CRT)에 비해 경박, 저소비 전력을 장점으로 하는 새로운 영상 표시 장치로서 동작 원리에 따라 다음과 같이 구분된다.

1) LCD(액정 표시 장치)

① TFT-LCD : thin film transistor liquid crystal display(박막 액정 표시 장치)

② STN-LCD : super twisted nematic liquid crystal display(STN 액정 표시 장치)

2) PDP : plasma display panel(플라스마 표시 장치)

3) **OLED** : organic electroluminescence display(유기 EL 표시 장치)

4) **FED** : fields emission display(전계 방출 표시 장치)

5) **3D** : 3 dimension(3차원 표시 장치)

위의 5가지 평판 디스플레이 중에서 현재 상용화되어 있는 LCD, PDP, OLED 등의 작동 원리와 사용 재료에 대해서 알아보도록 하겠다.

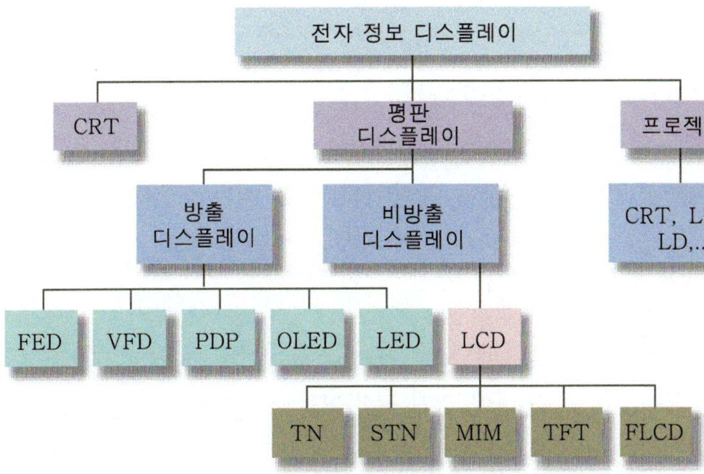

그림 V-1 디스플레이의 분류

표 V-1 평판 디스플레이의 종류별 특징

구 분	장 점	단 점	크기	개발 단계	적용 분야	비 고
LCD	경량, 박형화 고해상도/저소비 전력, 친환경적	가격 高 색재현성, 응답 속도 대형화	≤ 40″	양산	노트북 PC 모니터, 디지털 TV, IMT-2000, 차량용 네비게이션, 인터넷 단말기	• 응답 속도의 지연으로 디지털 TV로 전환에 애로
PDP	대면적 경량/박형화	低효율/ 가격 高 소비전력高(CRT대비)	40~70″	양산	HDTV	• 40 인치 이상 대형 TV용
OLED	영상 응답 속도 高, 저가격/경량/박형화	대형화 애로 자체 발광 구조로 수명 短	≤ 20″	개발 완료 양산 준비	휴대 통신 기기 전장용 표시 장치 IMT-2000	• 영상 응답 속도는 LCD대비 1000 배
FED	영상 응답 속도 高 고화질/경량/박형화/시야각 무한대	구동 전압 高/수명 短/대형화 공정 애로 저전압 형광체 개발 要	≤ 20″	개발 완료	IMT-2000, 차량용 네비게이터, PDA, 항공용 표시 장치	• 영상 응답 속도는 LCD 대비 1000 배
3D	고도 입체감 실감 3D 자연 세계 표현	다시점 제한(6~8人) 저해상도/ 가격 高 대형화 공정 어려움.	10~50 ″	개발 완료	3D 모니터, 3D TV, 3D게임, 원격 의료, 탐사 장비, IMT-2000가상 현실	• 50″ 3D 연구 개발용 출시 (유럽)

용어해설

VFD

Vacuum Fluorescent Dispaly

OLED

무선 통신 기기에 적용되는 디스플레이로는 유기 EL이 각광받고 있습니다. 언제 어디서나 영상 정보를 얻어야 하는 휴대 전화는 TV와 다른 특성이 요구되기 때문에 전력의 공급 없이도 오래 쓸 수 있고 소비 전력은 낮아야 하며 또 얇을 뿐 아니라 가볍고 응답 속도로 빨라야 합니다. 유기 EL은 이같은 특성을 만족시킵니다.

원리는 유기물에 전류를 흘릴 때 축적된 에너지로 내부가 활성화됐다가 시간이 흐른 뒤 안정화되며 빛을 내는 현상을 이용한 것으로 TFT-LCD와는 달리 디스플레이의 상하좌우 어느 쪽에서도 화면을 볼 수 있으며, 응답 속도도 TFT-LCD보다 빠릅니다.

2. 액정 디스플레이(LCD)

학|습|목|표

- 액정 디스플레이의 종류와 그 원리를 설명할 수 있다.
- 액정 디스플레이 재료의 종류와 특징을 설명할 수 있다.

용어해설

FLCD

Ferroelectric LCD

MIM

Metal Insulqtor Metal

FED

꿈의 디스플레이로 불리며 개발 중인 FED는 CRT와 평판 디스플레이의 장점을 접목한 것이다. CRT의 원리는 원래 하나의 전자총에서 전자들을 방출해, 영상을 표시하는 것에 반해 FED는 아주 작은 크기의 수많은 전자총에서 전자를 방출해, 각각의 형광체와 충돌시켜 빛을 내고 영상을 만든다.

전자총 재료로는 미세한 금속 물체를 사용해 왔지만 탄소나노튜브를 활용하려는 노력이 진행 중에 있다. FED 개발이 완료되면, CRT의 화질에 익숙한 소비자들에게 큰 호소력을 가질 것으로 예상된다.

LCD(liquid crystal display)는 1888년 오스트리아의 라인니쳐(F. Reinitzer)에 의해 처음 발명되었고 1968년 미국 RCA사에 의해 디스플레이에 응용되었다. 1973년에는 전자 계산기와 전자 시계에 적용되었고, 1986년 이후 STN-LCD와 소형 TFT-LCD가 실용화되었다. 1990년대 들어 10인치 TFT-LCD가 양산화되면서 노트북 PC의 대표적인 디스플레이로 자리잡았다. 현재 CRT를 대체하는 디스플레이 중 하나로 각광받고 있다. LCD는 2개의 얇은 유리판 사이에 고체와 액체의 중간 물질인 액정을 주입하여 상하 유리판 안에 있는 전극의 전압 차로 액정 분자의 배열을 변화시킴으로써, 명암을 발생시켜 숫자나 영상을 표시하는 일종의 광 스위치 현상을 이용한 소자이다. 구동 방법에 따라 수동 매트릭스 방식과 능동 매트릭스 방식으로 분류하는데, 수동 매트릭스 방식에는 TN(twisted nematic)과 STN(super-twisted nematic)이 있으며, 능동 매트릭스 방식에는 TFT(thin film transistor)가 있다. LCD는 전자 시계, 전자 계산기, 액정 TV, 노트북 PC 등의 전자 제품과 자동차, 항공기의 속도 표시판 및 운행 시스템 등에 폭넓게 사용되고 있다.

01. LCD의 특징

LCD는 얇고 가벼우며, 저소비 전력과 저동작 전압 등을 갖추고 있는 것이 최대의 특징이다. 이 때문에 현존하는 각종 평판형 전자 디스플레이 중에서 가장 널리 사용될 정도로 성장하였으며, 응용 분야는 민생 분야에서 산업 분야에 이르기까지 다양하다. 장점을 구체적으로 열거하면 다음과 같다.

① 저소비 전력(수~수십 W/cm^2)으로 장시간의 전지 구동이 가능한 에너지

절약형이다.

② 저전압(수~10 V)에서 동작하므로 직접 IC 구동이 가능하고 구동 전자 회로의 소형화, 간략화가 가능하다.

③ 소자가 얇고(수 mm), 또한 대형 표시(수십 cm^2)에서부터 소형 표시(수 mm^2)까지 가능하다. 특히, 휴대형(portable) 기기에 적합하다.

④ 수광형 표시이므로 밝은 장소에서도 표시가 선명하다.

⑤ 표시의 컬러화가 쉽기 때문에 표시 기능의 확대, 다양화가 이루어질 수 있다.

⑥ 투사 확대 표시나 집적 표시가 가능하여 대화면 표시(수 m^2)가 용이하다.

그러나 LCD는 이들 장점과 더불어 다음과 같은 실용상의 단점도 가지고 있다.

① 비발광형이므로 반사형 표시인 경우에 어두운 곳에서 표시의 선명도가 떨어진다.

② 선명한 표시가 요구되는 경우 또는 컬러 표시의 경우 백라이트(back light)를 필요로 한다.

③ 조도가 보는 방향에 변화하는 경우가 많아서 시야각에 제약을 받는다.

④ 응답 시간이 주위 온도에 따라 변화하며, 저온 동작(−30~−40 ℃)에 어려움이 있다.

용어해설

3D

입체감을 일으키는 여러 요인 중, 우리들의 눈이 가로 방향으로 약 65mm 떨어져서 존재하여 나타나게 되는 양안시차(binocular disparity)가 입체감을 나타내는 가장 중요한 요인이라 할 수 있다. 즉, 좌우의 눈은 각각 서로 다른 2차원 화상을 보게 되고, 이 두 화상이 망막을 통해 뇌로 전달되면, 뇌는 이를 정확히 서로 융합하여 본래 입체 영상의 깊이감과 실제감을 재생하는 것이다.

인간이 현실에서 느끼는 것과 같은 현실성과 자연성이 뛰어난 완벽한 3차원 영상 통신의 구현을 위해서는 임장감을 극대화할 수 있어야 하며, 임장감의 극대화는 결국 인간 생활 공간의 3차원화에 기인한 영상의 3차원적 입체 디스플레이를 의미한다. 또한, 대상체의 움직임도 생생하게 표현할 수 있는 입체 동화상의 실현을 요구하게 된다.

02. LCD 구동 원리

그림 Ⅴ-2에 나타낸 바와 같이 LCD 패널에 전압이 가해지면 액정 분자가 전계 방향으로 배열하게 되고 입력된 빛은 차단되고 후면 편광판(polarizer)에 의해 흡수된다. 전압이 가해지지 않으면 액정 배열을 따라 빛이 통과하게 된다. 이러한 동작을 선택적으로 행하면서 원하는 패턴을 디스플레이하게 된다. 이 때, 빛은 후면 편광판에 따라 투과가 되기도 하고 반사가 되기도 한다. LCD의 용도에 따라 후면 편광판을 반사형으로 사용하기도 한다.

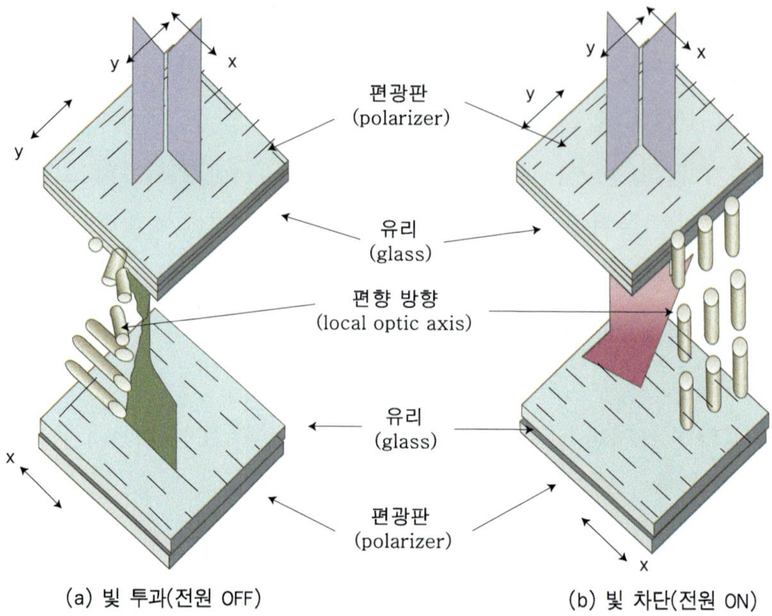

그림 Ⅴ-2 LCD의 구동 원리

(1) 수동 매트릭스(passive matrix) LCD

1) STN LCD 구조

STN LCD의 구조는 유리 기판 사이에 액정이 위치하고 빛의 편광성을 이용하기 위해 위상차판을 양 유리 기판에 올린 상태로 되어 있다. 여기서 액정의 방향성을 주기 위해 비틀림 각을 만들게 된다. LCD는 이 비틀림 각의 차이에 따라 TN(90°), STN(160~240°)으로 분류된다.

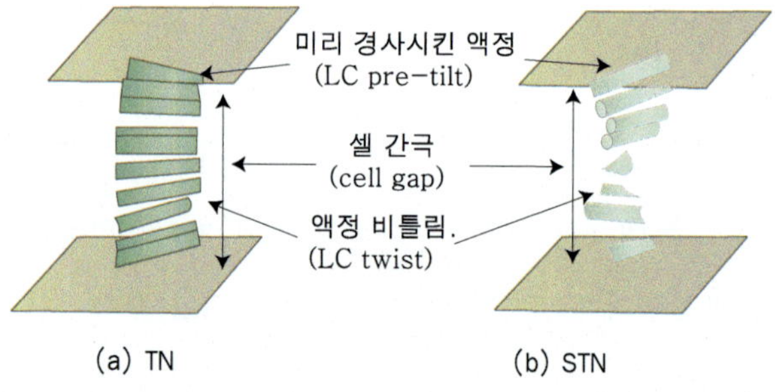

그림 Ⅴ-3 TN, STN LCD의 비교

(2) 능동 매트릭스(active matrix) LCD

1) TFT-LCD

TFT-LCD는 크게 TFT가 형성되어 있는 아래 유리 기판, 컬러 필터가 형성되어 있는 윗 유리 기판, 그리고 그 사이에 주입된 액정(liquid crystal)로 구성되어 있다.

TFT는 전기적 신호를 전달, 제어하는 역할을 하며, 액정은 인가된 전압에 따라 분자 구조를 달리하여 빛의 투과를 제어한다. 그렇게 제어된 빛은 컬러 필터를 통과하면서 원하는 색상과 영상으로 나타나게 된다.

TFT-LCD는 브라운관 방식에 비해 소비 전력이 낮고, 경량박형이 가능하며, 유해 전자파를 방출하지 않는 차세대 첨단 디지털 디스플레이 소자이다.

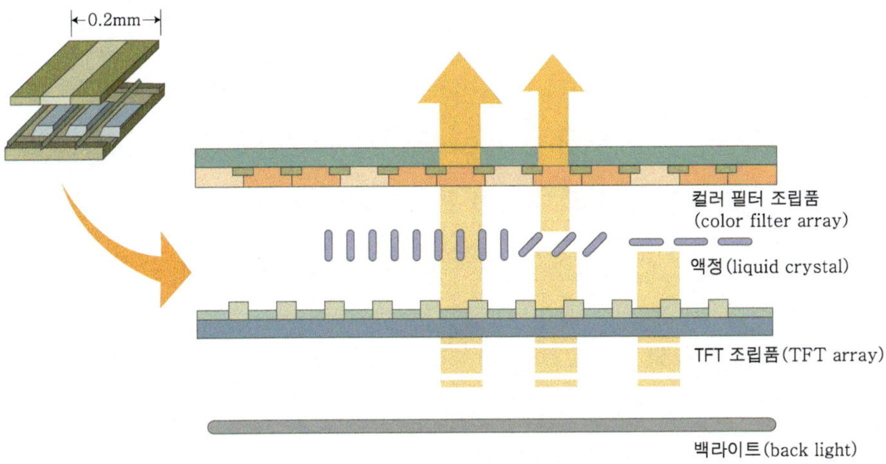

그림 V-4 TFT-LCD의 구조

03. LCD의 제조 공정

LCD 부품 소재 시장은 디스플레이 분야 시장의 성장에 직접적인 영향을 받으며, LCD 산업의 대규모 투자와 고속 성장과 맞물려 관련 수요가 큰 폭으로 증가하고 있다.

LCD는 크게 3개의 유닛으로 구분된다.

첫 번째는 기판과 기판 상에 액정이 주입된 기판, 두 번째는 백라이트를 포함한 하판 구조물, 세 번째는 패널을 구동시키기 위한 드라이버 LSI 및 회로 소자가 부착된 PCB이다. 이들 3개 유닛을 통합한 것이 LCD 모듈이며 LCD 모듈은 LCD 패널을 생산하는 핵심 요소가 된다.

TFT-LCD 제조 공정은 크게 TFT 공정, 셀(cell) 공정, 모듈(module) 공정의 세 부분으로 나뉜다.

(1) TFT-LCD 공정 재료

TFT-LCD는 반도체 소자인 TFT를 화소 하나하나에 배열하여 화소 각각을 구동시키는 능동형 LCD이다. 이 장치는 게이트에 전압이 걸리면 소스와 드레인 사이의 저항이 낮아져서 전류가 흐르고 트랜지스터는 on 상태가 된다. 전압이 제거되면 트랜지스터는 off 상태로 된다. TFT-LCD는 사용되는 반도체 층에 따라 a-Si TFT-LCD, poly-Si TFT-LCD, CdSe TFT-LCD로 구분되며, 현재에는 대화면화가 쉽고 안정성이 높은 a-Si TFT-LCD가 주류를 이루고 있다.

박막 트랜지스터는 3개의 단자에 의해 구동되며, 전기적인 관점에서 볼 때 전계 효과 트랜지스터(FET)의 한 종류이다. 그리고 금속-산화물-반도체 전계 효과 트랜지스터(MOSFET)와 유사한 특성을 가진다. TFT에 사용되는 재료로는 비정질 실리콘, 다결정 실리콘, 셀렌화카드뮴(CdSe)이 있다.

(2) TFT-LCD 제조 공정

- 반도체인 TFT 공정에서 생산된 TFT 기판과 컬러 필터 공정에서 생산된 C/F(컬러 필터) 기판을 접합시키고 그 사이에 액정을 주입하는 공정으로 이루어진다.

1) 초기 세정

- 유리를 TFT 라인에 투입하기 전에 초순수 등을 이용하여 유리 표면에 묻어 있는 불순물을 제거하는 공정이다.
- 각 공정 사이사이에도 다음 공정의 진행을 위한 세정 공정이 있다.

그림 V-5 초기 세정

2) 스퍼터 공정(막 증착)

- 초순수로 세정된 유리 위에 게이트 역할을 할 크롬(Cr)을 스퍼터를 이용하여 증착하여 회로 상의 소스와 드레인을 형성시키는 공정이다.

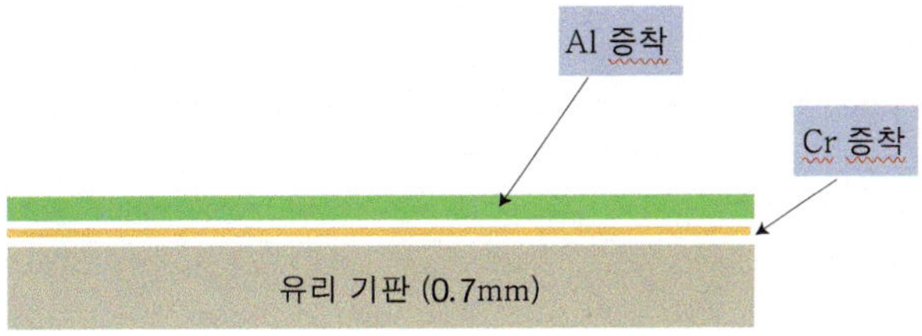

그림 Ⅴ-6 스퍼터 공정(막 증착)

3) 포토(photo) 공정

- 유리 위의 도포된 사진 감광액에 자외선이나 전자 빔을 이용하여 마스크 상의 전자 회로도를 정밀하게 유리 위에 투영하여 옮겨 놓는 공정이다.
  - P/R(photo resist) 도포 : 회로 형성용 금속막이 증착된 유리 기판 위에 사진 촬영에 필요한 포토레지스트를 도포한다.
  - 회로 패턴 노광 : 포토레지스트가 도포된 기판에 마스크 위에 새겨진 트랜지스터 회로(pattern)를 자외선 또는 전자 빔을 이용하여 P/R을 노광시킨다.
  - 현상 : 노광된 회로를 현상액을 이용하여 노광된 부위의 P/R을 제거한다.

용어해설

P/R

포토레지스트

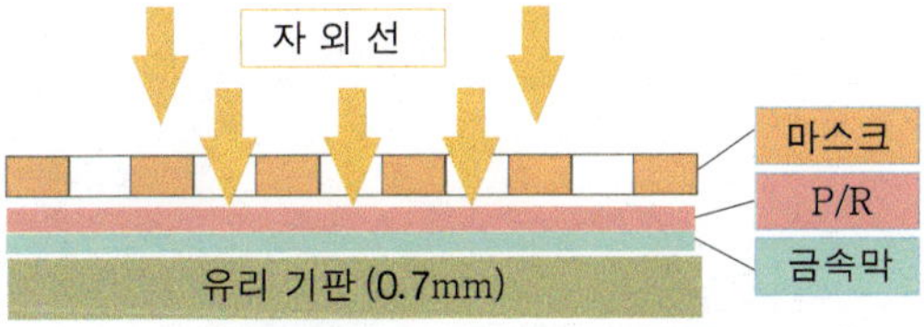

그림 Ⅴ-7 photo 공정

4) 식각 공정

- 염화물 혼합 기체, 불산(HF), 초산(CH_3COOH) 등으로 유리 위에 증착된 금속막의 특정 부위를 녹여 내고, 소자와 소자 사이의 전기적인 회로를 형성시키는 공정이다.

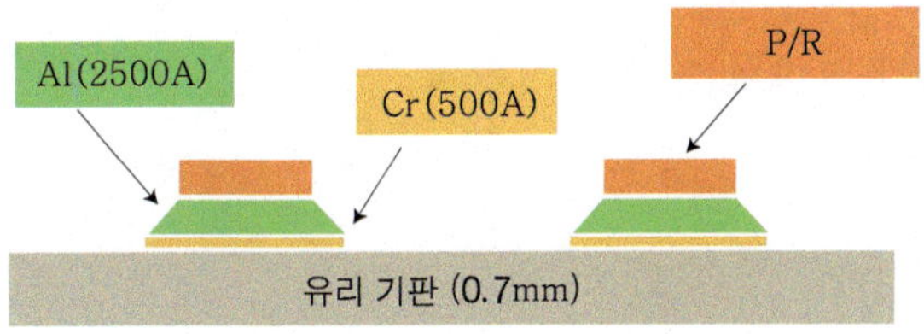

그림 Ⅴ-8 식각 공정

5) P/R 박리

• 유리 위에 식각 공정을 통하여 회로를 형성 후 다음 공정(CVD 또는 스퍼터링)을 진행하기 위하여 유리 표면에 잔류하고 있는 P/R을 제거하는 공정이다.

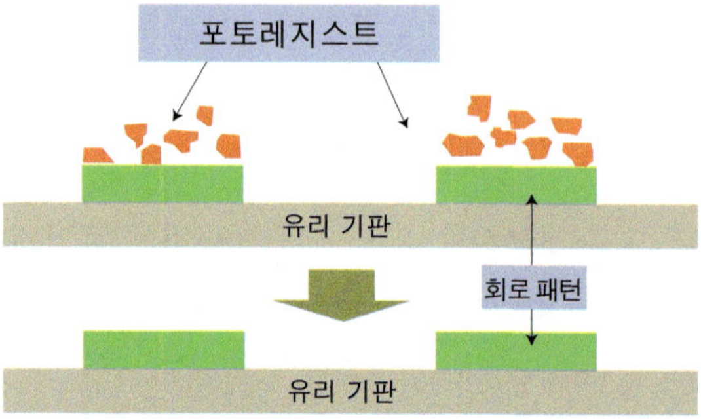

그림 V-9 P/R 박리

6) 증착 또는 막성장 공정(CVD 또는 스퍼터 공정)

• 형성시키려는 박막 재료의 원소를 지닌 가스나 화학 약품을 기판 재료 위에 공급하여 기판 표면에서의 화학적 활성 반응을 통해 박막을 형성시키는 공정이다.

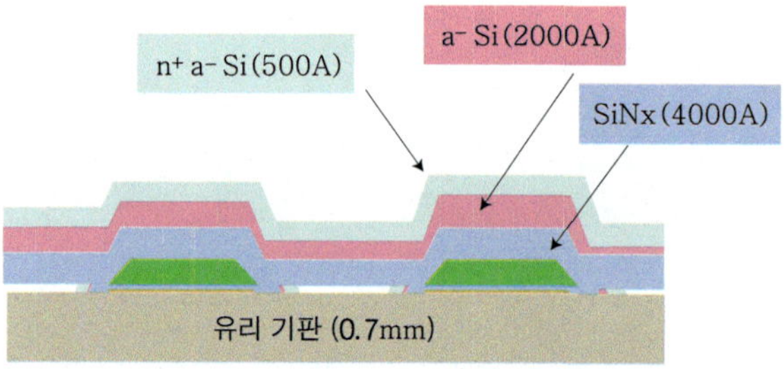

그림 V-10 증착 또는 막 성장 공정

7) TFT 기판 완성

• 유리 기판 위에 화면 동작의 기본 소자로 활용될 트랜지스터를 형성한다.

• 인치당 평균 5만~6만 개의 트랜지스터를 형성시킨다.

• 유리 1매 위에 형성되는 TFT 기판의 수는 유리 크기 및 패널의 크기에 따라 차이가 있다.

그림 Ⅴ-11 TFT 기판

8) 절단(cutting)

- TFT 셀이 완성된 유리를 각 개별 패널 단위로 절단하는 공정이다.
- 절단된 패널의 크기가 화면의 크기로 결정된다.

(3) 셀 공정

셀(cell) 공정 흐름도를 모식적으로 나타내면 그림 Ⅴ-12와 같다.

TFT 하판과 컬러 필터(color filter)가 형성된 상판에 배향막을 형성하고, 배향막에 액정이 잘 정렬할 수 있도록 러빙을 한 후, 스페이서(spacer)를 산포하고 봉지(seal) 인쇄를 하여 합착한다. 합착 후에 모세관 현상을 이용하여 액정을 내부에 주입한 후, 주입구를 봉지함으로써 LCD 공정은 마무리된다.

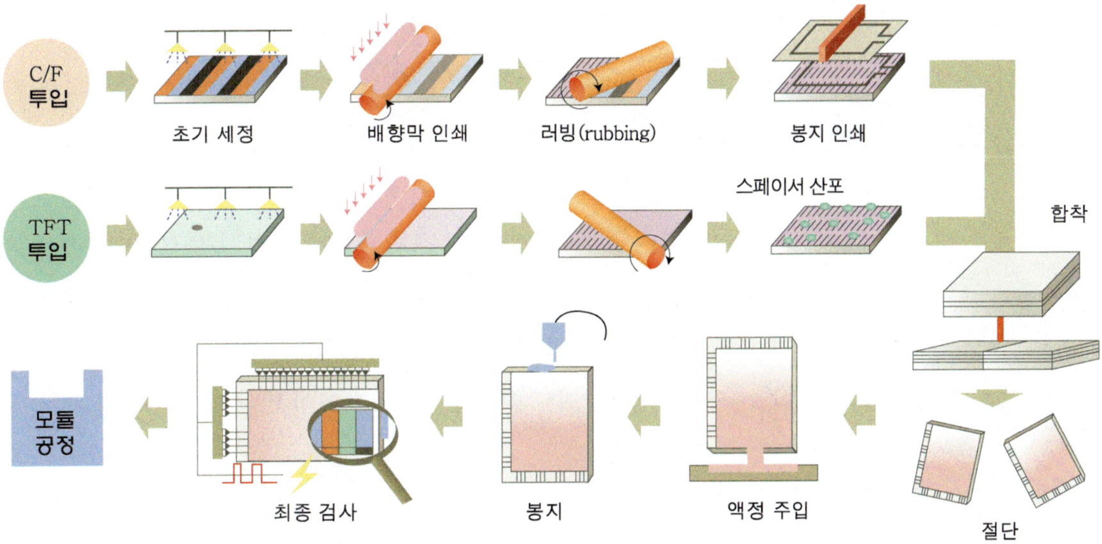

그림 Ⅴ-12 TFT-LCD 제조 공정

1) 배향막 도포

상하판의 픽셀(pixel)부에 배향막을 얇고 균일하게 도포하는 공정으로, 드럼

(drum) 위에 폴리이미드(polyimide)를 얇고 균일하게 도포하고, 도포된 폴리이미드(polyimide)가 미리 패턴(pattern)된 고무판에 인쇄되어 이것이 상판 C/F 또는 하판 TFT 조립품(array)에 도포된다. 도포된 이후 경화로에서 폴리이미드(polyimide)를 경화시킨다.

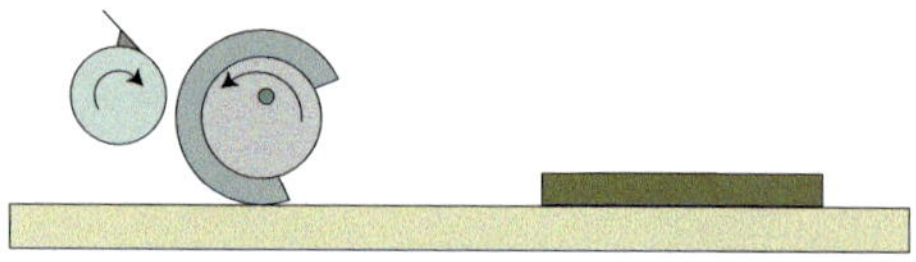

그림 V-13 배향막 도포 공정

2) 러빙(rubbing)

액정이 일정한 방향으로 배향되도록 하기 위하여 경화된 폴리이미드(polyimide)에 일정한 방향으로 직선 홈을 만드는 공정으로, 회전하는 드럼(drum)에 부착된 러빙(rubbing)포로 패널(panel)을 일정한 방향으로 문질러서 일정한 방향의 홈이 만들어지도록 한다.

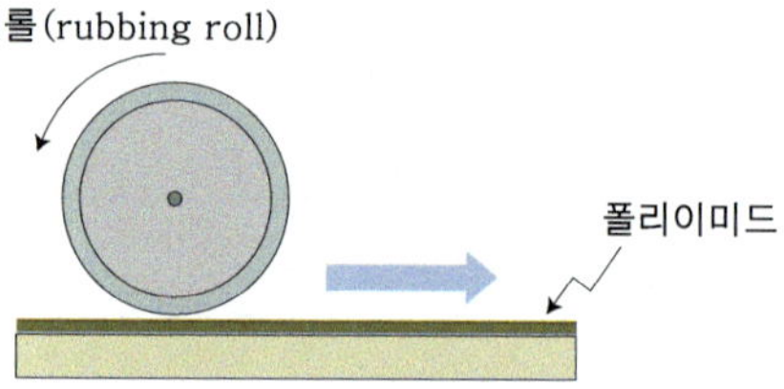

그림 V-14 러빙 공정

3) 스페이서 산포

상판과 하판을 합착시킬 때 일정한 셀 간극(cell gap)을 확보하기 위하여 스페이서를 균일하게 뿌려 주는 공정으로, 스페이서를 적정 농도로 용액 속에 혼합한 후 펌프를 통해 분사 노즐로 수송하여 노즐에서 고압으로 기판에 분사시킨다. 이 때, 용액은 열건조를 통해 휘발시키며, 화면의 크기 등에 따라 100~200 개/cm^{2}의 밀도가 되도록 조절한다. 스페이서는 공 모양으로 지름은 4~5 μm의 크기에서 결정된다.

4) 액정 주입

상판과 하판을 합착한 후 모세관 현상과 압력차를 이용해서 상판과 하판 사이에 액정을 주입하는 공정으로, 진공 배기계, 진공 챔버, 상하 이동 장치, 액정을 담그는 지그(jig) 및 질소(N_2) 주입(purge)계로 구성되어 있다. 진공 배기를 통해 셀 간극 내를 10^{-3} Torr 정도의 진공 상태로 유지하면, 모세관 현상에 의해 액정이 셀(cell) 내부로 빨려 올라간다. 약 80 % 정도 채워졌을 때, 서서히 질소(N_2)를 진공 챔버 내로 주입(purge)하면 셀(cell) 내부와 주위와의 압력차가 발생하여 액정이 셀(cell) 내부의 빈 공간을 채우게 된다.

(4) 모듈(module) 공정

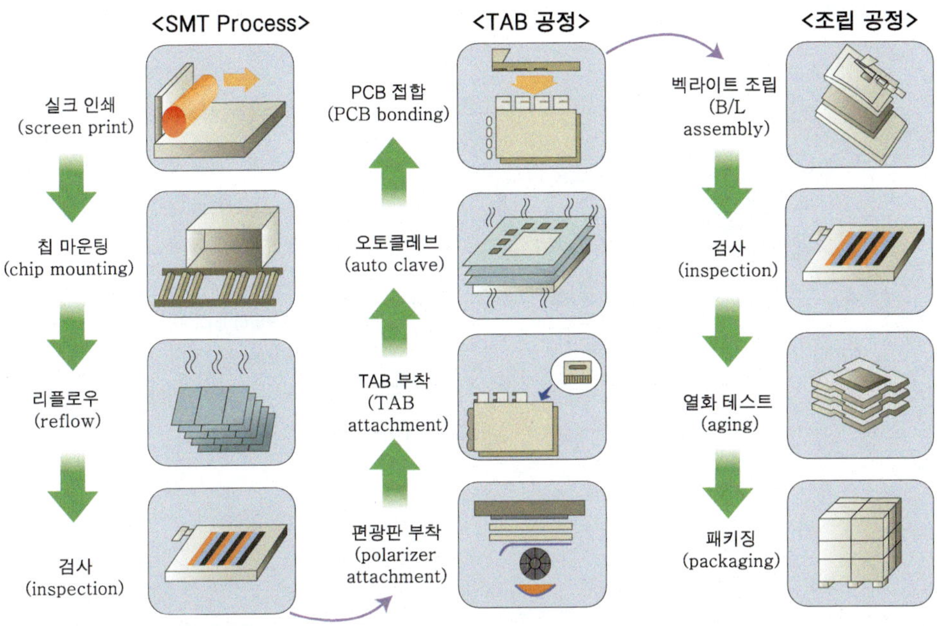

그림 V-15 모듈 조립 공정

모듈 공정은 최종적으로 사용자에게 전해지는 제품 품질을 결정하는 단계이다.

완성된 패널에 편광판을 부착하고 드라이버 IC(driver-IC)를 실장한 후 PCB를 조립하여 최종적으로 백라이트 유닛과 기구물을 조립함으로써 모듈은 완성된다.

> **용어해설**
>
> **백라이트**
>
> LCD(액정 디스플레이)는 각종 정보의 표시 소자이면서도 자체 발광원이 없기 때문에, 그 후면에 광원을 두어 LCD 화면 전체를 균일하게 밝혀 주는 별도의 유닛이다.

(5) 백라이트

LCD는 PDP, OLED와 달리 비발광형이기 때문에 별도의 광원인 백라이트 유닛(BLU)이 필수적이다.

백라이트 유닛은 휘도, 색도를 결정하는 광원으로 냉음극 형광 램프(CCFL)

와 CCFL에서 발생하는 빛을 효율적으로 모아 한 방향으로 입사시켜 주는 램프 반사판, 그리고 램프 반사판으로부터 받은 선형광을 영상 표시면에 명관원 형태로 만들어 주는 PMMA(polymethylmethacrylate) 수지계의 투명 아크릴판 배면에 특수 설계된 **도광판**(light guide plate)과 시트류 등 다양한 부품으로 구성된다.

백라이트 유닛(BLU)의 광원인 램프는 대부분 냉음극 형광 램프가 사용되고 있으며 최근 들어서 광원으로 LED나 OLED를 백라이트 유닛으로 사용하는 기술도 등장하고 있다.

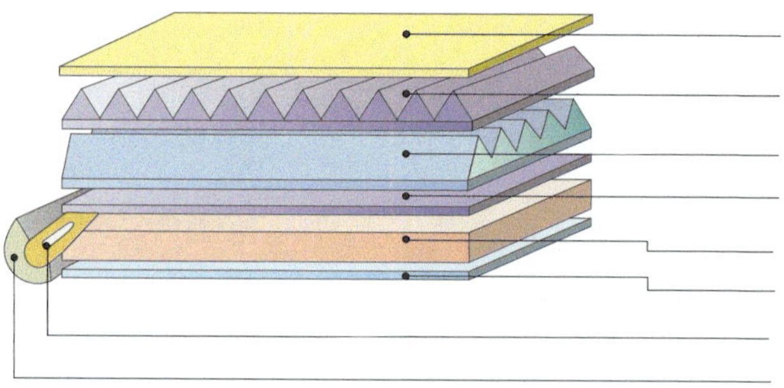

그림 Ⅴ-16 BLU 구조

04. LCD의 구성 재료

LCD의 주요 구성 재료 및 부품에는 액정 재료, 분자 배향제, 투명 전극 기판, 밀봉재, 스페이서(spacer), 편광자, 반사판, 각종 필터, 커넥터, 후면 조명등(back light), 구동 회로 등이 있다.

(1) 액정

고체는 온도가 상승하여 녹는점에 이르면 투명한 액체 상태로 변한다. 하지만, 특수한 분자 구조의 물질은 고체에서 액체로 직접 바뀌지 않고 중간 상태를 거쳐 보통 액체로 변하는데, 이와 같이 어떤 온도 범위에서 액체와 결정의 성질을 동시에 나타내는 물질을 액정이라고 한다.

용어해설

프리즘판

확산판에서 나오는 빛을 굴절, 집광시켜 백 라이트 표면에서 휘도를 상승시킴.

확산판

도광판 상면에 위치하여 도광판 표면으로부터 일정한 방향으로 빠져 나오는 빛을 산란시켜 도광판 표면 전반에 걸쳐 골고루 퍼지게 하는 역할을 한다.

도광판

투명한 아크릴 패널을 이용해 램프로부터 발산되는 빛을 받아들이고 이 아크릴 표면에 증착된 일정 면적과 모양을 가진 Pattern을 통해 화면 전영역에 걸쳐 빛을 균일하게 분포시켜 주는 역할을 한다.

반사판

도광판 아랫면으로 빠져 나오는 빛을 다시 반사시켜 도광판 내로 돌려보내는 역할을 한다.

램프 덮개

백 라이트 유닛의 각 부품을 고정하여 일체형 부품인 Back Light로 만들어 주는 일종의 덮개이다.

램프

light emitting diode의 약자로 반영구적으로 사용 가능한 소형의 광원으로 정보 통신 기기 및 소형 휴대 단말기의 back light 조명으로 널리 쓰인다.

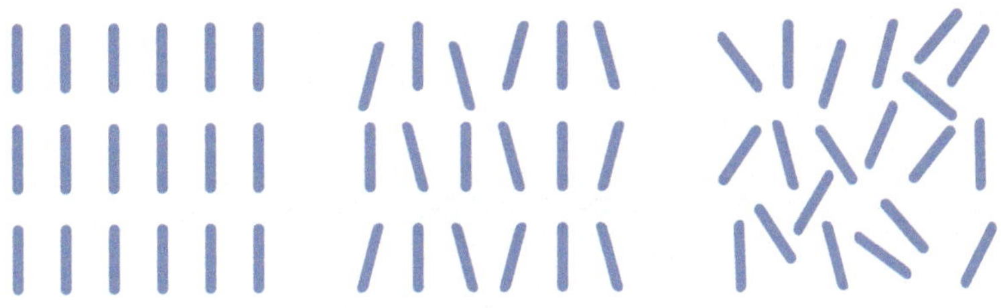

그림 Ⅴ-17 액정의 세 가지 상태

액정은 전압을 가하면 분자들이 정렬되는 성질을 이용하여, 빛이 액정 사이를 통과하는 것을 열었다 닫았다 하는 동작을 하여 빛을 제어하는 표시 장치로 이용되고 있다. 액정 표시 장치는 컴퓨터, 휴대 전화, TV 등에 널리 이용되고 있다.

그림 Ⅴ-18 액정의 응용 예

LCD의 주요 구성 재료인 액정 물질은 일정 온도 범위에서 외관상 유동성을 지닌 액정 상태이며, 동시에 광학적으로 **복굴절**(double refraction)성을 나타내는 결정이다.

> **용어해설**
>
> **복굴절**
>
> 빛을 비등방성(非等方性) 매질에 입사시켰을 때, 2개의 굴절 광선이 생기는 현상

액정 상에서 이들 분자들은 특수한 배열을 하고 있다. 그리고 이들 배열 구조의 차이에 따라 네마틱(nematic), 스멕틱(smectic), 콜레스테릭(cholesteric) 등의 종류로 크게 분류된다.

1) 네마틱(nematic) 액정

네마틱 액정은 그림 Ⅴ-19와 같이 분자의 중심 배열에 규칙성은 없지만 분자의 긴축이 일정한 방향으로 배열되며, 층상 구조는 없고, 자유로이 이동할 수 있어 유동성이 풍부하고 점도가 작다.

시프염기계 액정 화합물의 대표적인 실온 액정 재료는 MBBA(P-netroxy benzylidyne-P-butylaniliden)이다. 시프염기 화합물은 복굴절률이 크고, 점도는 중간 정도로 다이나믹 스캐터링형 액정 디스플레이에 사용된다. 에스

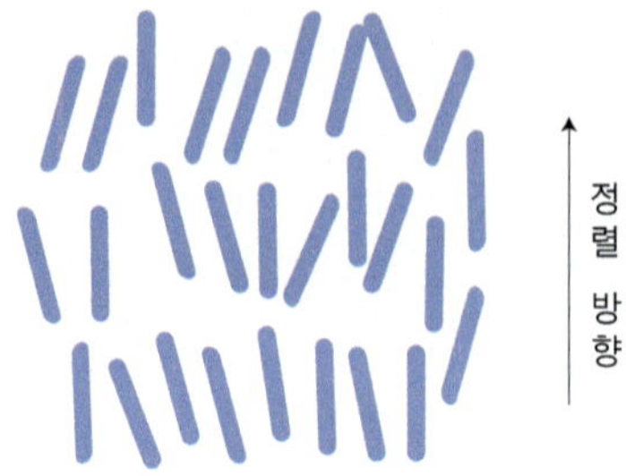

그림 Ⅴ-19 네마틱 액정의 분자 배열

테르 화합물은 화학적으로 안정하므로 다른 액정을 첨가하여 혼합 액정의 조정용으로 이용하며, 각종 방식의 액정 디스플레이에 폭넓게 사용된다. 비페닐 화합물은 무색이며 화학적으로나 광학적으로 안정성이 뛰어나다. 그래서 각종 방식의 액정 디스플레이에 광범위하게 사용된다. 시아노 비페닐 액정을 사용할 때는 네마틱 액정의 온도 범위 확대나 복굴절성의 증대를 위해서 첨가제로 혼합한다.

2) 스멕틱(smectic) 액정

스멕틱 액정의 분자 배열은 분자의 긴축이 나란하고 동시에 분자의 중심 배치가 층상 구조로 되어 있다. 네마틱 액정이 평면적으로 1차원의 규칙성을 가진 것에 비해, 스멕틱 액정은 층의 면에서는 분자의 위치에 규칙성이 없지만 면의 직각 방향에는 분자 위치의 규칙성을 유지하고 분자 축은 전체적으로 한 방향을 향한 규칙성을 가진다. 분자 층 사이의 결합이 강하지 않으므로 미끄러지기 쉬운 특성을 가지고 있어 스멕틱 액정은 2차원적 액체의 성질을 나타내지만, 보통 액체에 비해 점도가 매우 높다.

스멕틱 액정은 층 내의 분자 배열에 의해 A, B, C 등으로 분류된다. 그림

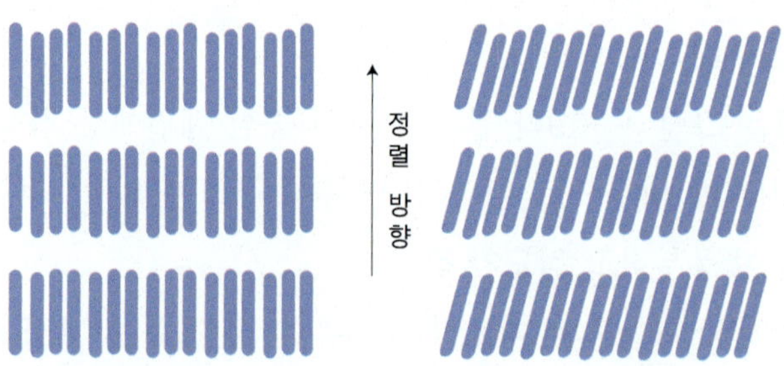

(a) 스멕틱 A (b) 스멕틱 C

그림 Ⅴ-20 스멕틱 액정의 분자 배열

Ⅴ-20과 같이 스멕틱 A는 층 내의 분자 배열에는 규칙성이 없고, 분자 방향은 층의 면에 대해 직각 방향으로 배열된다. 스멕틱 액정 C는 스멕틱 액정 A에 비해 약간 경사진 것이 특징이다. 스멕틱 액정 B는 층 내의 분자 배열에도 규칙성을 가진다.

3) 콜레스테릭(cholesteric) 액정

콜레스테릭 액정의 분자 배열은 네마틱 액정과 유사하게 분자의 방향은 한 방향으로 나란하지만 분자축이 오른쪽 또는 왼쪽의 한쪽 방향으로 비틀려 있는 나선 구조를 하고 있다. 콜레스테릭 액정은 분자축의 나선 구조에 의해 선택 광 산란, 원 편광 2색성 등의 광학적 특성을 가진다.

(2) 배향막

TFT-LCD의 제조 공정에서 반드시 사용되고 있는 액정용 배향제는 미리 경사(pre-tilt)각을 만들어 주는 역할을 하고 규칙적인 구조를 가지게 하는 역할을 한다. **폴리이미드**(polyimide) 배향막은 LCD의 내열성, 높은 유리 전이성, 액정과의 친화성, 기판과의 밀착성 등의 면에서 우수성을 인정 받고 있다. 관련 제품으로는 절연 경질 코팅(hard coating)제, 배향막 코팅(over coating)제, 반사 방지제 등이 있으며, 강유전성 및 반강유전성 모드, 횡전계 모드, 수직 배향 모드제, 저온 소성 배향제 등이 새로운 개발 분야이다. 그리고 TN/STN-LCD, TFT-LCD, 유기 EL 등의 디스플레이 분야에서 다양하게 사용되고 있다.

> **용어해설**
>
> **폴리이미드**
>
> 암모니아 화합물 이미드기가 분자 내에서 반복되는 구조의 고분자 물질이다. 반도체를 포함한 미세 전자 장치나 의료 기구에 사용되고 있다.

(3) 투명 전극

투명 전극 유리 기판으로는 산화인듐(InO_3) 또는 산화주석(SnO_2)으로 피막된 유리판이나 플라스틱판 또는 필름이 사용되고 있다. 일반적으로 광투과율은 90 % 이상이며, 표면 저항은 10~수백 Ω이다. 표시 패턴 전극의 형성은 전면 투명 전극 기판을 **포토에칭**(photo etching)하여 형성시키는 경우가 많다.

> **용어해설**
>
> **포토에칭**
>
> 감광 필름을 사용하여 마스킹하고 식각하는 방법

TFT-LCD와 STN-LCD에 쓰이는 유리 기판은 평탄도가 0.1 μm 이하가 되도록 연마한다. TFT나 다이오드 등과 같은 능동(active) 소자에 나트륨 양이온(Na^+)이나 칼륨 양이온(K^+) 등의 알칼리 금속 이온이 확산되면 소자 특성이 떨어지므로, 능동 매트릭스용 유리로 금속 이온이 없는 것을 쓰거나, 때로는 기판 위에 산화실리콘(SiO_2)막을 만들어 금속 이온의 확산을 막기도 한다. 기판의 열팽창 계수는 3×10^{-6}/℃ 정도인데 컬러 STN이나 TFT-LCD를 만들 때는 상하 기판의 노광 온도를 같게 해야 한다. 기판의 평탄도는 굴곡이 0.4 ㎛ 이하인 광학 유리면에 재고자 하는 기판을 올려 놓고 평행광을 비출 때 보이는 뉴턴 링(Newton ring)의 수로 나타낸다.

1) NESA막

EL(electro luminescence) 소자 등의 새로운 요구에 대비하여 1947년 코닝 글래스(Corning Glass)사가 유리판의 표면에 산화주석(SnO_2)의 막을 피착시킨 투명 도전 유리를 개발하였다. 그 후 산화주석의 투명 도전막을 NESA막이라고 불렀다. NESA막은 특별한 장치가 필요 없이 비교적 간단하게 제작할 수가 있다. 우선 유리판을 약 450~550 ℃로 가열해 두고 다음의 구성비로 용액을 불어 넣는다.

- 탈이온수(H_2O) : 50 cc
- 염산(HCl) : 10 cc
- 4염화주석($SnCl_4 \cdot 5H_2O$) : 100 g
- 3염화안티몬($SbCl_3$) : 1.5 g

그러면 유리판 위에서는 $SnCl_4 + 2H_2O \rightarrow SnO_2 + 4HCl$의 화학 반응이 일어나고 유리판 표면에 산화주석(SnO_2)막이 형성된다. 단, 제작 시에 발생하는 유해 가스에 충분히 주의할 필요가 있다. 이 NESA막은 내약품성이 강하고 물리적으로도 단단하다. 또한, NESA막은 증착법에 의해서도 제작할 수 있으며, 이 경우에는 증착하고 나서 500~550 ℃로 열처리를 해야 할 필요가 있다. 그러나 ITO막에 비해 고유 저항이 약간 높고, 광투과율도 약간 떨어진다.

2) ITO(indiun tin oxide)막

유리 기판의 경우에는 인듐과 주석 금속을 출발 재료로 선택하는 경우와 산화인듐주석을 선택하는 경우가 있다. 인듐(In)과 주석(Sn) 금속의 경우는 반응성 증착, 반응성 스퍼터링(reactive sputtering), 반응성 **이온 플레이팅**(ion plating) 등의 방법이 선택된다. 그리고 산화인듐주석의 경우는 진공 증착, 고주파 스퍼터링, 플라스마(plasma) CVD 등의 방법을 선택할 수 있다. 양쪽 모두 일반적으로 약간의 산소를 포함하여 감압 분위기 중에서 처리하고, 그 후 300~500 ℃ 정도에서 건조시킨다. 이렇게 하여 형성된 산화인듐주석막은 투

용어 해설

이온 플레이팅

고체 물질을 가열하거나 입자를 충돌시켜 원자 또는 분자로 분해하고, 다시 이것을 직류나 RF 전원으로 이온화시켜 피도물의 표면에 응축시켜서 박막을 형성하는 방법

명하고 전기 전도도가 매우 높다. 이것을 일반적으로 ITO막이라고 부른다. 면 저항이 15 Ω 정도인 박막이 일반적으로 이용되고 있으며, 이에 비해 능동 매트릭스 방식의 TFT 및 단순 매트릭스 방식의 시계, 계산기 등의 소형 액정 디스플레이는 대개 전류가 흐르지 않기 때문에 면 저항이 높은(수백 Ω) ITO가 사용되고 있다.

(4) 기판 유리

LCD 기판용으로써 발표되어 있는 유리의 종류와 그 특성을 표 V-2에 나타냈다.

표 V-2 LCD용 유리 기판의 종류와 특성

구 분		특성 온도(℃)			열팽창 계수(×10⁻⁷/℃) 온도 범위(℃)	밀도(g/cm³)
		왜점	서냉점	연화점		
알칼리	Corning 0211	508	550	720	74(0~300)	2.57
	Asahl AS	510	555	740	85(50~350)	2.49
	Corning 7740	510	560	821	32.5(0~300)	2.23
	Asahl AX	527	571	790	51(50~350)	2.41
무알칼리	Corning 7059	593	639	844	46(0~300)	2.76
	HOYA NA-45	610	658	859	46(100~300)	2.78
	Asahl AN635	635	685	900	48(50~350)	2.77
	Corning 1733	640	689	928	36.5(0~300)	2.49
	HOYA NA-40	656	708	895	43(100~300)	2.87
	Corning 1737	667	721	975	38(0~300)	2.54
	Asahl AN690	700	745	925	53(50~350)	-
	Corning 1729	799	855	1107	35(0~300)	2.56
실리카	Corning 7913	890	1020	1530	7.5(0~300)	2.18
	Corning 7940	990	1094	1580	5.5(0~300)	2.20
	Asahl AQ	1000	1150	1600	6(50~200)	2.20

이들 유리 중에는 현재 양산·공급되지 않은 것도 포함되어 있으며, 내용은 유리의 **왜점**(歪点)이 높은 것부터 순서대로 나타내고 있다. 단순 매트릭스(matrix)형 LCD(TN, STN)에는 300 ℃ 미만의 공정 온도이기 때문에 저가인 소다석회 유리 기판이 많이 이용되고 있다. 능동 매트릭스(a-Si TFT)는 300~350 ℃ 정도의 공정 온도이기 때문에 공정 온도에 열왜(熱歪)가 적으며, 알칼리(alkali) 성분이 거의 섞여 있지 않은 무알칼리 유리가, 그 중에도 1000 ℃

> **용어 해설**
> **왜점**
> 열처리 시에 수축과 변형

가까운 고온 처리가 필요한 다결정 실리콘(poly Si TFT)용 기판에는 고내열성이 더욱 좋은 실리카 유리(silica glass)가 이용되고 있다. 또한, 대단히 낮은 온도 조건에는 무알칼리 유리가 이용되는 경우도 있다.

액정 패널(panel)에 이용되고 있는 유리판의 두께는 1.1 mm, 0.7 mm, 0.55 mm, 0.4 mm 등으로 규격화되어 있다. TN, STN용으로는 종래에 1.1 mm의 탄산석회(soda lime) 유리가 이용되는 것이 통상적이었으나, 최근에는 액정 패널(panel)을 이용하는 PC 등, 장치의 박막화 및 경량화로 0.7 mm의 유리 기판도 많이 이용되고 있다. 또한, 휴대 전화, 휴대용 계산기, 시계 등 소형 경량이 요구되는 용도의 패널에는 0.4 mm 등의 박판 유리 기판도 이용되고 있다.

TFT 패널에 있어서는 내열성 또는 막형성 시 기판의 휨 등의 문제 때문에 현재는 1.1 mm 유리를 이용하는 경우가 많다. 또한, 전면과 뒷면에 각각 두께가 다른 기판을 이용하는 경우도 많다. 즉, 시계용과 같이 표시 면적이 비교적 소형인 경우는 통상 전면 기판에 0.5~0.7 mm, 뒷면 기판에 0.3~0.4 mm 유리 기판을 사용하고 있는 것이다. 랩톱(lap top)용과 같이 표시 면적이 비교적 큰 경우에는 0.9~1.5 mm가 일반적이다. 또한, 알칼리(alkali) 성분 등의 용출을 막기 위해 유리판의 표면에 산화 실리콘(SiO_2) 등의 무기 산화물을 코팅하여 사용하는 경우도 있다.

LCD의 응용을 앞으로도 더욱 확대, 발전시키는 데 있어 넓은 시야각을 확보하고, 고휘도화 기술, 고밀도 내장 기술 등의 개발과 함께 제조 장치와 양산 설비의 개량 및 LCD의 저가격화를 위한 수율 향상, 부품·생산 비용 감소 등이 당면한 주요 과제라 할 수 있다. 그리고 차세대 LCD로서의 강유전성이나 반강유전성 LCD, 고분자 분산 LCD 등의 실용화를 통해서 LCD의 응용을 더욱 다양화할 수 있을 것으로 기대된다.

3. 플라스마 디스플레이(PDP)

학|습|목|표

- 플라스마 디스플레이의 특징과 구동 원리를 설명할 수 있다.
- 플라스마 디스플레이의 종류와 구조를 설명할 수 있다.

PDP(plasma display panel)는 전면 유리와 배면 유리 및 그 사이의 칸막이에 의해 밀폐된 유리 사이에 네온(Ne)+크세논(Xe), 헬륨(He)+크세논(Xe) 등의 가스를 넣어 양극과 음극의 전극에 의해 전압을 인가하여 네온광을 발광시켜 표시광으로 이용하는 전자 표시 장치를 말한다. 플라스마 디스플레이는 마주보는 대향의 전극 사이에 가스를 봉입하고 전압을 인가함으로써 발생하는 가스 방전을 이용한다. 발광색은 오렌지색이며 가스 방전에 의해 발생한 자외선으로 적색, 녹색, 청색을 내는 형광체를 여기(activation)하는 컬러 디스플레이도 있다. 표시 용량은 400×640셀(cell 또는 dot)이며, 해상도는 3 line/mm이다. 표시 전극의 구성에 의해 고정 패턴 표시와 매트릭스 표시의 두 종류로 분류되는데, 고정 패턴 표시는 일자형 전극 패턴의 각 세그먼트를 on/off함으로써 숫자를 표시한다. 매트릭스 표시는 방전 셀을 세로(X) 전극군과 가로(Y) 전극군 사이에 구성, 교차점의 방전을 on/off 하는 것으로 갖가지 문자나 패턴을 표시한다.

PDP는 자체 발광형으로 선명한 대형 표시가 가능하기 때문에 종래에 공장 자동화(FA)용이나 티켓 자동 판매기, 주유 유량계 등에 사용해 왔으나, 표시 장치의 소형 경량화, 고성능화와 함께 퍼스널 컴퓨터 등 사무 자동화(OA) 등으로 많이 활용하고 있으며, 대형 패널로 표시 품위가 높다. 또한, 응답 속도가 빠르면서 신뢰성이 높고 수명이 길기 때문에 랩톱(손바닥 위) 컴퓨터의 디스플레이로 채용되면서 수요가 급증하고 있다. PDP에는 방전 구조에 따라 AC 구동형(간접 방전형)과 DC 구동형(직접 방전형)이 있는데, AC 구동형은 메모리 기능을 실현할 수 있는 것과 메모리 기능을 가지지 않고 리플래시형(비메모리형)의 동작을 하는 것이 있으며, DC 구동형은 리플래시 방식과 자체 스캔 방식이 있다.

방전 셀의 전극 구조에 따라 대향 방전형, 표면 방전형(surface discharge type), 격벽 방전형 등으로 분류가 되며, 방전 가스로부터 나오는 가시광을 직접 이용하는 경우는 대부분 단색 표시 PDP 소자에서 이용된다. 대표적인 것으로 네온(Ne) 가스에서 나오는 오렌지색을 이용한 PDP가 있으며, 천연색(full color)표시가 요구될 경우 크립톤(Kr)이나 크세논(Xe)과 같은 방전 가스로부터 나오는 자외선이 적색(R), 녹색(G), 청색(B) **형광체**(phosphor)를 여기시켜 나오는 **가시광**(visible light)을 이용하게 된다.

용어 해설

형광체

빛을 받으면 가시광선을 방출하는 물질

가시광

육안으로 볼 수 있는 보통 광선. 가시광선의 파장의 범위나 빛은 사람에 따라 다소 다르나, 대체로 3800~7700 Å으로 빨강·주황·노랑·초록·파랑·남·보라색으로 보인다.

계조

빛의 밝기를 표현하는 단계수(contrast)

01. PDP의 특징

PDP는 현재 활발히 연구되고 있는 LCD, FED, ELD와 같은 여러 분야의 평판형 디스플레이 중에서도, 대형화에 적합한 많은 장점을 가지고 있다. PDP가 평판으로서 대형화가 가능한 이유는 두께 3 mm 정도 되는 유리 기판을 2장 사용하여 각각의 기판 위에 적당한 전극과 형광체를 도포하고 약 0.1~0.2 mm 정도의 간격을 유지하여 그 사이의 공간에 플라스마를 형성하는 방법을 채택하기 때문이다.

PDP가 벽걸이형 HDTV용 등의 40인치 이상의 대형 평판 표시 소자로 제작이 가능한 이유는 PDP가 가지고 있는 다음의 특성 때문이다.

(1) 매우 강한 비선형성

가스 방전은 전극 간에 전압이 인가되더라도 방전 개시 전압 이하의 인가 전압에 대해서는 방전이 일어나지 않는 강한 비선형성을 가지고 있다. 따라서, 한 선당 1000개 이상의 화소를 가지는 대형 패널의 구동에 있어서도 행구동 방식을 쓰면서 선택적인 방전을 할 수 있어 1000×1000 방전 셀을 가지고 있는 패널의 구동에도 100만 개의 선이 필요하지 않고 2000개의 구동 회로만으로 가능하다. 이 성질을 이용하여 디지털 방식의 **계조**(gray scale) 구현을 할 수 있으며, 현재 256 계조 표시 능력을 가지고 있는 천연색(full color) PDP가 개발되어 있다.

(2) 기억 기능

PDP는 이전 상태의 조건에 의해, 다음 상태가 결정되는 기억 기능(memory function)이 존재한다. AC형의 경우 유전체 위에 형성이 되는 벽전하에 의해서 메모리 구동이 가능하며, DC형의 경우 펄스 메모리 방식에 의한 메모리 구동이 가능하다. 기억 기능은 대형 디스플레이의 구동에 필수적인 기능이며, 이러한 메모리 방식에 의해 구동하는 경우에는 초대형의 패널에 대해서도 휘도의 저하 없이 고화질의 화상을 표현하는 것이 가능하다.

(3) 장수명

AC형의 경우는 유전막 위에 내 스퍼터링 특성이 좋은 산화마그네슘(MgO)과 같은 보호막을 이용하여 수명을 연장시키며, DC형의 경우는 전류 제어용 저항을 채용하고 소량의 수은을 봉입한다든지 가스 압력을 높임으로써 이온 충격에 의한 전극 물질의 스퍼터링 손상을 감소시키기 때문에 긴 수명을 얻을 수 있다. 수명 면에서는 AC형이 더 긴 수명을 유지할 수 있고, 현재 상용화된 제품은 수명이 약 2만 여 시간 이상이며, 원리적으로는 10만 시간 이상이 가능하다.

(4) 고휘도 및 고발광 효율

PDP는 현재 350 cd/m^{2}의 **휘도**(brightness)와 1 lm/W 정도의 효율을 가지는 AC형 PDP가 개발되어 있으나, 가스 방전 현상의 이론 상 500 cd/m^2 이상의 고휘도와 4 lm/W 이상의 고효율이 가능하다. 그러나 CRT의 피크 휘도가 700 cd/m^2, 효율이 수 lm/W임을 감안하면 PDP의 휘도와 효율이 더욱 개선될 필요가 있으며, 이는 효율적인 전극 구조 및 구동 회로 채용에 의한 플라스마 생성 및 이로부터의 자외선 방사 효율 개선, 형광체의 가시광 변환 효율 개선 등을 통해 이루어질 수 있으리라 기대된다.

(5) 광시야각

PDP는 자체 발광형 표시 소자로서(self-emissive display) **시야각**(view angle)이 극히 넓다. AC형, DC형 모두 좌우상하 160° 이상의 넓은 시야각을 가지며, CRT와 동일한 수준이다.

용어해설

휘도

화면의 밝기

루멘

광원에서 나오는 빛의 양(광속) 단위(lm)

시야각

디스플레이의 종류에 따라 화면을 보는 각도에 따른 특성이 달라지며, 콘트라스트(contrast)의 값이 10 : 1 이상 되는 각도 범위를 측정하여 표시

(6) 천연색 구현성

PDP의 컬러 구현은 방전에서 형성되는 자외선이 형광막을 자극하여 가시광을 발광시키는 **광발광**(photoluminescence) 메커니즘을 이용하며, CRT 수준의 색 재현이 가능하다. 따라서, 향후의 기술 개발에 의하여 휘도 개선이 더욱 이루어져 고**명암비**(contrast)가 달성된다면 매우 우수한 천연색(full color)의 구현이 가능할 것이다.

(7) 낮은 제조 가격

PDP의 기판 유리로는 일반적으로 널리 이용되는 **소다석회 유리**를 사용하며, 전극, **유전막** 및 **격벽**(barrier rib) 등의 재료들도 보편적으로 저가로 제조할 수 있다.

(8) 내열, 내한 특성

PDP는 각 **픽셀**(pixel)에서 생성되는 플라스마가 격벽이나 전극의 온도가 −100~100 ℃ 정도의 범위에서는 거의 영향을 받지 않는 특성을 가지고 있다. 따라서, PDP의 작동 온도 범위는 구동 회로에 이용되는 반도체 소자에 의해 결정된다고 할 수 있다.

(9) 경량

CRT를 40인치 크기로 만들 경우 TV 세트 무게가 100 kg이 넘게 된다. 반면 PDP는 같은 크기의 세트가 불과 20 kg 정도의 무게를 가지며, 이는 부품의 경량화를 통해 더욱 줄일 수 있을 것으로 기대된다.

02. PDP의 구동 원리

PDP 구동은 가스 방전이 매우 강한 비선형 특성을 활용하여 매트릭스 구동 방식을 채택한다. PDP 디스플레이는 수십~수백 kHz 주파수 범위의 연속적인 펄스에 의하여 구동되며, 계조 표시는 하나의 영역(field)을 8개의 부영역(sub-field)으로 분할한 시간 변조 방식(time modulation method)의 한 종류인 부영역법에 의하여 2단계 전압으로 조절한다. 개별 화소는 R, G, B에 대

용어해설

광발광

물질이 빛을 받으면 물질 내부의 에너지가 높아지는데 이렇게 높아진 에너지가 다시 처음 상태로 돌아가면서 그 차이만큼의 에너지를 빛으로 발산하는 것

명암비

루멘 측정에서 가장 밝은 곳과 어두운 곳의 밝기 차이를 나타낸 것. 명암비가 높으면 높을수록 원색에 가까운 색상을 지원해 준다.(예. 어두운 부분을 1이라는 수치로 정함.)

소다석회 유리

탄산나트륨(소다석회)을 원료로 사용한 유리

유전막

정전기장을 가할 때 전기 편극이 생기지만 이를 통해서 직류 전류가 흐르지 않게 하는 물질로 이루어진 막

격벽

방전 셀마다 일정한 방전 공간 확보하고, RGB 형광체가 섞이지 않도록 격리하는 칸막이 벽

픽셀

picture cell의 줄임말로 디스플레이 장치의 가장 기본적인 구조로 화면을 구성하고 있는 최소 단위의 명암의 점

응하는 3원색의 부영역으로 구성되며, 각각의 부영역에 대하여 각각 2배의 시간에 해당하는 8개의 부영역(2^0, $2^1 \cdot 2^2$, $2^3 \cdot 2^4$, $2^5 \cdot 2^6$, 2^7)을 조합하여 2^8(=256)의 계조 표시가 가능하다. 이러한 방식은 기억 기능의 특성을 이용한 기억형 구동 방식으로서 각 부영역 초기 펄스에 대해서만 어드레스(address) 펄스를 인가하여 주면 된다. 비기억형은 256 계조 표시를 구현하기 위하여 256번의 어드레스(address) 펄스를 인가하여야 하지만, 기억형 구동에서는 8번의 어드레스(address) 펄스만으로도 256 계조 표시가 가능하게 된다. 즉, 기억 기능은 디스플레이의 대형화뿐만 아니라 고해상도, 고화질의 표시 구현에도 필수적인 기능이다. 따라서, PDP 구동 회로는 영상 신호 변환부와 어드레스(address) 유지 및 소거 신호를 형성하는 신호 처리부와 기체 방전에 필요한 높은 전압을 얻기 위하여 영상 신호를 증폭시키는 신호 증폭부로 구성된다.

03. PDP의 종류와 구조

플라스마 디스플레이는 전극에 흐르는 전류에 따라서 AC형과 DC형으로 나눌 수 있다. 전극이 플라스마에 직접 노출되어 전도 전류(conduction current)가 전극을 통하여 직접 흐르는 것이 직류형(DC형)이고, 전극이 **유전체**(dielectric material)로 보호되어 직접 노출되지 않고 **변위 전류**(displacement current)가 흐르는 것이 교류형(AC형)이다. 또한, 방전 셀의 전극 구조에 따라 가스 방전에 필요한 전극이 서로 마주 보는 대향 방전형과 전극이 기판 한쪽에 모여 있어 플라스마가 표면에 형성되는 면방전형, 면방전형에서 어드레스 전극을 별도로 분리한 3전극 면방전형 등으로 나눌 수 있으며, 각각에 대하여 투과형과 반사형으로 구분할 수 있다. 그림 Ⅴ-21은 각각 DC형과 AC형 PDP 패널의 일반적인 구조를 보여 주고 있다. 방전이 되는 영역을 제한하는 격벽과 구동 전압을 인가하는 전극으로 구성되어 있다. 전극은 2쌍이 서로 마주 보고 있으며 전극과 전극 사이에 플라스마가 형성된다. AC 구동 방식의 경우, 전극은 유전막과 보호막으로 덮여 있다.

용어해설

유전체

정전기장을 가할 때 전기 편극은 생기지만 직류 전류는 생기지 않게 하는 물질

변위 전류

자기장을 발생시키는 것처럼 자기장이 발생하는 것

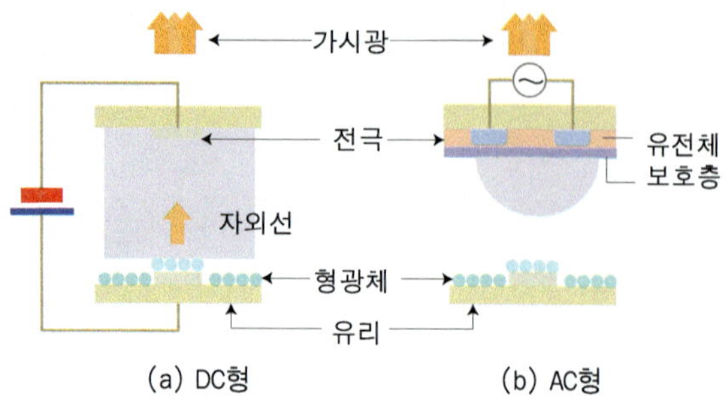

그림 Ⅴ-21 DC 및 AC PDP 패널의 구조

04. PDP의 제조 공정

(1) 전극 형성 공정

AC형 PDP 공정에서 사용되고 있는 전극은 형광체에서 생성된 가시광선을 효과적으로 투과시키기 위한 투명 전극과 이 투명 전극에 신호를 전달하는 저저항의 버스(bus) 전극, 그리고 데이터(data)를 쓸 수 있도록 하는 데이터 전극(하판)으로 구성되어 있다.

1) 상판(front plate)

- 투명 전극(sustain) : 두 개의 쌍으로 이루어진 투명 전극은 AC PDP의 방전 유지 전극으로서 셀(cell) 내에서 플라스마가 형성된 후, 방전이 다음

용어해설

스퍼터법

물리적인 방법을 통하여 기판에 증착하고자 하는 물질을 때려 박는 방법

lift-off법

선택적 도포 공정에서 사용하는 방법으로 마스킹 물질을 미리 형성해 놓고, 그 위에 원하는 물질을 도포하는 것이다. 그리고 나서, 마스킹 물질을 없애 버리면서, 마스킹 위에 덮여진 부분을 함께 없애는 방법

감광성

빛의 작용에 의하여 화학적 또는 물리적 변화를 하는 성질

표 Ⅴ-3 적, 녹, 청색 발광층으로 사용되고 있는 대표적인 유기 물질

분 류	요구 특성	재료 및 성막 방법	형성 공법
투명 전극 (sustain)	• 고투과율 • 저저항화 • 막 두께의 균일성 • BUS 전극과의 밀착성 • 내열성, 내약품성	• ITO(indium tin oxide) – 스퍼터법(전도성이 가장 우수) – 이온 플레이팅(ion plating) – 진공 증착법 • SnO_2(NESA막) – 화학 증착법(CVD)	• ITO(indium tin oxide) – Photo etching – Lift off법 • SnO_2(NESA막) – lift–off법 – photo etching
BUS 전극	• 저저항화 • 투명 전극과의 밀착성 • 선폭의 균일성 • 내열성 • 유전체와 matching성	• Cr/Cu/Cr, Cr/Al/Cr –스퍼터법 • 감광성 페이스트(Ag) – 인쇄, coating • 페이스트(Ag) – 패턴(pattern) 인쇄	• Cr/Cu/Cr, Cr/Al/Cr – photo etching법 – lift–off법 • 감광성 페이스트 – photo법 • 인쇄 페이스트 – 직접 패턴 인쇄

펄스에 의해 지속적으로 유지될 수 있도록 한다.

- 버스 전극 : 방전 시 저항에 의한 전압 강하를 줄이기 위함이다.

2) 하판(back plate)

- 어드레스(address) 전극(data 전극) : 데이터를 기록한다.
- 버스(bus) 전극의 요구 특성 및 공법과 유사하다.

(2) 격벽 형성 공정(하판)

적(red), 녹(green), 청(blue)색 방전 영역을 분리할 목적으로 형성한다.

(3) 유전체 형성(상판)

유지 전극을 보호하고 전기적으로 컨덴서(condenser) 역할을 하며, 인쇄 방식으로 유전체를 코팅한다.

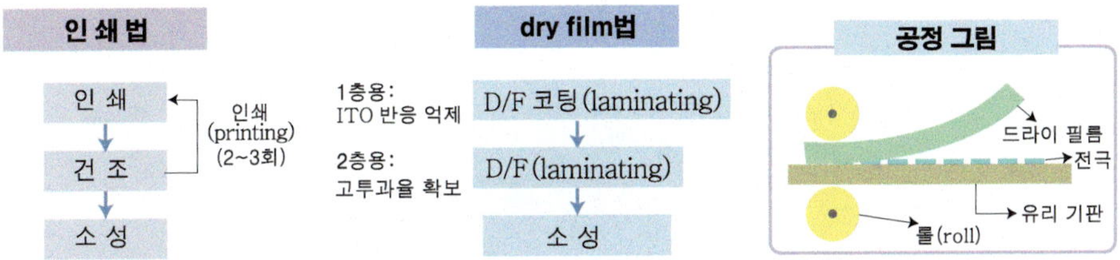

그림 Ⅴ-22 유전체 형성 방법

1) 인쇄 공정 정의

인쇄 공정은 페이스트를 스크린 마스크를 통해 유리 위에 도포하는 공정으로 인쇄기 1대로 스크린 마스크와 페이스트만 교환해 줌으로써 **하지막**, 어드레스 전극, 하판 유전체(white back), 격벽, 투명 유전체, **B/M**(black matrix) 등의 PDP를 구성하고 있는 대부분의 막 형성이 가능하기 때문에, 인쇄 공정은 PDP에 있어서 핵심 공정 이라고 할 수 있다.

2) 인쇄 공정

S/Q(스퀴즈)가 그림 Ⅴ-23에서 보듯이 붓의 역할을 하고 페이스트가 물감의 역할을 함으로써 인쇄를 하게 된다.

스크린 마스크는 스테인리스 재질의 일정한 두께의 스테인리스 망사로 짜여져 있는데, 이 사이를 페이스트가 통과함으로써 두께가 일정한 막의 도포가 가능해진다.

용어해설

하지막
여러 층으로 구성된 막 중에서 맨 밑에 위치한 막

B/M
픽셀간의 경계에 위치한 재료

S/Q
스크린 인쇄 공정에서 고무판으로 된 긁개로 잉크를 밀어 넣는 것

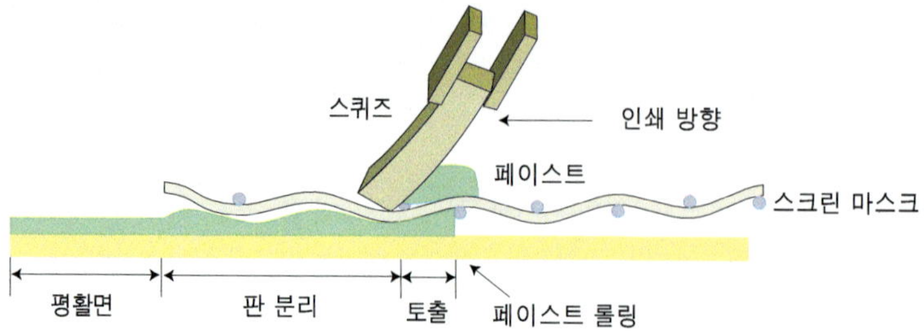

그림 V-23 스크린 인쇄 방법

인쇄는 기본적으로 적정한 인쇄 조건, 페이스트, 스크린 마스크의 3 가지 중요한 요건이 골고루 충족되어야 한다.

(4) 형광체 형성 공정(하판)

형광체를 스크린 인쇄법으로 형성시킨다. 적(R), 녹(G), 청(B)색을 각각 작업하고 건조와 소성 공정을 통해 형광체 형성 공정을 완성한다.

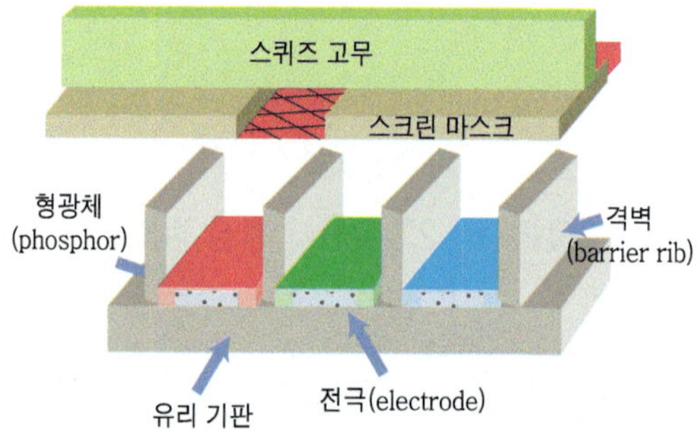

그림 V-24 스크린 인쇄 방법

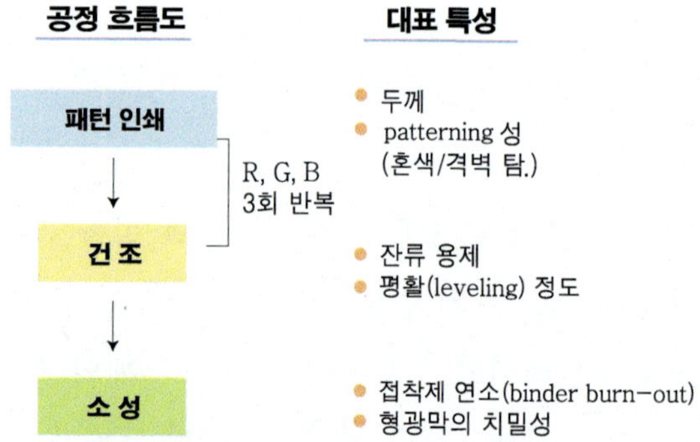

그림 V-25 형광체 형성 공정

(5) 보호막 형성 공정(상판)

방전으로부터 내구성이 약한 유전체를 보호함으로써 패널이 장시간 동안 안정된 동작을 하게 하며, 방전 시에 2차 전자를 많이 방출함으로써 방전 전압을 낮추는 역할을 하는 중요한 공정이다.

(6) 기밀(seal) 봉착/배기/가스 주입/열화 테스트 공정

이 공정은 상판/하판 유리를 합착하여 내부 공기를 배기한 후 플라스마 방전 가스를 주입하는 공정으로 설비 구성은 일체형과 기밀(seal) **봉착**로, 배기/주입기로 분리된 분리형이 있다. 설비는 기밀(seal)재 봉착을 위한 가열부, 배기를 위한 진공 펌프부와 방전 가스 주입부로 구성된다. 상/하판의 정렬키(align key)를 맞춰 클립핑(clipping) 한 후 정렬(align) 정도를 검사하고 기밀(seal) 봉착/배기/주입기에 장착한다. 배기와 가스 주입을 위한 배기관과 배기관 고정을 위한 **프리트** 링(frit ring)을 설치한 후 소성한다.

그리고 진공 배기를 하여 패널 내부의 불순물을 제거한 후 방전 가스를 주입한다. 마지막으로 배기관을 가열하고 **전봉**(tip-off)하여 패널을 완성하고, 패널의 안정화를 위해 **열화 테스트**(aging) 및 결함 상태를 검사한다.

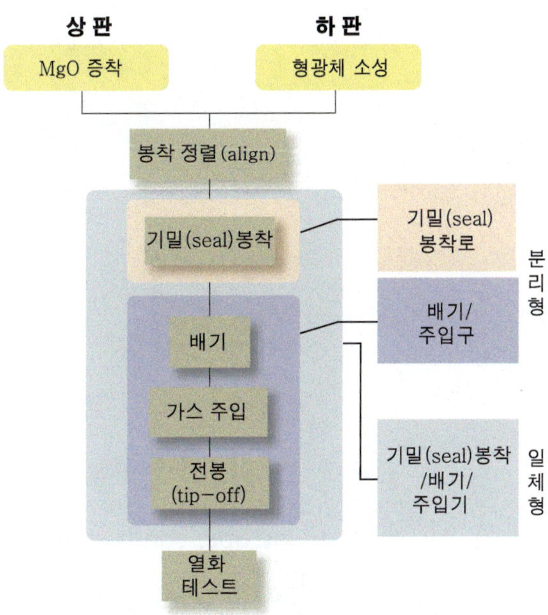

그림 Ⅴ-26 봉착/배기/주입 공정

용어해설

봉착

상판/하판 유리를 기밀 상태로 합착하는 일

프리트

유리 원료 분말

전봉

패널 내부에 방전 가스를 넣고 입구를 밀봉하는 것

열화 테스트

제품의 신뢰성을 검사하기 위해 50~60℃에서 6~8시간 정도 구동시키는 것

(7) 실장 공정

> **용어해설**
>
> **ACF**
>
> Anisotropic Conductive Film
>
> **FPC**
>
> Flexible Printed circuit

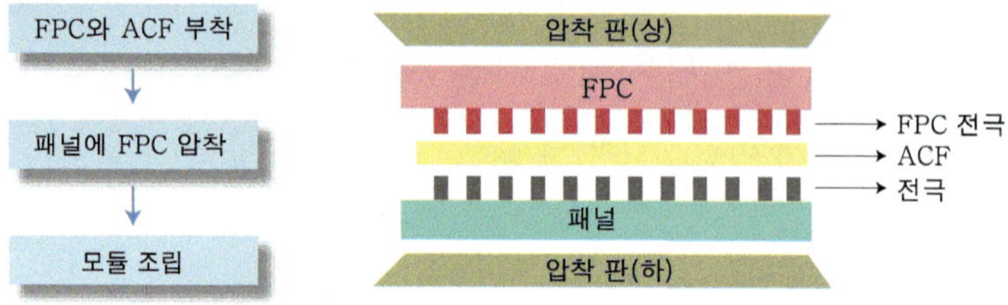

그림 Ⅴ-27 실장 공정

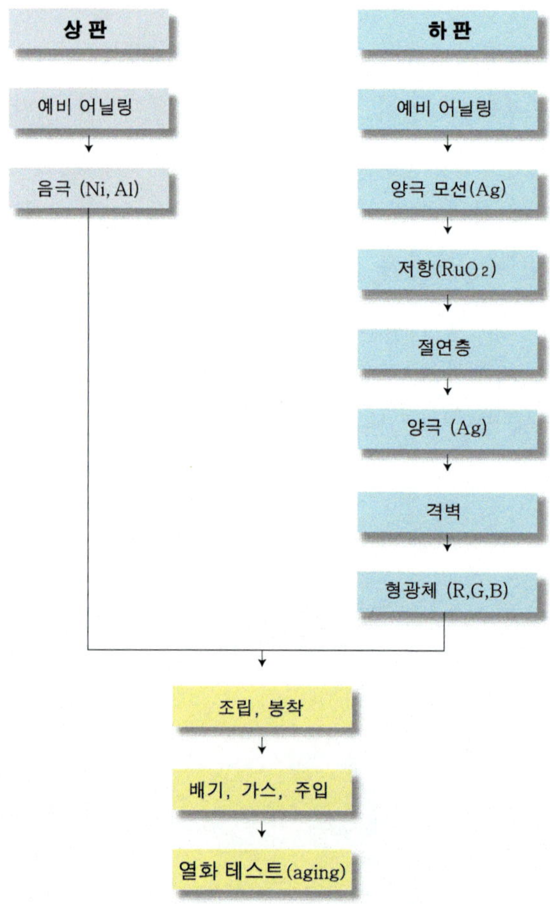

그림 Ⅴ-28 PDP 제조 공정도

- ACF : 이방성 전도 필름(anisotropic conductive film)이란 금(Au)을 코팅한 니켈(Ni) 볼을 이용하여 만든 전도성 수지 필름이다. 약 150 ℃ 이상에서 부착력을 가져서 FPC와 유리를 연결하는 재료로 사용된다.
- FPC : flexible printed circuit의 약자로 폴리이미드(polyimide)를 이용

하여 내부에 패턴을 형성한 필름인데 현재 집적화된 전자 부품으로 널리 사용된다. 이를 이용하여 회로와 패널을 연결한다.

최종 조립 후 신호를 인가하고 전압을 입력시켜서 패널에 따른 적절한 전압을 설정한다. 이후 고온에서 열화 테스트를 하면서 패널의 동작 전압이 정확한가를 확인한다.

05. PDP의 구성 재료

PDP는 그림 Ⅴ-29와 같이 전면 기판과 후면 기판으로 구성되며, 전면 기판에 투명 전극, 버스 전극, 유전층, 보호층이, 후면 기판에 어드레스 전극, 유전층, 격벽 형광체가 형성되고 두 기판은 밀봉되며, 내부는 방전 기체로 채워진다. 이러한 구성 재료의 종류와 특징을 살펴보면 다음과 같다.

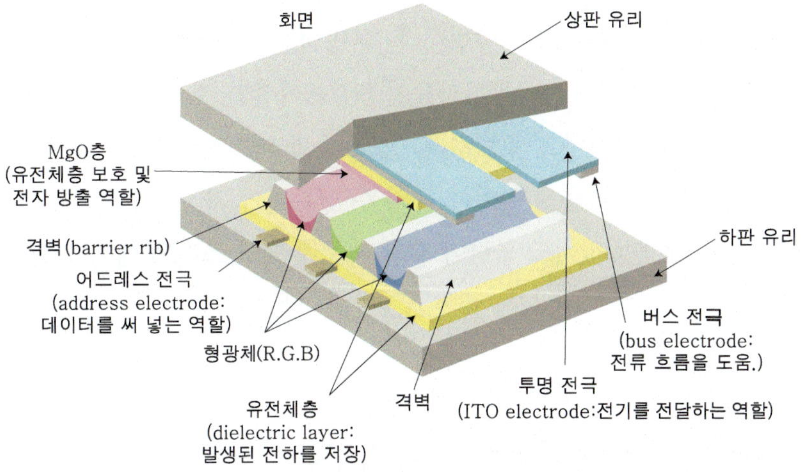

그림 Ⅴ-29 PDP의 구조

(1) 유리 기판

PDP는 앞서 살펴본 바와 같이 전극 구조에 따라 방전 기체에 대해 전극이 노출된 DC형과 전극이 유전체 층으로 덮여진 AC형의 두 종류로 분류되는데, 둘다 2장의 기판 유리 사이에 플라스마 방전을 일으키는 화소 공간을 형성하는 구조로 되어 있다. 표시 패널은 이 두 장의 기판 유리 위에 화소를 형성하는 페이스트 재료를 도포하고 양 기판을 **소성**(sintering)함으로써 제작된다. 기판은

> **용어 해설**
>
> **소성**
>
> 조합(調合)된 원료를 가열하여 경화성 물질(硬化性 物質)을 만드는 조작

42인치 기준에 중량은 약 5 kg 정도이다. PDP 제조 공정에 있어서는 화소 형성 재료로 되는 유리 원료(frit)나 페이스트 재료가 550~600 ℃ 정도의 고온에서 소성하여 형성되기 때문에 기판 유리에 대해서도 온도 범위 내에서 반복 열처리가 행해진다. 이러한 고온 공정에서 기판 유리의 치수가 변한다면 패턴의 어긋남이 발생하여 표시 패널은 제작 불량이 된다. 또한, 이 문제는 패널이 대화면화, 고정세화할수록 중요도가 커진다. 따라서, PDP용 기판 유리에 대해서는 열처리에 따른 치수 안정성의 확보가 중요한 관건이다.

(2) 투명 유전체 재료

AC형 PDP는 전면 유리 기판의 투명 전극 위에 투명 유전체가 형성되어 있다. 이 유전체는 방전할 때 콘덴서로 작용하며, 전류를 제한하는 역할과 메모리 기능을 주는 역할을 가지고 있고, 그 재료로는 유리 페이스트가 사용되고 있다.

투명 유전체의 형성은 저융점 유리 분말을 주성분으로 하는 페이스트를 유리면 전체에 균일하게 20~40 ㎛의 두께로 스크린 인쇄하는 것에 의해 막을 형성한 후 소성하는 것이 일반적인 방법이다. 투명 유전체에 요구되는 특성으로는 소성 온도 530~580 ℃에서 광투과율이 80 % 이상일 것, 내전압이 양호할 것, 은(Ag) 전극 및 산화마그네슘(MgO) 보호층과 매칭이 양호할 것 등이 있으며, 이 중 가시광의 투과율을 얼마나 높일 수 있는가가 가장 중요한 과제이다. 또한, 이물질이 하나만 있어도 불량이 되기 때문에 제조 조건 등에는 엄격한 관리가 필요하다.

(3) 격벽 재료

격벽은 PDP 후면 기판 위에 우물(well)형이나 줄무늬(stripe)형으로 주로 형성되는데, 폭 50~100 ㎛, 높이 100~200 ㎛의 단면 형상을 하며, 2장의 유리 기판의 간격을 유지하고 방전 공간을 확보하는 역할을 한다. 격벽 형성 방법으로는 스크린 인쇄법, **샌드블라스트**(sand brast)**법**, 리프트 오프(lift-off)법, 포토리소그라피법, 식각법 등이 있으며, 스크린 인쇄법, 샌드블라스트법이나 접착(adhesive)법 등의 제거 방법의 조합에 의한 격벽 형성 방법이나 시트(sheet)법 등도 개발되어 있다.

실용화된 격벽 형성 방법으로는 1997년에 후지츠 21인치 패널에 적용된 스

> **용어해설**
>
> **샌드블라스트법**
>
> 모래 알갱이를 빠른 속도로 가속하여 일정 부위만 제거해 내는 방법

크린 인쇄법이 일반적이었지만, 현재는 40인치급 등에서 샌드블라스트법이 대부분 적용되고 있다.

격벽 형성 재료로서는 유리 페이스트가 사용되고 있지만 격벽 형성은 선폭과 높이가 정밀하고, 격벽 상면의 평활성의 요구가 높기 때문에 이러한 요구 사항을 만족시키기 위한 페이스트 재료의 개발이 진행되고 있다.

(4) 전극 재료

PDP에는 방전을 위해 전극이 필요한데, AC PDP의 경우 투명 전극, 버스(BUS) 전극, 어드레스 전극이, DC형에는 음극, 양극이 있다. 각각의 전극을 형성하는 방법을 다음 표 Ⅴ-4에 나타내었다.

패널의 전극 부분을 구성하는 각종 인쇄용 페이스트(paste)는 은(Ag), 은-파라듐(Ag-Pd), 니켈(Ni) 등의 도전성 페이스트가 사용된다. 페이스트의 사용 목적은 리드선의 접속, 투명 도전막의 도전성을 보완하는 **보상 도체**를 위한 것이다. 이러한 페이스트는 금속 분말 이외에도 30~40 %의 분말 유리와 혼합하여 사용한다. 리드 단자 부분은 공기 중에 직접 노출되기 때문에 은(Ag)의 확산 이동(migration)에 대처할 필요가 있다. 음극의 경우는 수은(Hg)에 접촉되기도 하고 강한 이온 충격에 견딜 수 있어야 하기 때문에 단단한 재질이 사용된다.

용어해설

보상 도체

상온을 포함하는 상당한 온도 범위에서 조합하여 사용하는 열전대와 거의 같은 열전적 특성을 가지는 한 쌍의 도체에 절연한 것을 말한다. 열전대의 단자와 기준 접점과의 사이를 이것으로 접속하고, 열전대의 단자 부분의 온도 변화에 따라 생기는 오차를 보상하기 위하여 사용된다.

공명

진동계가 그 고유 진동수와 같은 진동수를 가진 외력(外力)을 주기적으로 받아 진폭이 뚜렷하게 증가하는 현상

표 Ⅴ-4 PDP 패널의 전극 형성 방법

전극	투명 전극	버스 전극	어드레스 전극	음극	양극
방식	AC형	AC형	AC형	DC형	DC형
재료	ITO, SnO_2	Cr-Cu-Cr Ag	Ag	$NiLaB_6$ $AlGdB_6$	Ag Au
전극 형성 방법	lift-off법 포토리소그라피법 인쇄법 박막법	인쇄법 lift-off법 포토리소그라피법 박막법	인쇄법 lift-off법 포토리소그라피법 박막법	인쇄법 박막법	포토리소그라피법 박막법

(5) 형광체

PDP는 유리 기판 사이에 봉입된 헬륨(He) 또는 네온(Ne)과 크세논(Xe)의 혼합 기체의 방전에 의한 발광 현상을 이용한 표시 장치이다. 형광체는 크세논(Xe)의 **공명** 방사광에 의해 여기되어 가시광을 발생시키는 물질이다. 천연색

화를 위해서는 빛의 3원색인 적(R)·녹(G)·청(B)의 광을 발생하는 3 종류의 형광체가 필요하며, 이들 세 종류의 형광체를 도포한 미소 영역(셀)을 조합하여 하나의 화소가 된다.

형광체의 개발은 1972년 F. H. 브라운(F. H. Brown)에 의해 최초로 시작되었으며 그 후 휘도, 발광 효율, 색순도, 잔광, 온도 특성, 수명 등의 개선을 위해 새로운 형광체의 탐색과 조성의 최적화가 이루어졌고 현재에도 다양한 물질이 검토 중이다.

현재 사용되는 PDP용 형광체에는 청색 발광 형광체인 $BaMgAl_{10}O_{17}$:Eu, 녹색 발광 형광체로서 Zn_2SiO_4:Mn, $BaAl_2O_{19}$:Mn, YBO_3:Tb 등이 있고, 적색 발광 형광체인 $Y_{0.66}Gd_{0.35}BO_3$:Eu, Y_2O_3:Eu, $GdBO_3$:Eu가 있다.

(6) 보호막 재료

AC형 PDP는 투명 유전체층 위에 보호막이 형성된다. 이 보호막이 없으면 전극 사이에서 발생하는 플라스마 이온에 의해 유전체층 표면이 스퍼터되어 방전 전압이 상승하거나 전극 수명의 저하를 가져온다. 보호층은 이에 더하여 방전 시 음극으로 작용하여 방전 상태를 유지하거나 방전 전류를 억제하는 기능도 있다. 보호막 재료에 요구되는 특성으로는 높은 투과성, 내 스퍼터링성, 낮은 방전 전압, 넓은 메모리 여유, 구동 전압 안정성 등이 있으며, 요구 조건을 만족하는 재료로서 현재는 산화마그네슘(MgO)이 이용되고 있다. 전자 방사 재료가 음극 기판 또는 유전체 표면에 도포된다. AC형에서는 유전체층의 표면에 산화마그네슘(MgO)막을 증착하여 전하의 축적량을 증가시킴으로써 방전 특성을 안정화시킨다.

이것이 AC형 PDP의 동작 전압 AC 150 V를 결정짓게 되는 주요 재료가 된다. 산화마그네슘(MgO) 이외에도 알칼리 금속 또는 **알칼리토류** 금속 산화물이 연구되고 있으나, 현재는 산화마그네슘(MgO) 박막만한 것이 없다. 이에 비해서 DC형 PDP의 음극면에는 니켈(Ni)이 사용되는 예가 많다. 니켈(Ni)면은 스퍼터링에 약하기 때문에 수은(Hg)을 봉입하여 마모를 방지하고 있으며, 실용적으로 충분한 음극 수명을 가지고 있다. 한편, 수은(Hg)은 방전 가스이기 때문에 방전색, 발광 휘도, 방전 전압 및 사용 온도 환경 등이 수은(Hg)에 의해서 결정된다.

용어해설

알칼리토류

알칼리토류 금속(Be, Mg, Ca, Sr, Ba)의 화합물은 땅속 광물들의 성분이므로 흙의 의미인 '토'자를 붙였다. 산과 잘 화합해 산을 중화시키며 중성염을 만들기 때문에 '알칼리'성 이라고 부른다. 모두 은백색의 가벼운 금속으로 공기와 접촉하면 곧 빛깔을 잃는다. 최외각 전자가 2개이기 때문에 전자 2개를 잃고 (+2)의 양이온이 되기 쉽다. 산과 반응해 수소를 발생시킨다.

일함수

물질 내에 있는 전자(電子)를 밖으로 끌어내는 데 필요한 최소의 일

붕화란탄(LaB_6) 또는 산화바륨(BaO) 음극면은 **일함수**(work function)가 낮아서 동작 전압을 낮출 수 있는 음극 재료이다. 또한, **경질 재료**이므로 스퍼터링에 대해서도 문제를 발생시키지 않으며 수은을 사용하지 않아도 된다. 산화마그네슘(MgO)막의 형성 기술은 현재 전자 빔 증착법, 스퍼터링법, 이온 플레이팅법, 인쇄법 등이 있지만, **전자 빔 증착법**이 주로 이용되고 있다. 이온 플레이팅법은 증발 전자를 이온화, 고속화시켜 막 형성 속도를 향상시키는 기술인데, 향후 주목받을 것으로 기대되고 있다.

(7) PDP용 근적외선 및 전자파 차단 필터

PDP 생산 기술에서는 800~900 nm 부근의 **근적외선** 및 전자파 차단 필터의 개발이 진행되고 있다. PDP에 사용되는 봉입 가스에서 나오는 근적외선은 각종 가전 기기의 리모콘의 적외선과의 간섭에 의해 기기의 오작동의 위험이 지적되고 있다. 따라서, PDP에서 방출되는 전자파 및 근적외선을 어떻게 흡수하는가 하는 것이 가정용 PDP에 있어서 필요한 개발 과제가 되고 있다. 현재 PDP용 근적외선 및 전자파 차단 필터로는 강화 유리에 투명 도전막을 형성한 것과 **PMMA**(polymethyl methacrylate) 수지에 흡수 색소를 도포한 제품이나 광학용 **폴리에스테르**(polyester) **수지**가 개발되어 있다.

(8) 패널 봉착

PDP 유리 패널 기판의 봉착에는 저융점 유리 원료(glass frit)가 사용된다. 봉착용 유리 원료에 대한 요구 특성으로는 타 재료와의 선팽창 계수 특성, 강도, 기밀성, 화학 특성 등이 있는데, 특히 기판 유리와 봉착 유리 원료는 아주 밀접한 관계가 있으며, 각 패널 제조 업체는 패널 제조 시 유리 기판의 특성에 맞는 유리 원료 페이스트를 조정하여 사용하고 있다. 현재 사용되고 있는 유리 원료의 선팽창 계수는 결정화형이 $85 \sim 89 \times 10^{-7}$/℃, 비결정화형은 $71 \sim 78 \times 10^{-7}$/℃로 되어 있다. 봉착 온도는 결정화형이 430~450 ℃, 비결정화형이 410~450 ℃로 되어 있으며, 봉착용 유리 원료는 패널 제조 상 요구되는 특성을 대부분 만족시키는 재료로 되어 있어 기존의 재료 성능으로 대응이 가능하다. 그러나 향후 패널 제조 공정의 단축이나 산화마그네슘(MgO) 보호막의 균열 발생 억제를 위해서는 보다 저온에서 봉착할 수 있는 **실링**(sealing) 재료의 개발

용어해설

경질 재료

매우 단단한 재료

전자 빔 증착법

재료에 전자 빔을 쏘아 강한 에너지로 가열한 후 기화시켜 증착하는 방법으로 매우 거친 방법

근적외선

파장이 0.78 ~ 3 μm인 적외선

PMMA

폴리메틸 메타크릴레이트로 불투명하며 접착제나 섬유의 마감제로 사용

폴리에스테르 수지

일반 수지 중에서 가장 결정성이 높은 소재

실링

각종 이음매나 갈라진 틈 등에 충전(充塡)하여 수밀(水密) 기밀(氣密) 성능을 유지하도록 하는 것

이 필요하다.

(9) 봉입 가스

PDP는 두 장의 기판 사이를 진공으로 하여 방전 시 자외선을 발생시키는 기체를 봉입한다. 현재 AC형 PDP에는 네온(Ne)-크세논(Xe), DC형 PDP에는 헬륨(He)-크세논(Xe) 기체가 주로 사용되고 있다. 여기서 크세논(Xe) 기체의 혼합 비율은 패널 제조 회사에 따라 다르며, 이것이 각 회사별 고유 기술이다.

PDP용 봉입 기체에 요구되는 특성으로는 자외선 방사 강도가 높을 것, 기체의 가시 발광이 적을 것, 경시 변화가 적을 것, 방전의 안정성이 좋을 것, 방전 전압이 가능한 낮을 것 등을 들 수 있다. 일반적으로 저압 방전에 있어서는 형광등에 사용되고 있는 수은(Hg)이 고효율의 자외선 발생 기체로 많이 사용되고 있다. 그러나 수은(Hg)의 포화 증기압은 상온에서 1 Pa로 낮으며, 이것을 방전 거리가 짧은 PDP에 봉입하여 그 장점을 살리기 위해서는 고온과 상당한 압력을 유지하지 않으면 안 되므로 실용성이 떨어진다. 따라서, 상온에서 적당한 압력으로 방전을 일으키기 위해서는 **희토류**(rare earth) 가스를 고려할 수 있는데, 희토류 가스 단독으로는 발광 특성이나 방전의 안정성 측면에서 이용하기에 단점이 있으므로 네온(Ne)이나 헬륨(He) 기체를 모재 기체로 하고 파장이 비교적 긴 공명선을 가지는 크세논(Xe)을 방사 기체로 한 혼합 기체의 형태로 사용된다.

용어해설

희토류

주기율표 제3A족인 스칸듐, 이트륨 및 원자 번호 57에서 71인 란탄 계열의 15원소를 합친 17원소의 총칭

4. OLED

학|습|목|표

- OLED의 종류와 그 원리를 설명할 수 있다.
- 발광 재료와 그 특징을 설명할 수 있다.

OLED(organic electro luminescence display)는 유기물의 자체 발광으로, 구조가 간단하고 광효율이 높다. 최근 들어 OLED의 연구 개발은 성능 향상과 응용 제품 개발 측면에서 급속도로 이루어지고 있다. 1980년대 후반 미국의 이스트먼 코닥(Eastman Kodak)사가 처음으로 OLED를 디스플레이 소자로 실현할 가능성을 검토했고, 그 뒤 고휘도, 고효율 발광의 적층 구조를 가진 소자가 개발되어, 현재는 신뢰성과 수명을 개선하려는 연구가 계속되고 있다. 많은 기업들이 천연색 디스플레이의 연구 개발을 추진하고 있는데, Idemitsu Kosan이 1997년 7월에 열린 Fine Process Technology, Japan에서 청색 OLED 소자와 색변환층을 이용하여 세계 최초로 5인치급 Color **QVGA**(quarter video graphics array)패널 OLED를 개발, 발표하였다. 같은 해 10월에는 ELD Electronics Show /97에 NEC가 개발한 RGB 3색 소자를 규칙적으로 배열한 5.7인치 QVGA(quarter video graphics array)가 선보였고, 1998년 9월에는 동일한 방식을 적용한 파이오니어사의 5.2인치 패널이 ELD Electronics Show에서 발표되었다. 또한, 1997년말부터 파이오니어사에서 녹색 단색광 디스플레이를 처음으로 양산하였다. 한편, TFT를 이용한 2.5인치 천연색(full color) 패널을 1999년 10월의 1999 Japan ELD Electronics Show에서 산요(Sanyo)사와 이스트먼 코닥(Eastman Kodak)사가 공동 개발하여 발표하였다. 국내에서도 휴대폰 및 PDA(personal data assistant)에 적용할 목적으로 4~5년 전부터 적극적인 개발이 진행되고 있는데, 최근에는 국내 L사와 S사가 5인치급 천연색 패널 시제품을 발표하기도 하였다. 적, 녹, 청색 발광층으로 사용되고 있는 대표적인 유기 물질은 표 V-5에 나타낸 바와 같다.

> **용어해설**
>
> **QVGA**
>
> 320×240의 픽셀이 들어 있는 액정으로 현재 핸드폰에 채용되는 해상도 중 최고의 화질

용어해설

PPV

Poly(P-phenylene vinylene)로 고분자 EL 재료로 PPP(poly(p-phenylene))와 함께 열 안전성 및 낮은 구동 전압의 장점을 가지나, 짧은 수명과 효율면에서 아직 보완해야 할 단점이 있다.

쿠마린

유독성이 있는 백색 결정의 락톤($C_9H_6O_2$)으로 마초향이 있으며 합성하여 인공적으로 만들어진다. 향수와 비누에 사용되고 있다.

Alq3

aluminum tris(8-hydroxyquinoline)으로 유기EL에서 주로 쓰는 전자 전달층 재료

표 V-5 적, 녹, 청색 발광층으로 사용되고 있는 대표적인 유기 물질

분 류	내 용
고분자 재료	적색 발광 물질 : PFV 녹색 발광 물질 : PPV, 유도체(aliphatic side group) 청색 발광 물질 : PF, PPP, Spiro-PF
저분자 재료	적색 발광 물질 : DCJTB(DCM 유도체), Rubrene, DCDDC, AAAP, BSN, (PPA)(PSA)Pe-1 녹색 발광 물질 : 쿠마린(coumarine) 유도체, Quinacridone 유도체, Alq3, C-545T, 피렌(Perylene), BCzVBi, DNA(α,β), DCM계열, LiPBO

01. 구조 및 발광 기구

일반적인 OLED 소자는 ITO 투명 전극에 의해 형성되는 양극과 낮은 일함수를 가지는 금속의 음극 사이에 복수의 유기 박막이 적층된 구조를 가지고 있으며, 유기층과 음극 전극층은 진공 증착 방식으로 만들어져 있다. 이러한 소자에 직류 전류를 인가하면 양극으로부터 정공, 음극으로부터 전자가 유기층 내로 주입되어 발광층에서 정공과 전자가 재결합하는 과정에서 발광하게 된다.

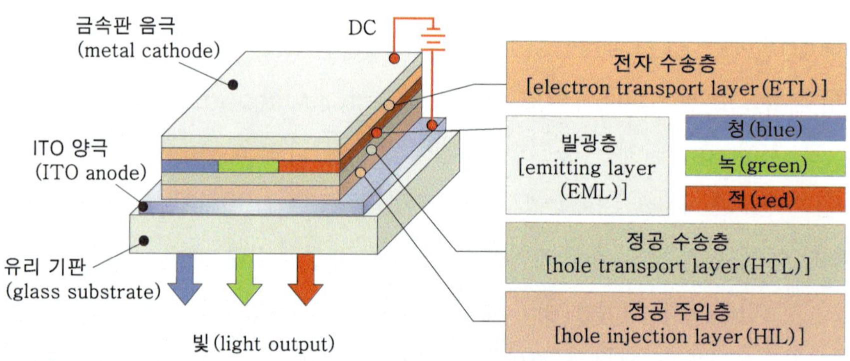

그림 V-30 OLED 구조

OLED의 특징은 다음과 같다. LCD와는 다른 자체 발광형으로 시야각이 넓고, 명암 대비(contrast ratio)가 크며, 2 mm 정도로 초박형 디스플레이의 구현이 가능하고, 공정이 간단하여 환경 오염이 비교적 적다. 그리고 응답 시간이 수 ㎲ 정도로 동화상 구현이 쉽고, 저온에서도 안정적이다. 또한, 직류 5~

15 V의 낮은 전압으로 구동하므로, 구동 회로의 설계 및 제작이 쉽다.

02. ELD의 종류

ELD는 발광 재료에 따라서 유기물과 무기물로 나누며, 유기물은 저분자형과 고분자형으로 나누고, 소자의 구동 방식에 따라 수동형(passive mode)과 능동형(active mode)으로 분류한다. 저분자형의 경우 재료의 특성이 잘 알려져 있어 개발이 쉽고 조기 양산이 가능하지만, 수명이 짧고 발광 효율이 낮아 대화면화에 어려움이 있다. 반면에 고분자형은 저분자형에 비해 열적 안정성이 높으며, 기계적 강도가 우수하고 자연색과 같은 색감을 지니면서 구동 전압이 낮기 때문에 디스플레이 응용에 유리하다. 그러나 재료의 신뢰성 확보가 미흡해 고분자 소재에 대한 활발한 연구가 진행 중이다.

LCD가 액체, PDP가 기체, FED가 진공 매개체를 사용하는 반면에, OLED는 완전한 고체 상태(solid state)의 소자이며, 따라서 내구성이 우수하다. 또한, 청색 발광의 어려움을 가지고 있어 현대 디스플레이에 필수적으로 요구되는 천연색화가 어렵다. 그러나 유기 EL의 경우는 발광 재료에 있어서 다양한 재료가 있고, 또한 다양한 색상이 있다. 이것은 무기 EL보다 훨씬 우수해서 컬러화가 용이하다. 이외에도 대면적화 가능, 뛰어난 휘도와 발광 효율 등을 장점

용어해설

FED

"전계 효과 전자 방출 표시 소자"라는 뜻으로 평면 디스플레이 장치

안트라센

분자식 $C_{14}H_{10}$. 대표적인 세 고리방향족 탄화수소. 분자량 178.3. 콜타르유(290~360℃ 유분)에 존재하며 재결정으로 분리·정제한다.

사이클로펜타디엔 (C_5H_6)

콜타르를 증류함으로써 얻어지는 무색 액체. 주로 살충제·수지(樹脂)의 제조에 쓰인다.

표 Ⅴ-6 유기 EL과 무기 EL의 장단점

분 류	저분자 유기 EL	고분자 유기 EL	무기 EL
재료	안트라센(Anthracene), Alq_3, 피렌(perylene), 사이클로펜타디엔(cyclopentadiene)	PPV, PPP, PT	ZnS, GaN, SiC
장점	발광 효율 우수 천연색 가능 다층막 형성 가능 픽셀화 용이 대면적화 가능	낮은 구동 전압 기계적 강도 우수 편광 발광 가능 대면적화 가능 박막 공정 용이	내충격성 내구성 내환경성
단점	결정화 기계적 강도 낮음. 다층막 간의 상호 확산	픽셀화 어려움. 다층막 형성 어려움.	높은 AC구동 전압 청색 발광 어려움. 고가

으로 들 수 있다. 표 V-6에 유기 EL과 무기 EL의 장단점을 비교·요약하였다.

03. 발광 재료 및 특성

(1) 저분자 유기 물질

저분자 유기 재료로는 청색을 내는 안트라센(anthracene)과, 페닐(phenyl)이 치환된 사이클로펜타디엔(cyclopentadiene) 유도체, 그리고 **DVPBi**, 노란색(580 nm)을 발하는 1,2-프탈로페리논(1,2-phthalo-perinon) 유도체 등이 있으며, 가장 대표적인 물질로 초록색(550 nm) 빛을 발하는 Alq3(알루니 키노륨 복합체)가 있다. 이 물질에 유기물 색소를 도핑함으로써 초록색부터 빨간색까지 넓은 영역에서 빛을 낼 수 있으며, 한 예로 **DCM 색소**를 Alq3에 도핑함으로써 적색 발광하는 물질 제조가 가능하다. 이러한 저분자 유기 EL은 낮은 구동 전압과 비교적 큰 휘도를 낼 수 있는 장점을 가지나, 빛의 지속적인 발광면이나 안전성과 양자 효율면에서 해결해야 할 문제가 있다.

> **용어해설**
>
> **DVPBi**
>
> 4, 4′-bis(2, 2′-diphenyl-vinyl) biphenyl
>
> **DCM 색소**
>
> 4-(dicyanomethylene)-2-methyl-6-(p-dimethyl aminostyryl)-4H- pyran) 색소

저분자 방식은 유기 발광 재료의 특성을 파악하기 쉬워 기술적으로 큰 어려

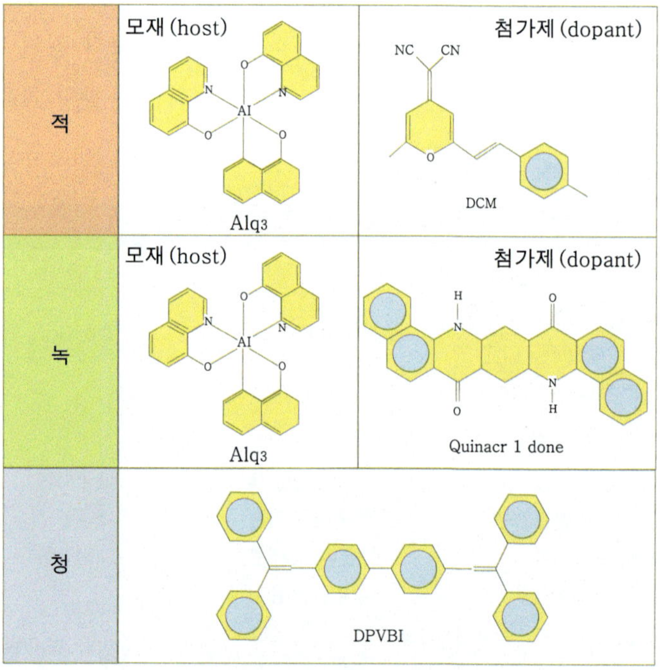

그림 V-31 적, 녹, 청 발광층

움 없이 개발이 가능하다는 장점을 지니고 있으나, 진공 열 증착 또는 기상 증착 등 진공 장비를 이용한 건식 공정을 거쳐야 하므로 대화면의 구현이 어렵고 생산성이 낮다는 단점을 지니고 있다. 저분자 재료는 그 기능에 따라 정공 주입 및 전달 재료, 전자 전달 재료 또는 정공 속박 재료, 발광 재료로 나눌 수 있으며, 발광 재료는 발광 기구에 따라 단일항 여기 상태에서 유래되는 형광 재료와 삼중항 여기자에서 유래되는 인광 재료로 나눌 수 있으며, 발광색에 따라 청색·녹색·적색 발광 재료와 보다 나은 천연색 구현을 위해 필요한 노란색 및 주황색 발광 재료로 구분할 수 있다. 유기 EL에서 사용되는 모든 재료들의 바람직한 특성은 순도가 높아야 하고 진공 증착이 가능해야 한다는 것이다. 또한, 유리 전이 온도와 열분해 온도에서 높은 열안정성을 나타내야 하고, 소자 작동 시 발생하는 줄(Joule) 열로 야기되는 결정화에 의한 소자의 파괴를 방지하기 위해 **무정형**(amorphous))이어야 하며, 인접한 다른 층과의 접착력은 좋은 반면 다른 층으로 이동하지 않아야 한다.

용어해설

무정형

결정을 이루지 않는 것

기상 증착

고온의 열을 이용하여 물질을 증발시켜 증착시키는 공정

(2) 고분자 유기 물질

1987년 이스트먼 코닥(Eastmann Kodak)사에서 Alq_3이라는 π-공액 구조를 가지는 색소의 제작과 소자에서 EL이 발견되었고, 1990년 영국의 케임브리지 대학에서 PPV라는 π-공액 고분자(conjugated polymer)에서 EL이 관찰되어 고분자를 이용한 EL에 대한 연구가 급격히 활발해졌다. 고분자 유기물은 저분자 유기물에 비해 기계적 강도가 높고, 열안정성이 높으며 유기물과 같이 합성 경로가 다양하여 합성된 분자의 성질이 그대로 나타나므로 청색 발광이 용이하여 천연색(full color)화가 쉽다.

OLED에 활용되는 고분자 소재는 저분자 소재와는 다른 특성들을 가지고 있다. 고분자 소재는 저분자 소재에 비하여 열적 안정성이 높으며 기계적 강도가 좋다. 박막 제조 공정면에서도 두 소재는 큰 차이를 보인다. 저분자 소재는 열 증착 또는 **기상 증착**(vaper deposition) 등 진공 장비를 이용한 건식 공정을 거치는 반면, 고분자 소재는 적절한 용매에 녹인 후 회전 도포, 프린팅 등의 방법으로 박막을 형성하는 습식 공정을 거치게 된다. 따라서, 고분자 소재는 투자비, 디스플레이 크기의 한계 등에 대한 문제점을 해결할 수 있는 기술로 사용될 수 있다.

용어해설

치환제

어떤 화합물의 성분인 원자나 원자단이 다른 원자나 원자단으로 바뀌도록 하는 물질

또한, 고분자 전기 발광 소자를 제작했을 경우, 구동 전압이 저분자로 제작된 소자보다 낮기 때문에 디스플레이 응용에 유리하다고 할 수 있다. 고분자 소재는 발광 색상의 변화를 줄 수 있는 방법이 매우 다양하다. 여러 가지 **치환제**를 사슬에 도입하는 방법, 사슬 내의 공액 길이를 조절하는 방법, 사슬 내에 여러 모양의 고리를 도입하는 방법, 서로 다른 색을 내는 발광 재료를 블렌딩하는 방법 등 여러 가지 방법으로 청색에서 적색, 백색까지 색상을 다양하게 낼 수 있다.

그러나 고분자 소재는 고분자를 합성하는 중합 과정에서 첨가되는 촉매가 완전히 제거되지 않는다거나, 화학적으로 구조가 약간 변형된 유도체의 형성 등에 의한 불순물이 잔존하기 때문에 저분자 소재에 비해 순도를 높이기가 쉽지 않다. 이러한 문제점이 있음에도 고분자 소재가 유기 EL 소재로 지속적인 관심을 끄는 이유는 대화면 디스플레이로의 응용면에서 가능성이 높기 때문이다.

(3) 무기 ELD 구조

박막 ELD 소자는 전압을 인가할 수 있는 알루미늄(Al), ITO(indiun tin oxide) 등의 전극이 있다. 교류형의 경우 전극과 형광체 사이에 티탄산바륨($BaTiO_3$) 등의 유전체 박막을 둔다. 교류형 박막 ELD 소자(ACTFELD : alternative current thin film elctro luminescence device)의 이중 절연막 구조는 전극으로부터 형광체 내부로 전자가 직접 통과할 수 없도록 하여 형광체 내에 높은 전계가 형성될 수 있도록 할 뿐만 아니라 형광체를 외부의 습기 또는 불순물로부터 보호한다. 이러한 구조 때문에 직류형 후막 및 박막 소자와 교류형 후막 소자와 비교하여 신뢰성이 우수하다. 휘도와 색순도가 다소 떨어지더라도 수명이 길어 컴퓨터의 모니터, 노트북 등의 고해상도 디스플레이로 쓰이고 있다. 상하 전극은 매트릭스 구동을 위하여 서로 직교하고 각각에 선택 펄스 신호와 영상 데이터 신호가 인가되어 ELD 소자를 구동하게 된다.

대표적인 박막형 ELD 형광체는 높은 휘도와 효율을 가지고 있으며 주황(orange)-노란(yellow)색을 보여 주는 ZnS:Mn을 비롯하여 ZnS:Tb (녹색),CaS:Eu (적색), CaS:Ce (녹색), SrS:Ce(청색-녹색) 등이 있다.

후막 ELD 소자는 알루미늄(Al)이 코팅된 플라스틱 필름 위에 Barrio3 등의

절연층을 형성하고 고유전율 특성을 가지는 유기 안료에 형광체를 혼합하고 절연층 위에 도포한다. 그리고 ITO 투명 전극을 가지는 투명 필름 또는 유리로 덮어 외부를 방습 필름으로 밀폐하여 수분의 침투를 막는다.

단원 종합 문제

1. 디스플레이의 종류와 그 원리를 설명하시오.

2. 디스플레이 재료의 종류와 특징을 설명하시오.

3. LCD의 원리와 구동 방법에 따른 3 가지 종류를 설명하시오.

4. 액정 고분자의 형태에 따른 액정의 종류와 특성에 대해 아는 대로 설명하시오.

5. 액정 배향막에 대해 아는 대로 설명하시오.

6. LCD에 사용되는 고분자 재료에 대해 3 가지 이상 아는 대로 설명하시오.

7. 다음 중 평판 디스플레이(flat panel display)에 속하지 않는 것은?

① LCD ② PDP ③ OLED ④ FED ⑤ CRT

8. LCD의 특징이 아닌 것은?

① 수광형 표시이므로 밝은 장소에서도 표시가 선명하다.
② 투사 확대 표시나 집적 표시가 가능하여 대화면 표시(수 m^2)가 용이하다.
③ 표시의 컬러화가 쉽기 때문에 표시 기능의 확대, 다양화가 이루어질 수 있다.
④ 저소비 전력(수~수십 W/cm^2)으로 장시간의 전지 구동이 가능한 에너지 절약형이다.
⑤ 소자가 얇고(수 mm), 또한 대형 표시(수십 cm^2)에서부터 소형 표시(수 mm^2)까지 가능하다.
⑥ 저전압에서 동작(수~10 μV)하므로 직접 IC 구동이 가능하고 구동 전자 회로의 소형화, 간략화가 가능하다.

9. 액정 표시 장치의 구성 요소가 아닌 것은?

① 투명 전극 ② 액정 ③ 컬러 필터 ④ 편광판

10. 유기물의 자체 발광에 의한 디스플레이로 구조가 간단하고 광 효율이 높은 것은 무엇인가?

11. 전면 유리와 배면 유리 및 그 사이의 칸막이에 의해 밀폐된 유리 사이에 네온(Ne)+아르곤(Ar), 네온(Ne)+크세논(Xe) 등의 가스를 넣어 양극과 음극의 전극에 의해 전압을 인가하여 네온 광을 발광시켜 표시광으로 이용하는 전자 표시 장치는 무엇인가?

12. PDP가 가지고 있는 특성이 아닌 것은?

① 매우 강한 비선형성 ② 기억 기능
③ 장수명 ④ 고휘도 및 고발광 효율
⑤ 광시야각 ⑥ 천연색화의 용이성
⑦ 낮은 제조 가격 ⑧ 경량

Ⅵ 반도체 재료 실습

1. 홀 효과 측정 2. 전위 밀도 측정 3. 캐리어 농도 측정 4. 도핑 깊이 측정법 5. 밴드 갭 측정 6. 반도체 소자의 I-V 측정 7. MOS 소자의 C-V 측정 8. 알파 스텝 두께 측정 9. 엘립소미터 10. 분광 광도계 11. 웨이퍼 육안 검사 12. 투명 전도막 제작 13. 확산 도핑 14. 실리콘 단결정 성장 15. 웨이퍼 연마 16. 웨이퍼 세정

각종 반도체 재료 및 소자에 대한 측정법을 소개하고 있다.

1. 홀 효과 측정

실습 목적 금속이나 반도체에 전류를 흐르게 하는 전하 운반자가 무엇인지를 알아보고, 그것의 밀도 및 이동도 등을 구할 수 있다.

실습 재료 시험편(은과 텅스텐 전도체), U-코어, 코일 2개(250회 감은 것)

실습 기기 홀 측정기(hall system)

관계 지식 HL55WIN 소프트웨어는 VDP(Van der Pauw) 및 바(bar) 그리고 브리지(bridge) 모양의 3가지 형태를 측정할 수 있다. 프로그램 동작은 PC를 통해서 이루어진다. 이 측정에서는 VDP 형태로 제조된 시편에 대해서 저항률과 홀 계수를 측정한다. 그리고 저항률과 홀 계수가 측정되면 이 결과를 이용하여 캐리어 농도(carrier concentration)와 이동도(mobility)를 구할 수 있다.

(1) 저항률(resistivity) 측정

VDP(Van der Pauw) 방법을 이용하여 저항률을 측정하는 방법을 그림 Ⅵ-1에 나타내었다. 전류원은 1번과 2번 단자(I_{12}), 전압은 4번과 3번 단자(V_{43})를 통하여 측정된다. 그리고 다시 전류원은 1번과 4번 단자에 인가되고, 전압은 2번과 3번 단자를 통하여 측정된다.

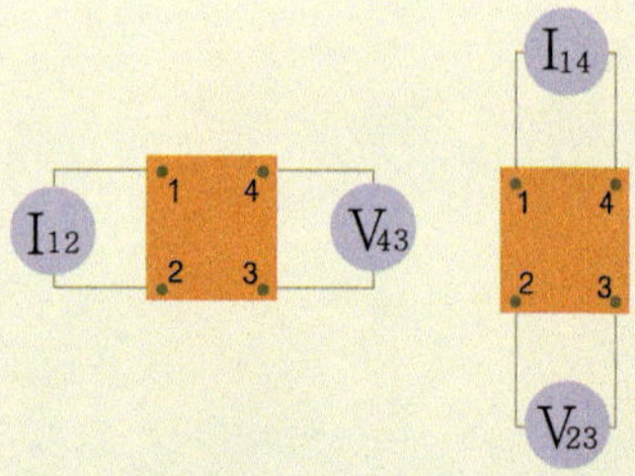

그림 Ⅵ-1 저항률(resistivity) 측정

이러한 반복적인 측정으로 인가된 전류에 대한 전압값의 결과에 의해서 측정되는 저항률은 다음과 같이 주어진다.

$$p=(\pi t/2 \ln(2))(V_{34}/I_{12}+V_{23}/I_{41})\ F \cdot (Q)\ (\Omega \cdot cm) \quad \cdots\cdots\cdots\cdots \text{식(Ⅵ-1)}$$

여기서, t는 활성층(active layer)의 두께이고, Q와 F는 각각 대칭(symmetry) 및 보정 계수(correction factor)이다.

만약, 시편의 두께를 알지 못할 경우, 면 저항률식을 통하여 두께를 측정할 수 있다.

$$\rho_s=\rho/t(\Omega/\square) \quad \cdots\cdots\cdots\cdots\cdots\cdots \text{식(Ⅵ-2)}$$

F는 측정하는 시편이 구조적으로 대칭이 되어 있지 않았거나 불균등(inhomogeneity) 또는 이방성(anisotropy) 형태에 대한 보정 계수(correction factor)이다. 그리고 대칭 요소(symmetry factor) Q는 다음과 같이 정의된다.

$$Q=(V_{34} \cdot I_{14})/(I_{12} \cdot V_{23}) \quad \cdots\cdots \text{식(Ⅵ-3)}$$

(2) 홀 계수(Hall coefficient) 측정

반도체 내에서 홀 효과를 측정하는 방법에 대한 일반적인 Van der Pauw 배열을 그림 Ⅵ-2에 나타내었다. 정전류원 I는 시편 표면에 수직하게 인가되는 자장 B에 대한 두 개의 접촉 단자 양단으로 주입된다. 이동 전하(mobile charge)가 받는 힘은 다음과 같이 벡터(vector) 방정식으로 표현된다.

$$\vec{F}=q(\vec{v} \times \vec{B})=q \cdot E \quad \cdots\cdots \text{식(Ⅵ-4)}$$

여기서, v는 캐리어 속도(carrier velocity), B 및 E 는 인가된 자장 및 전장이고 q는 전하이다.

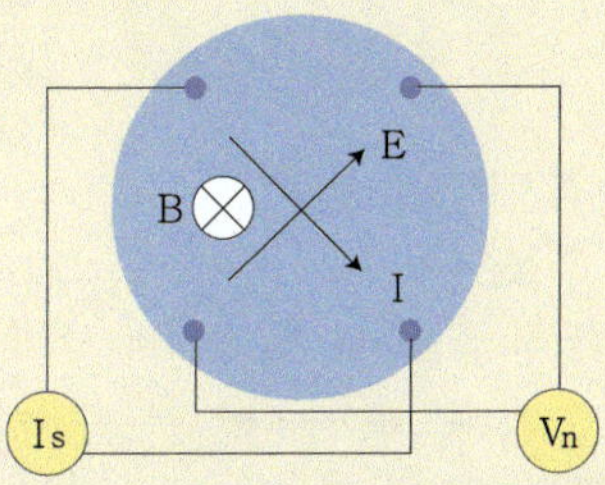

그림 Ⅵ-2 일반화된 홀 측정 원리

그러므로 전류 I는 다음과 같이 표현된다.

$$I = q \cdot n \cdot t \cdot W \cdot v \quad \cdots\cdots \text{식(Ⅵ-5)}$$

여기서, n 및 t 그리고 W는 각각 캐리어의 농도, 측정하고자 하는 시편의 두께, 두 접촉 단자 사이의 거리를 나타낸다.

실제 시편인 경우, 전류 I가 전장과 자장에 수직한 방향으로 인가될 때 접촉 단자가 선택된다. 그러므로 벡터(vector) 방정식으로 된 식(Ⅵ-4)와 (Ⅵ-5)를 스칼라(scalar)식으로 대신하면 홀 계수, R_h는 다음과 같이 구할 수 있다.

$$R_h=(V_h \cdot t)/(I \cdot B)=1/(q \cdot N)(m^3/c) \quad \cdots\cdots \text{식(Ⅵ-6)}$$

여기서, V_h는 측정된 홀 전압($V_h=E \cdot W$)이며, R_h는 홀 계수이다. 이 때, 주의해야 할 점은 홀 분산 계수(Hall scattering factor)는 1로 가정하였다는 것이다.

만약, 측정하고자 하는 시편의 두께를 알지 못할 경우 면 홀 계수(sheet Hall coefficient)는 다음과 같이 정의된다.

$$R_{hs}=R_h/t=V_h/(I \cdot B) \ (m^2/c) \quad \cdots\cdots \text{식(Ⅵ-7)}$$

면 홀 계수는 식 (Ⅵ-7)로부터 홀 전압(V_h)의 평균값으로 계산된다. 이러한 평균값은 모든 가능한 접촉 단자의 배열과 전류 및 자장의 방향에 대해서 측정된 홀 전압(V_h)을 기초로 하고 있다.

(3) 캐리어 농도(carrier concentration) 측정

면 캐리어 밀도(sheet carrier density) Ns는 측정된 면 홀 계수로부터 계산된다. 이것은 VDP나 바(bar) 모양의 시편 모두에 대해서 적용 가능하다. 그러므로 두 가지 형태의 시편에 대한 Ns는 같으며, 다음과 같이 표현된다.

$$N_s = (1/(q \cdot R_{HS})\ (cm^{-2})$$ ··· 식(Ⅵ-8)

측정하고자하는 시편의 두께를 알고 있다면 캐리어 농도(bulk carrier concentration) N은 다음과 같다.

$$N = (1/(q \cdot t \cdot R_{SH})\ (cm^{-3})$$ ··· 식(Ⅵ-9)

(4) 홀 이동도(Hall mobility) 구하는 방법

홀 이동도(hall mobility)μ_H의 계산은 시편의 구조적인 형태와는 무관하고 측정된 면 저항률(s)과 홀 계수(R_{Hs})에 의존한다. 그러므로 홀 이동도 H는 다음과 같이 주어진다.

$$\mu_H = R_{Hs}/\rho_s$$ ··· 식(Ⅵ-10)

안전 및 유의 사항

홀 이동도 μ_H의 값은 측정하고자 하는 시편의 두께에 대한 정보는 요구되지 않는다.

실습 방법

아래 그림 Ⅵ-3과 같이 실험 장치를 설치한다.

① 두 전자석 사이를 적당히 고정한다.

② 저전압 전원 공급기를 적당히 조절하여 두 전자석 사이에 자기장을 만들고 자기장의 세기를 측정한다.

③ 전자석 사이에 시험편을 끼워 넣는다.

④ 시험편에 전류를 걸어 준다.

⑤ 전류를 바꾸어 가며 홀 전압을 측정한다.

⑥ 시험편을 바꾸고 같은 방법으로 측정한다.

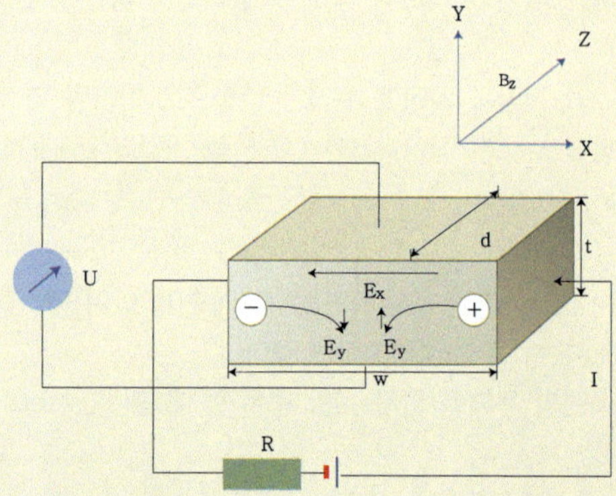

그림 Ⅵ-3 홀 효과(Hall effect) 측정 원리

2. 전위 밀도 측정

실습 목적

반도체 소자의 품질을 결정하는 요소가 되는 전위 밀도를 바르게 측정할 수 있다.

실습 재료

반도체 원재료, 부식액

실습 기기

현미경

관계 지식

(1) 결정 성장 기구(mechanism)

반도체 레이저의 제작에 사용되는 기판으로서의 웨이퍼는 결함이 아주 적은 것을 요구하며 그 중에서도 가장 중요한 결함은 전위이다. 웨이퍼에 전위가 존재할 경우, 캐리어의 비발광성(non-radiative) 재결합이 증가하여 발광 효율이 떨어질 뿐 아니라 장시간 사용 시 전위의 성장 등에 의하여 COD(catastrophic optical damage) 등에 의해 레이저의 수명이 영향을 받게 된다. 따라서, 반도체 레이저의 제작에 사용되는 웨이퍼의 경우 전위의 밀도가 cm^2당 약 500 이하인 것을 사용하게 된다. 이러한 전위 밀도는 EPD(etch pit density)로 표시한다. EPD의 측정은 반도체 웨이퍼의 화학적 식각 시 전위가 있는 곳은 국부 응력에 의하여 일정한 패턴으로 선택적으로 식각이 됨을 이용하는 방법이다.

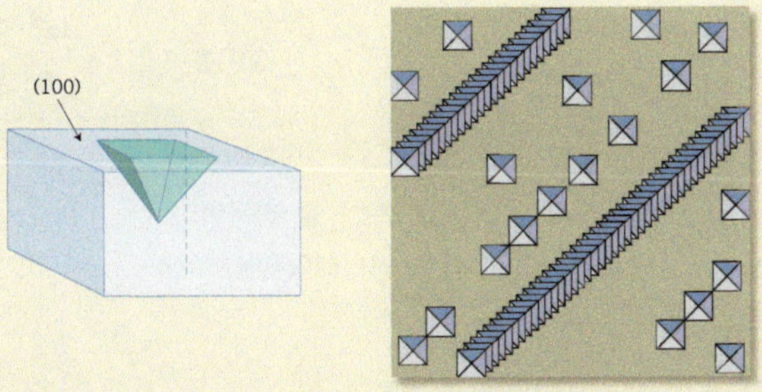

(a) (b)

그림 Ⅵ-4 수산화칼륨(KOH)으로 식각한 비화갈륨(GaAs)웨이퍼의 (100)면

이 웨이퍼의 규격으로 제시하는 EPD의 경우 비화갈륨(GaAs) 웨이퍼의 (100)면을 예열 후, 니켈(Ni) 또는 지르코늄(Zr) 도가니 중에 300~500 ℃로 용융시킨 수산화갈륨(KOH)로 30분 동안 침적하여 선택적 에칭하고, 다이아몬드 슬러리(6㎛)를 사용하여 120 rpm으로 회전하는 연마 패드에서 3 psi의 압력으로 연마 후 생성된 육각형 모양의 에치 피트(etch pit)의 밀도를 나타낸 값이다. 그림 Ⅵ-4에 이와 같이 에칭된 비화갈륨(GaAs) 표면의 에치 피트를 보였다. 전위 식각제는 DSL 수용액(48 %HF : 33 %CrO_3) : H_2O = 1 : 1 : 8)도 사용되고 있는데 여러 가지 식각제를 표Ⅵ-1에 나타내었다.

표 Ⅵ-1 전위 부식액의 종류

종 류	조 성	부식 속도 μm/min	특 성
Sirtl	1 (진한 불산) : 1[CrO_3 (5 M, 500 g/L)]	3.5	{111}에 우수, {100}에 불량, 다면체 피트
Secco	2 (진한 불산) : 1 [$K_2Cr_2O_7$ (0.15 M, 44 g/L)]	1.5	초음파 교반 필요. 모든 면에 우수. 비결정 피트
Wright-Jenkins	2(진한 불산) : 2(진한 아세트산) : 1 (진한 질산) : 1 [CrO_3 (4M, 400 g/L)] : 2 [$Cu(NO_3)_2$ + 3 H_2O (0.14 M, 33 g/L)]	1.7	초음파 교반은 불필요, 모든 결정면에 우수, 다면체 피트, 장시간 보존 가능
ASTM	불산(600 ml) + 질산(30 ml) + 브롬(Br_2)(0.2 ml) + [28 g $Cu(NO_3)_2$ + 3 H_2O(물과 1:10으로 희석)]		
Kozaswa	~~용융~~ KOH (150~247 ℃)	0.003~2.3	평균 EPD(cm^{-2}) 2×10^7, 215℃ 수분, $\{10\bar{1}0\}$, $\{10\bar{1}\bar{1}\}$
Ono	$H_3PO_4+H_2SO_4$		6×10^6~3×10^8 습식 에칭
Hong	H_3PO_4 (108~195 ℃)	0.013~3.2	(육각형 모양), 10^6~10^8 $\{10\bar{1}2\}$, $\{10\bar{1}3\}$

안전 및 유의 사항

① 부식액의 취급 시 안전 사고에 유의하고 보호구를 착용한다.
② 결정의 표면은 〈001〉 방향에 ±5° 이내로 평행해야 한다.

실습 방법

① 비화갈륨(GaAs) 웨이퍼의 (100)면을 예열 후,
② 니켈(Ni) 또는 지르코늄(Zr) 도가니 중에 300~500 ℃로 용융시킨 수산화갈륨(KOH)으로 30분 동안 침적하여 선택적 에칭하고,
③ 다이아몬드 슬러리(6 μm)를 사용하여 120 rpm으로 회전하는 연마 패드에서 3 psi의 압력으로 연마 후,
④ 생성된 육각형 모양의 에치 피트(etch pit)를 현미경으로 관찰한다.

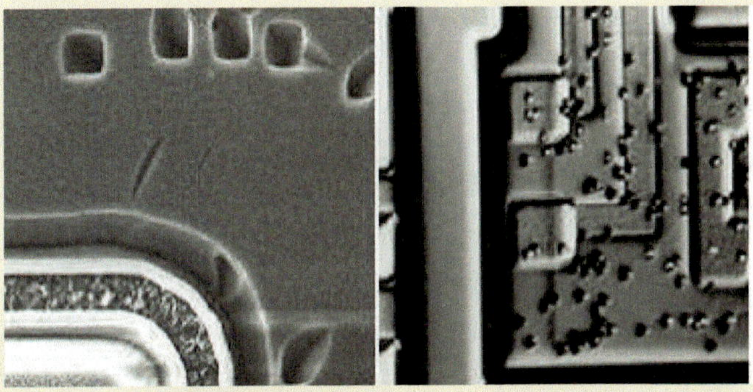

(좌) 1100℃에서 60분 습식 산화 후 (100) 표면의 전위. 이 전위는 기계적인 손상으로 인해 발생하였다.(Wright 5min, 500×)

(우) 전위에 의해 형성된 (100) 웨이퍼 뒷면의 EPD.(Wright 7min, 500×)

그림 Ⅵ-5 소자 공정 중에 발생한 결함(육각형 모양 피트)

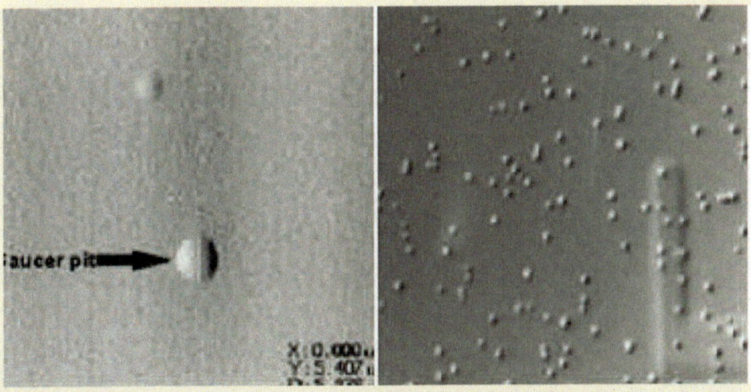

(좌) 게터링(gettering) 능력이 불충분하여 나타난 (111) 웨이퍼 표면의 접시 모양(saucer) 피트 (Wright 30 min, 1000×)

(우) 공정 중 오염에 의해 형성된 접시 모양(saucer) 피트

그림 Ⅵ-6 소자 공정 중에 발생한 결함(접시 모양 피트)

3. 캐리어 농도 측정

실습 목적

반도체 소자의 작동에 큰 영향을 미치는 전기적 성질을 측정하는 데 있어서 깊이에 따른 전하 농도를 측정할 수 있다.

실습 재료

반도체 소자(p-GaN), 전해액(0.5M HCl)

실습 기기

ECV(electrochemical capacitance-voltage) 측정기

관계 지식

반도체 소자의 작동에 큰 영향을 미치는 전기적 성질을 측정하는 데 있어서 깊이에 따른 전하 농도를 구하는 방법은 분포 저항, 미분홀 측정(differential Hall), C-V 및 ECV(electrochemical capacitance-voltage) 등의 방법이 있다. 이 중에서도 ECV법은 반도체와 전해액 계면이 쇼트키 다이오드로 작동하여 C-V 측정이 가능하고, 전기 화학 에칭에 의해 C-V법이 가지고 있는 단면 프로필(depth profiling)의 한계를 극복할 수 있어 가장 널리 사용되고 있는 방법이다.

반도체가 전해질과 접촉해 있으면 전하 교환과 용해 과정에 의해 계면에 쇼트키 접합이 형성된다. 따라서, n, p형 반도체에 역전압을 걸어 주고 C-V 측정을 하여 전하 농도를 구할 수 있다. 반도체의 식각은 정공에 의해 일어난다. p형 반도체의 경우 정공이 풍부해 반도체/전해질 계면에 순방향 바이어스를 걸어 주면 식각이 가능해진다. n형 반도체의 경우 정공을 형성시키기 위하여 반도체/전해질 계면에 빛을 조사함으로써 전자가 가전자대에서 전도대로 천이하면서 가전자대에 정공이 형성된다. 여기에 역방향 바이어스를 걸어 주면 식각할 수 있다. 따라서, C-V 측정 원리를 이용하여 반도체의 전하 농도를 측정하고 에칭 원리로 식각하는 것이 가능하므로 이 두 가지 원리로 측정과 에칭을 반복하면 반도체 박막의 깊이에 따른 전하 농도 분포를 구할 수 있다. 그림 Ⅵ-7은

그림 Ⅵ-7 ECV 측정기

ECV 측정 데이터의 한 예로 깊이에 따른 pn 접합 반도체의 전하 농도 분포를 보여 주고 있다.

실습 방법

① 반도체가 전해질과 접촉해 있으면 전하 교환과 용해 과정에 의해 계면에 쇼트키 접합이 형성된다.

② n형, P형 반도체에서 역방향 전압과, 순방향 전압을 걸어 주어 C-V를 측정한다.

③ 전하 농도를 구한다.

④ 이 두 가지 원리로 측정과 에칭을 반복해서 반도체 박막의 깊이에 따른 전하 농도 분포를 구한다.

실험 결과

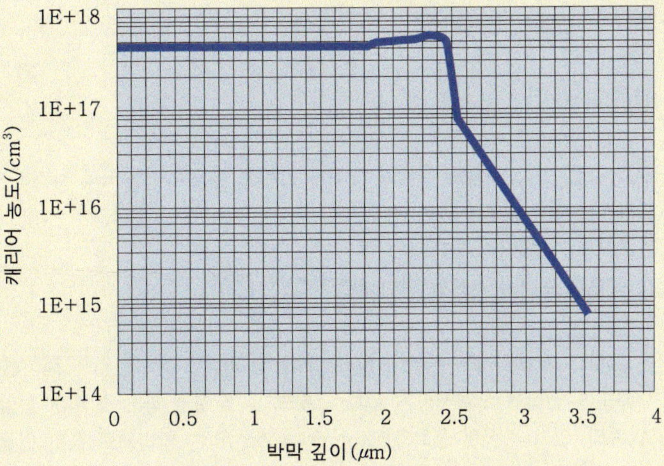

그림 Ⅵ-8 질화갈륨(GaN)-사파이어(GaN on Sapphire) 프로필

4. 도핑 깊이 측정법

실습 목적 연마 및 염색법(groove and stain)에 의해 도핑 깊이를 측정할 수 있다.

실습 재료 불산, 과산화수소, 웨이퍼, 연마기

실습 기기 현미경, 나트륨 광원

안전 및 유의 사항

① 불산(HF)과 같은 화학 약품을 취급할 때에는 인체에 접촉되지 않도록 각별히 유의한다.
② 일반적으로 나트륨등을 광원으로 쓴다.
③ 프린지를 정확하게 세어야 한다.
④ 보통 현미경으로 프린지 사진을 찍어 측정한다.

관계 지식

접합 깊이는 그루브(groove) 혹은 경사 연마(bevel) 및 염색(stain)에 의해 측정된다. 접합 깊이가 극히 얕기 때문에 접합을 노출시키기 위해 그루브 및 베벨을 하는 것이다. 접합 자체는 육안으로 보이지 않는다. 그러나 접합 선화(junction delineation)라는 방법으로 접합 면을 눈에 보이게 할 수 있다. 이 방법은 n형과 p형 영역의 전기적 특성의 차이를 이용한다. 먼저 불산(HF)과 물의 혼합물을 접합부에 떨어뜨린다. 그 후, 빛을 조사하면 정공과 전자가 각 지역으로 흘러간다. 그리고 전류가 흐르면 HF/H_2O의 혼합물이 실리콘(Si)을 식각하므로 접합의 n형 지역을 어둡게 한다. 또다른 방법은 전자 착색(electro staining) 방법이다. 구리 화합물을 접합부에 떨어뜨리고 빛을 조사하면, 접합의 양쪽이 전지의 전극 역할을 해서 구리 용액이 전해되고 접합부를 통해 전류가 흐르게 되어 구리가 접합의 n형 영역에 붙게 된다. 그 결과로 착색이 되어 현미경으로 보면 프린지가 보인다. 접합 깊이는 표면에서 접합 깊이까지의 프린지를 세서 측정한다. 주어진 파장에 대하여 각 프린지는 특정한 깊이를 나타낸다.

실습 방법

(1) n과 p 영역의 전기적 특성의 차이 이용법
① 불산(HF)과 물의 혼합물을 접합부에 떨어뜨린다.
② 빛을 조사하면 정공과 전자가 각 지역으로 흘러간다.
③ 전류가 흐르면 HF/H_2O의 혼합물이 실리콘(Si)을 식각하므로 접합의 n형 지역을 어둡게 한다.

(2) 전자 착색(electro staining)법
① 구리(Cu) 화합물을 접합부에 떨어뜨리고 빛을 조사한다.
② 접합의 양쪽이 전지의 전극 역할을 해서 구리 용액이 전해되고 접합을 통해 전류가 흐르게 되어 구리(Cu)가 접합의 n형 영역에 붙게 한다.
③ 착색이 되었는지 확인하고 현미경으로 프린지를 확인한다.
④ 표면에서 접합 깊이까지의 프린지를 분석하여 접합 깊이를 측정한다.

5. 밴드 갭 측정

실습 목적

LED를 사용하여 반도체 재료의 밴드 갭을 측정할 수 있다.

실습 재료

돋보기, 밧데리/스냅 커넥터, 470Ω 저항, LED 소켓, 광원

실습 기기

전원 공급기, LED 패널, 디지털 멀티미터

안전 및 유의 사항

① 발광하는 LED를 오랫동안 응시하지 않는다.
② 전선의 날카로운 끝 부분을 조심한다.
③ 금속이 노출된 전선 부위를 맨손으로 만지지 않는다.
④ 전원 공급기는 DC 0~6V로 설정하고, 사용하지 않을 때에는 전원을 차단한다.

관계 지식

발광 다이오드

발광 다이오드(LED : light emitting diode)는 1962년 GaAsP 화합물 반도체를 이용한 적색 LED가 상품화된 것을 시작으로 GaP 계열의 녹색 LED와 함께 지금까지 정보 통신 기기를 비롯한 전자 장치의 표시 화상용 광원으로 이용되어 왔다. 90년대 중반 이후, 질화갈륨(GaN)의 청색 LED가 개발되면서 LED를 이용한 순천연색 디스플레이가 가능하게 되었다.

(1) LED의 원리

LED(light emitting diode:발광 다이오드)는 화합물 반도체(예:GaP, GaAs)의 pn접합 다이오드에 순방향 전류가 흐를 때 빛을 발하는 현상을 이용한 소자로서, 아래 그림에서 보는 바와 같이, pn 접합에 순방향으로 전압, 즉 p측에 +극, n측에 -극을 접속하면, p측의 정공은 n측에, n측의 전자는 p측으로 이동하여 소수 운반자(carrier)가 되고 pn 접합점에서 전자와 정공이 결합하면서 전자가 반도체의 밴드 갭(band gap)에 해당하는 에너지를 빛으로 방출하면서 발광하는 원리이다. 즉, 반도체의 pn 접합 구조를 이용하여 주입된 소수 캐리어(전자 또는 양공)를 만들어 내고, 이들의 재결합(再結合)에 의하여 전자와 정공의 에너지 차에 해당하는 빛을 방출한다.

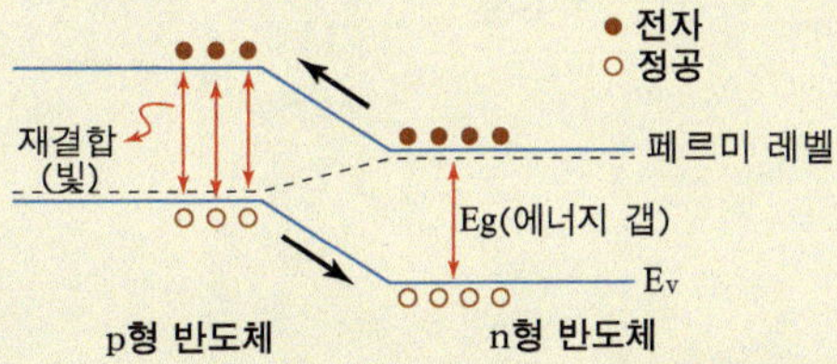

그림 Ⅵ-9 순방향 전압 하에서의 pn 접합 LED

최대 파장(peak wavelength) = 1240 nm/E_g

E_g는 반도체의 에너지 갭으로 반도체 결정의 재료 및 농도 등에 따라 변화하여 발광 색상에 영향을 미친다. 레이저라든가 발광 다이오드는 전자가 여기되어 있다가 아래쪽 상태로 천이를 하면서 두 준위(level) 사이의 에너지가 변환되는 것이다. 따라서, 이 때 나오는 빛의 에너지는

$$E_g = hc/\lambda \quad \text{(식 VI-12)}$$

h : 플랑크 상수(4.14×10^{-15} eV/s)

c : 빛의 속도(3×10^{8} m/s)

k : 빛의 파장(청색의 경우는 450~500 nm, 평균 4.75×10^{-7} m)

위의 식에 상수들을 대입해서 계산하면 청색광의 에너지는 2.61 eV가 된다.

Band-gap energy(eV)	IV B족원소	2원계 IV-IV족 화합물	2원계 III-V족 화합물	2원계 II-VI족 화합물	2원계 IV-VI족 화합물	이원계 n-VIIB족 화합물	3원계 화합물
0.00-0.25	Sn		InSb	HgTe			HgCdTe
0.25-0.50			InAs	HgSe	PbSe, PbS, PbTe		
0.50-0.75	Ge		GaSb				InGaAs
0.75-1.00		SiGe					
1.10-1.25	Si						
1.25-1.50			GaAs, InP	CdTe			AlInAs
1.50-1.75			AlSb	CdSe			AlGaAs
1.75-2.00			BP, InN				CdZnTe, CdZnSe, InAlP
2.10-2.25		SiC	AlAs	HgS		HgI_2	CdMnTe
2.25-2.50			GaP, AlP	ZnTe, CdS		PbI_2	TlBrI, InAlP, $TiPbI_3$
2.50-2.75				ZnSe		TlBr	
2.75-3.00				MnSe			
3.10-3.25				MnTe			
3.25-3.50			GaN	MgTe, MnS			
3.50-3.75				MgSe, ZnS			
4.25-4.50				MgS			
5.75-6.00			BN				
6.10-6.25			AlN				

(2) LED의 종류

LED는 구동 방법에 따라 병렬형, 직렬과 병렬의 병용형, 매트릭스형이 있다. 병렬형은 각각의 LED를 독립해서 구동하기 때문에 숫자 표시나 레벨미터 등 소수의 LED를 이용한 디스플레이의 구동에 적용한다. 병용형은 다수의 LED 소자를 사용하는 옥외용 LED 램프 등의 구동에 이용된다. 그리고 매트릭스형은 복잡한 문자, 화상 표시 등에 이용된다. 또한, LED는 크게 적외선 발광 다이오드(IRED : infrared emitting diode)와 가시광 발광 다이오드(VLED : visible light emitting diode)로 나누어진다.

1) 가시광 발광 다이오드 칩(visible LED chip)

가시광 발광 다이오드(VLED : visible light emitting diode)는 빨강, 녹색, 청색, 오렌지색 등이 개발되어 있다. 이 칩은 램프로 조립(LED)되어 각종 전자 제품의 표시나 신호등 및 전광판 등의 광원으로 사용된다.

2) 적외선 발광 다이오드 칩

적외선 발광 다이오드(ILED : infrared emitting diode)는 IR 발생기(emitter), TV 리모콘, 광학 스위치, IR LAN, 무선 디지털 데이터 통신용 모듈 등에 쓰이고 있다.

(3) LED 발광 물질 및 파장

발광 다이오드에서 방출하는 빛의 색상은 반도체 칩 구성 원소의 배합에 따라 파장을 만들며, 이러한 파장이 빛의 색상을 결정한다. LED 발광 색상은 현재 빨강, 파랑, 녹색, 노랑, 오렌지색 등이 사용되고 있다. 첨가하는 불순물의 함량에 따라 물질의 파장이 달라 파장은 인간의 가시광선 영역인 400나노미터에서 700나노미터 사이이며, 적색은 700나노미터대, 녹색은 565나노미터, 노랑은 585나노미터, 오렌지색은 635나노미터의 파장을 형성하고 있습니다.

LED는 **휘도**(brightness)에 따라 General급, Super급, Ultra급으로 나눠진다. 100 mcd 이하는 General급이고, 500 mcd 이하는 Super급, 그 이상은 Ultra이다. 일반적으로 사용되는 반도체 물질에 따라서 색깔이 다르다. 다음 General급 표를 보면 이해할 수 있다. 같은 반도체라도 인화갈륨(GaP)의 불순물이 섞인 경우에는 아연 및 산소 원자가 관여하는 발광은 파장 700 nm이 되는 적색이고, 질소 원자가 관여하는 발광은 녹색(파장 550 nm)이 된다. 현재 고휘도 LED에 주로 사용하는 AlGaInP(alumiium gallium indium phosphide) 칩에서는 적색(red)부터 호박색(amber)까지, InGaN(indium gallium nitride) 칩에서는 청색(blue)과 녹색(green), 그리고 청색(blue) 칩(chip)에 형광체(phosphor) 기술을 접목하여 백색(white) LED를 가능하게 하였다.

> **용어해설**
>
> **휘도**
>
> 광원(光源)의 단위 면적당 밝기의 정도. 단위는 제곱미터당 칸델라(cd), 스틸브(Sb), 람베르트(Lambert) 따위를 쓴다.

▶ 일반 LED의 발광 물질 및 파장

발광 물질	GaP		GaN	GaAs		GaAlAs	
색상	녹색	적색	청색	적색	적외선	적색	적외선

파장 (nm)	400~450	450~470	470~557	557~567	567~572	572~585	585~605	605~630	630~700
색상	연한 청색	청색	연한 녹색	녹색	연두색	노란색	호박색	오렌지색	적색

1) 고휘도(super)급 LED의 발광 물질 및 파장

발광 물질	GaAlAs	GaAsP		GaN	InGaN	GaP
색상	적색	적색	노랑색	청색	녹색	녹색
파장(nm)	650	660	572	470	572	572

2)초고휘도(ultra)급 LED의 발광 물질 및 파장

발광 물질	GaAlAs	InGaAlp			GaN	InGaN
색상	적색	적색	오렌지색	노랑색	청색	녹색
파장(nm)	650	660	572	470	572	572

(4) 가시 LED의 종류

1) 인화갈륨(GaP) 적, 녹색 LED

각종 기기의 스위치 on/off나 기능 표시를 비롯하여 완구 오락 등 폭넓게 활용된다.

2) 인화갈륨비소(GaAsP) 적, 등황색 LED

세그먼트형과 매트릭스형이 있는데, 현재 각 세그먼트에 LED 칩을 배열하여 반사판을 이용하는 세그먼트형이 주류이다.

3) 비소화갈륨알루미늄(GaAlAs) 고휘도 적색 LED

종래 LED는 휘도 부족 때문에 실내 표시에 사용되어 왔으나 최근 LED는 고휘도화, 다색화, 저가격화가 진전, 옥외 표시 차량 등 새로운 응용이 전개되었다. 옥외형 대형 LED는 복수의 LED를 동일 하우징 내에 직접 설정하는 것에 의해 휘도를 향상시킨 것이다.

4) 청색 LED

여러 사람을 대상으로 한 정보 표시로서 LED를 매트릭스 형상에 배치한 패널 디스플레이를 말한다. 역 구내나 공항 내의 교통 정보 표시에 이용되고 있다.

실습 방법

LED에서 전기 에너지는 빛에너지로 전환된다. 그리고 스위치에 필요한 전압은 LED로부터 방출되는 빛의 에너지에 비례한다. 또, 가시광의 스펙트럼 차트와 LED의 빛을 비교하면 LED의 색상에 해당하는 파장을 알 수 있다. 이 파장을 사용하면 다이오드의 접합면에서 발생하는 전자의 천이 에너지를 계산할 수 있다. 색을 띤 빛은 반도체 재료에서 에너지 갭을 가로지르는 전자의 천이에 의해 발생한다. 반대로 다이오드에 비치는 빛은 전기 에너지로 전환될 수 있다.

① 여러 가지 무색 LED가 있는 패널을 준비한다.

② DC 0~6 V를 공급할 수 있는 전원 공급기를 연결한다.

③ 디지털 멀티미터를 연결하고 DC로 맞춘다.

④ 가장 낮은 전압으로 하여 전원 공급기를 켠다.

⑤ 전압을 올려 LED 중 하나가 발광할 때까지 올린다.

⑥ 디지털 멀티미터가 2.5 V를 초과하지 않는 범위 내에서 모든 LED가 빛이 날 때까지 전압을 천천히 올린다.

⑦ 이제 서서히 전압을 내리면서 다이오드를 관찰한다.

⑧ 5~7 단계를 반복하고, 각 LED의 동작 전압을 기록한다.

⑨ 모든 LED를 발광시키고 그 빛을 가시광 스펙트럼의 차트와 비교한다. 또한, 스펙트로스코프

로 발광하는 LED을 보고 각각의 파장을 나노미터 단위로 기록한다.

⑩ 전원 공급기를 끄고, 회로에서 (+)리드만 단선시키고, 디지털 멀티미터를 제거한다.

⑪ 어두운 방에서 밝은 섬광을 LED 판넬에 비추고 디지털 멀티미터로 각각의 LED에 흐르는 최대 전압을 기록한다.

⑫ 저항(470 Ω)과 소켓이 있는 9 V 밧데리와 스냅 커넥터를 만든다. 소켓에 청색 LED를 결속시켜 LED 판넬에 비추고, 디지털 멀티미터로부터 각각의 최대 전압을 기록한다.

⑬ 위 ⑫에서 청색을 적색으로 교체시키고 같은 작업을 하여 최대 전압을 각각 기록한다.

⑭ LED가 소켓에 반대 방향으로 위치했을 때 어떻게 되는지 측정한다.

⑮ 돋보기를 사용하여 LED를 2배 확대시키고, 발광하는 부위를 그림으로 나타낸다.

관계 지식

표 Ⅵ-2 LED를 사용한 반도체 재료의 밴드 갭의 측정 결과

LED 색상	turn-on 전압	발광 파장	발광 에너지	밴드 갭	조성

6. 반도체 소자의 I-V 측정

실습 목적 반도체 재료의 전기적인 특성을 I-V를 측정해서 구할 수 있다.

실습 재료 평행판 도체, 커패시터

실습 기기 프로브 스테이션(probe station), 측정 장비, 컴퓨터

안전 및 유의 사항

① DRAM에서 요구하는 최소한의 셀 커패시턴스인 25fF 이상을 확보해야 한다.
② 동일 조건에서 가급적 커패시턴스가 큰 쪽이 좋다.

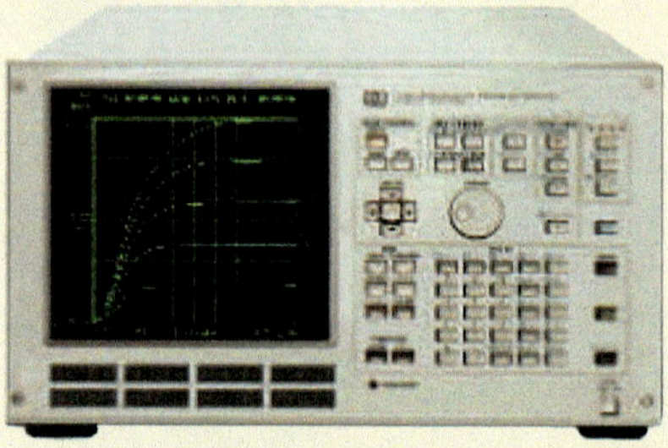

그림 Ⅵ-10 측정 장비

관계 지식

전자 재료, 특히 반도체 재료에서 전기적 특성을 조사하는 것은 상당히 중요하다. 이런 전기적 특성을 측정하는 방법 중에 I-V 측정이 있는데, 이는 우리가 원하는 재료에 특정 전압을 흘려 주었을 때, 이에 반응하여 나타나는 전류를 측정함으로써 그 재료의 비저항이라든가 누설 전류(leakage current) 특성, 그리고 항복 전압(break down voltage) 등을 측정할 수 있다.

(1) 캐리어 표동

만약 재료에 전기장을 가하면 전자와 정공은 이 전기장에 의해 힘을 받게 되고 전도대(전자의 경우)나 충만대(정공의 경우)에 이동 가능한 에너지 상태가 존재한다면 전자와 정공의 순 흐름이 생기게 된다. 이렇게 전기장에 의한 하전입자들의 움직임을 표동(drift)이라고 한다. 또, 이런 순 표동(net drift)은 표동 전류(drift current)를 발생시킨다.

(2) 캐리어 확산

일반적으로 확산(diffusion)은 농도가 높은 곳에서 낮은 곳으로의 입자의 흐름을 의미한다. 만약

이 입자들이 전기적으로 하전되어 있다면 확산 전류(diffusion current)를 발생시킬 수 있다.

(3) 전체 전류 밀도

앞에서 우리는 전자의 표동 전류와 확산 전류, 그리고 정공의 표동 전류와 확산 전류에 대해 살펴보았는데 전체 전류 밀도는 4가지를 모두 포함한다.

(4) 금속-절연체(또는 반도체) 접촉

집적 회로에서는 게이트 산화막(gate oxide)에 산화실리콘(SiO_2) 같은 절연체가 널리 쓰인다. 이런 절연체는 도체와 접촉을 통해 원하는 곳에 전류의 흐름을 차단하게 된다. 절연층의 작용이 완벽하다면 어떠한 전류도 절연층을 통해 흐르지 못할 것이나 실제로는 몇 가지 전도 기구(conduction mechanism)에 의해 전류가 흐른다. 또, 이 절연층이 1 mm 이하인 박막에서는 상당한 전류가 흐를 수 있다.

절연층을 통해 흐르는 전자는 진성일 수도 있고, 외인성일 수도 있는데, 진성 전도(intrinsic conduction)는 전자가 절연체 그 자체로부터 발생한 것으로 전도는 절연체의 특성에 의존한다. 반면, 외인성 전도(extrinsic conduction)는 절연체와 접해 있는 전극으로부터 전자가 주입된 것으로, 이 때의 전도는 전극/절연체의 접합면(contact)의 특성에 의존한다. 절연체와 전극의 접합은 절연체와 전극의 일함수에 따라 저항성 접촉(ohmic contact)과 쇼트키 접촉으로 나눌 수 있는데, 후자의 경우 전극으로부터의 전자 주입에 전도가 제한되고, 전자의 경우는 절연체에 의해 전도가 제한된다.

실습 방법

(1) 프로브 스테이션(probe station)의 사용법

그림 Ⅵ-11에서 보는 바와 같이 위면 전극과 밑면 전극을 I-V를 측정하고자 하는 단자에 현미경으로 보면서 살짝 올려놓는다.

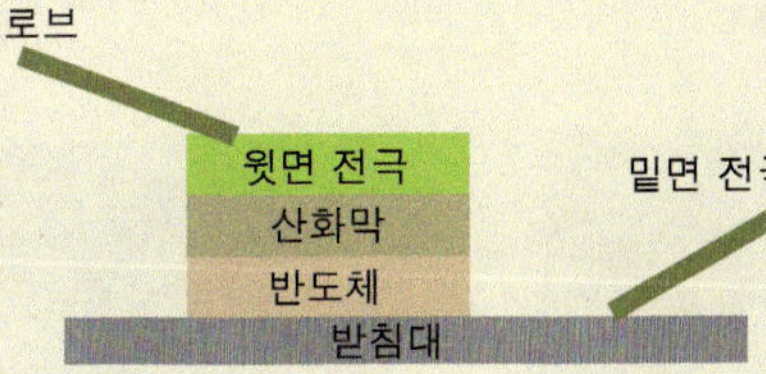

그림 Ⅵ-11 프로브 스테이션

(2) 측정 장비

이 측정기는 10^{-15} A의 분해능을 가지고 있으며 0.001 10^{-12} A~1.999 10^{-2} A의 범위에서 기본적으로 0.5%의 정확도를 가지고 있다. 측정 장비 앞면 패널은 그림 Ⅵ-12와 같이 나타난다.

여기서, ① 전원, ② 디스플레이, ③ 소프트키(soft keys), ④ 페이지 조정키, ⑤ 측정키, ⑥ 자동 실행키(auto sequence key), ⑦ 검출 시간키(integration time key), ⑧ HP-IB 상태 표시기, ⑨ 프린트키, ⑩ 청색/녹색키(부가 기능키), ⑪ 에러키, ⑫ 실행키(exrcute key), ⑬ 커서 조절키, ⑭ 마커 컨트롤 다이얼, ⑮ 초기화키(auto-calibration key), ⑯ 공학 단위키, ⑰ 산술 연산(arithmetic operator), ⑱ 숫자키, ⑲ 편집키, ⑳ 사용자 파일키(save, get), ㉑ 측정 램프, ㉒ CRT 조정, ㉓ 디스크 드라이브이다.

또, 메뉴 페이지로부터 나타나는 각각의 메뉴 창들은 그림 Ⅵ-13에서 보는 것과 같다.

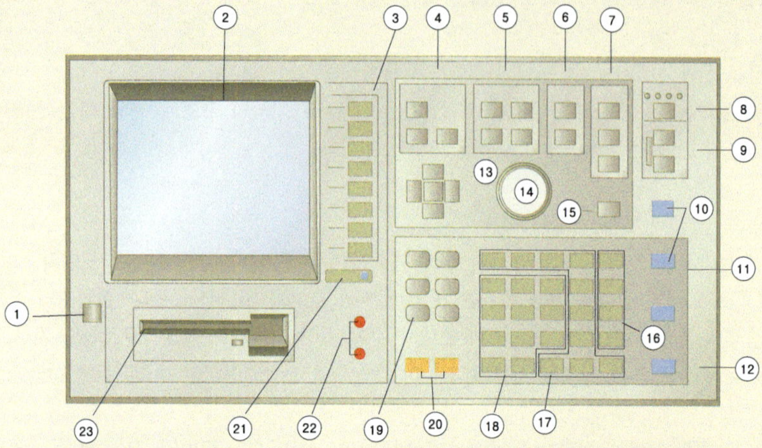

그림 Ⅵ-12 앞면 패널

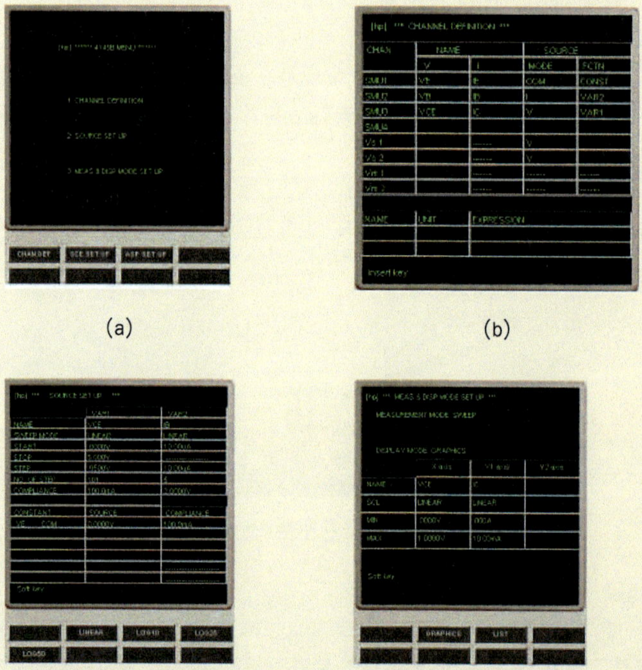

(a) (b) (c) (d)

그림 Ⅵ-13 (a) 메뉴 페이지, (b) 채널 지정(definition) 페이지, (c) 소스 설정 페이지, (d) 측정과 디스플레이 설정 페이지

조작 순서는 4145B 메뉴 페이지에서 1번 채널 지정 모드를 선택하여 윗면 전극 프로브는 그대로 공통(common)으로 두고 밑면 전극 프로브를 바꾸어 준다. 그 다음 2번 소스 설정 페이지(source setup page)로 이동하여 시작(start)/정지(stop)/단계(step) 값을 지정해 준다. 보통 컴플라이언스(compliance)는 0.1 mA 정도로 한다. 다시 3번 측정과 디스플레이 모드(meas & disp mode)로 이동하여 측정 시 디스플레이 상에 나타나는 범위(range)를 결정해 준다.

(3) 인터페이스 컴퓨터

측정 장치가 프로브 스테이션(probe station)을 이용하여 박막의 I-V 특성을 측정하도록 하는 일련의 프로그램을 수행하고 데이터 파일(data file)을 입력하거나 얻는 역할을 한다.

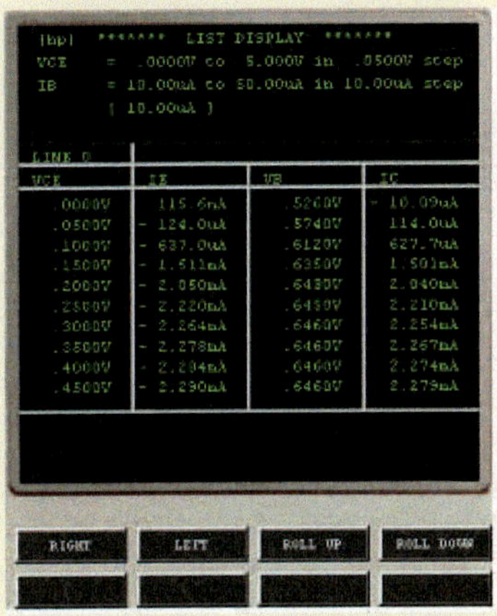

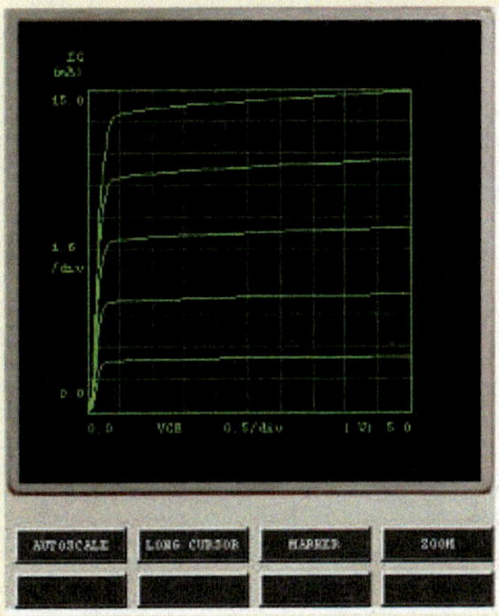

7. MOS 소자의 C-V 측정

실험 목적 커패시턴스를 측정하여 반도체의 도핑 프로필을 구할 수 있다.

실습 재료 평행판 도체, 커패시터

실습 기기

1. 임피던스 분석기
2. 프로브스테이션
3. 테스트 리드선
4. 컴퓨터
5. HP-IB
6. 인터페이스 케이블

안전 및 유의 사항

① 측정하는 표면이 거칠거나 일정하지 않게 도핑된 경우 측정값은 큰 오차를 가질 수 있고, 여러 불순물이 섞여 있을 때 각각의 불순물들을 구별해 내기가 어렵다.

② C-V 측정 시 측정 조건들(측정 주파수, bias sweeping rate, 측정 온도 등)을 자세히 기록해야 한다.

관계 지식

유효 두께(effective thickness) : T_{ox}

(1) 측정 대상 : 초기 유전체 재료이었던 산화물로의 두께 환산 수치

(2) 측정 방법 : 측정된 커패시턴스로부터 역산한다(A : 게이트 면적).

$$T_{ox}=\frac{\varepsilon_o\varepsilon_{ox}\mathrm{A}}{\mathrm{C}} \quad \cdots\cdots \text{식(VI-13)}$$

1) 산화막의 질(BV_{ox} 혹은 절연파괴 전압)

BV_{ox}(산화막의 절연파괴 전압)의 측정은 산화막의 질을 재는 척도이다. 사용되는 실험 장치의 구조는 C-V 분석과 같다. 이 경우 산화막이 파괴되고 전류가 알루미늄(Al) 도트(dot)에서 실리콘(Si)으로 자유로이 흐를 때까지 전압을 올린다. 절연파괴 이전에 산화막이 버틸 수 있는 최대 전압은 산화막의 두께, 구조의 질 및 순도의 함수이다.

2) C-V 측정 장비

임피던스 분석기로 C-V를 측정할 수 있는데, 이 장치의 전면부는 그림 VI-13과 같다.

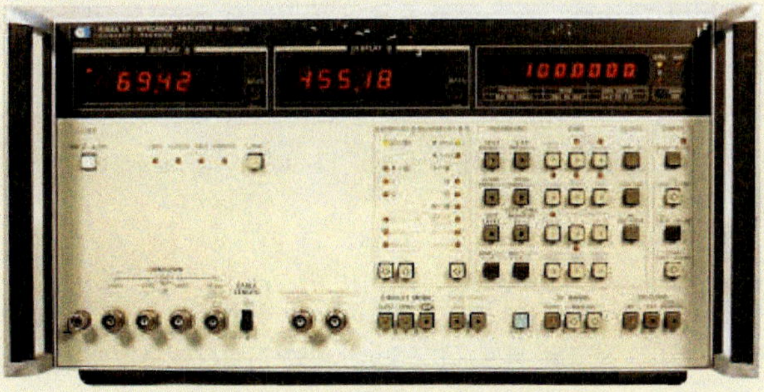

그림 Ⅵ-13 전면 패널 특징

가. MOS 커패시터의 동작 원리

C-V 곡선은 MOS 소자의 평가에 폭넓게 사용된다. MOS 커패시터의 구조는 그림 Ⅵ-14와 같으며, 이 커패시터에 의해 측정된 C-V 곡선으로부터 여러 가지 소자와 기판 재료 및 공정에 관련되어 있는 다음과 같은 변수들을 알아 낼 수 있다.

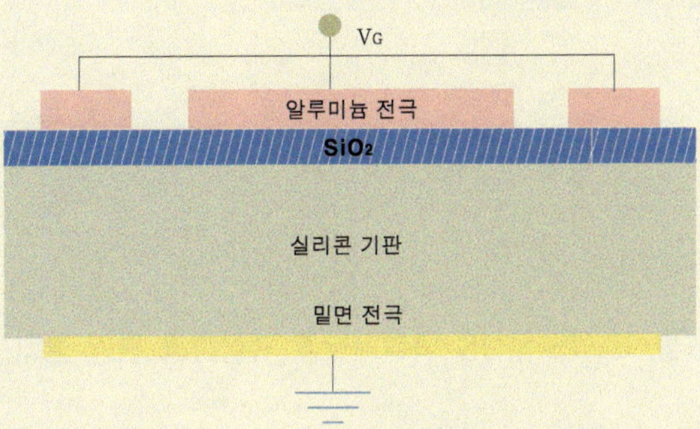

그림 Ⅵ-14 MOS 커패시터의 구조

T_{ox} : 산화막의 두께

$N_a(N_d)$: 소자의 표면 근처에서의 엑셉터(도너) 도핑 농도

V_{fb} : FLAT 밴드 전압

V_T : 문턱 전압

$Q_f(N_f)$: 실리콘-절연체 계면 영역에서의 계면 고정 전하(밀도)

$Q_m(N_m)$: 절연체 내에서의 유동 전하(밀도)

$Q_{it}(N_{it})$: 실리콘-절연체 계면 영역에서의 계면 포획 전하(밀도)

이 변수들은 고주파 및 저주파 C-V 곡선으로부터 구해질 수 있다. C-V 곡선은 주로 MOS 구조를 평가하기 위해서 사용되지만 pn 접합과 쇼트키 다이오드 역시 C-V 곡선에 의해 평가될 수 있다.

그림Ⅵ-14에서 보는 바와 같이, p형 반도체의 게이트에 음 전압을 가하면 반도체의 정공이 계면으로 이끌리게 되어 산화막 커패시턴스 C_{ox}만이 측정되며, 게이트 전압이 양의 값을 가짐에 따라 정공이 계면으로부터 밀려나서 공간 전하 영역의 커패시턴스 C_{si}가 산화막 커패시턴스와 직렬로 나타난다. 따라서, $\frac{1}{1/C_{ox}+1/C_{si}}$로 주어지는 전체 커패시턴스는 감소하게 된다. 여기서 게이트 전압이 계속 증가함에 따라 C_{si}는 감소하면서 전체 커패시턴스 역시 감소한다. 그런데 어떤 게이트 전압에서는 계면 쪽에서 전자들의 반전층(inversion layer)이 나타나게 된다. 이 반전층이 차단

막(blocking layer)이 되어 더 이상 공간 전하 영역이 증가하지 못하게 된다. 따라서, 반전층이 생길 때 C_{si}은 최소값에 도달되고 전체 커패시터의 값 역시 최소값으로 유지된다. 커패시턴스가 최소값에서 일정하게 유지되는 것은 고주파 C-V 곡선에서만 나타나는데, 그 이유는 전자들의 생성-재결합 속도가 AC 신호와 보조를 맞추기에 너무 느리기 때문이다.

나. MOS 캐패시터 측정

그림 Ⅵ-15는 HP4280과 프로브 스테이션에 측정하고자 하는 시편이 연결된 것을 나타내고 있다. 그림에서 보듯이 게이트 전극을 통해 음 전압에서 양 전압으로 전압을 인가하여 인가 전압에 따른 C-V 특성 곡선을 얻을 수 있다. 인가되는 주파수는 1 MHz의 고주파로 고정되어 있어 있기 때문에 단지 축적과 공핍의 특성을 얻을 수 있다.

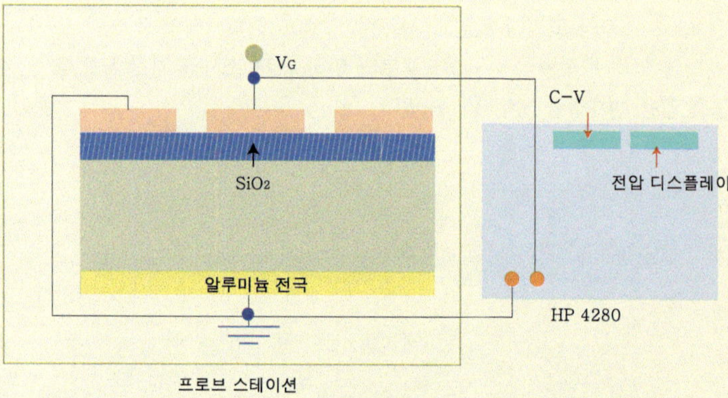

그림 Ⅵ-15 MOS 커패시터를 측정하기 위한 장치도

HP4280 측정 장치의 DC 경사(ramp) 전압의 변화 영역

게이트에 인가되는 전압의 변화에 따른 커패시턴스값은 C_{max}에서 C_{min}까지 모두 관찰할 수 있고, 축적과 반전이 일어나도록 전압이 충분히 크게 변화하여야 한다. 예를 들면, 800~1200 A의 게이트 산화막 두께에 대해서는 전압이 5 V까지 변해야 하며, 0.1~1.5 nm의 게이트 산화막 두께에 대해서는 20 V 정도까지 변해야 한다.

실습 방법

① 산화층에 이동성 이온에 의한 오염이 있는지를 테스트하기 위해 문턱 전압의 변화를 본다.
② 이 테스트는 특별하게 준비된 웨이퍼로 행한다. "깨끗한" 웨이퍼에 산화층을 형성한다.
③ 산화막을 형성시킨 후 마스크를 통한 증착에 의해 알루미늄 도트(dot)를 형성한다.
④ 도트 증착 후에 알루미늄과 산화막 사이에 좋은 전기적 접촉을 위해 합금 처리를 한다.
⑤ 도트를 형성한 웨이퍼를 척에 놓고 알루미늄 도트에 프로브(probe)를 댄다.
⑥ 전압을 도트에 인가해서 서서히 증가시키면서 커패시터를 계속 측정한다.
⑦ X-Y 플로터의 Y축에 커패시터를, X축에 전압을 기록한다.

실험 결과

한 번의 측정으로 여러 가지 파라미터를 구할 수 있다.

(1) 반도체의 도핑 형식

C-V 곡선의 모양으로 n형인지 p형인지 알 수 있다. 즉, 높은 주파수에서 p형은 전압이 증가할

때 C값이 감소하고, n형은 전압이 증가할 때 C값이 증가한다.

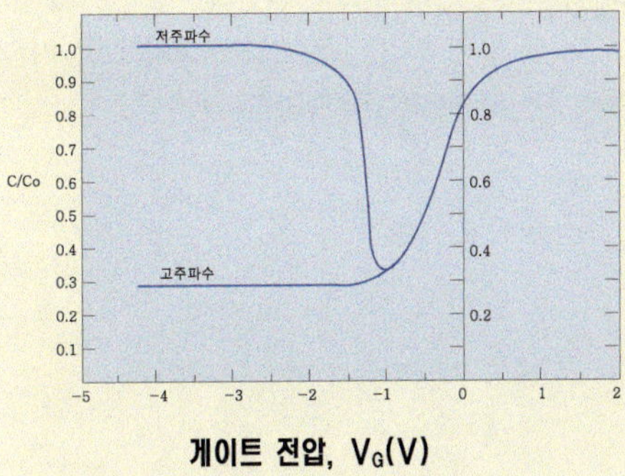

그림 Ⅵ-16 n형의 C-V 곡선

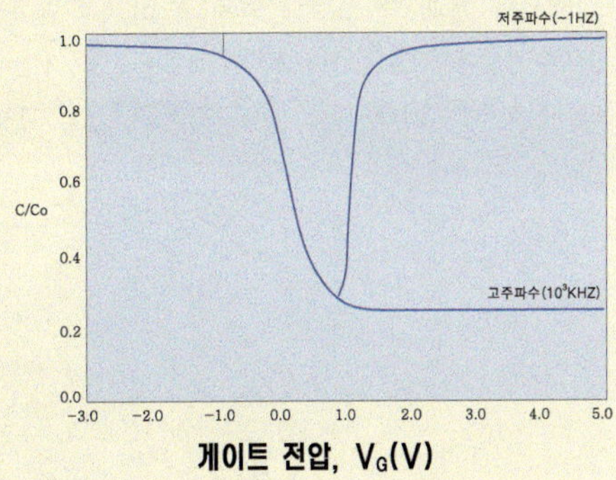

그림 Ⅵ-17 p형의 C-V 곡선

(2) 도핑 농도(doping concentration)

C-V 곡선에서 축적(accumulation)에서의 C값과 반전(inversion, high frequency)에서의 C값으로부터 도핑 농도를 구할 수 있다. 즉, 식 (Ⅵ-14)에서 공핍층의 두께(depletion width) W_T를 구해서 식 (Ⅵ-15)으로부터 도핑 농도 N_a를 구할 수 있다.

$$C_{inv}=\frac{C_oC_s}{C_o+C_s}=\frac{C_o}{1+\dfrac{\varepsilon_oW_T}{\varepsilon_sx_o}} \quad \cdots\cdots \text{식(Ⅵ-14)}$$

$$W_T=\left(\frac{2\varepsilon_s}{qN_a}\phi_s\right)^{1/2} \quad \cdots\cdots \text{식(Ⅵ-15)}$$

보통은 미리 계산하여 그려 놓은 그림 Ⅵ-18을 이용하게 되는데, 예를 들어 5 μm의 Si 위에 950 Å의 산화물층이 입혀진 경우에 $C_{min}/C_0=0.49$가 실험에서 얻어졌다면 그림 Ⅵ-18에서 $a\approx16$이 나온다. $a=\log_{10}N$ 이므로 $N\simeq10^{16}(cm^{-3})$이 얻어진다.

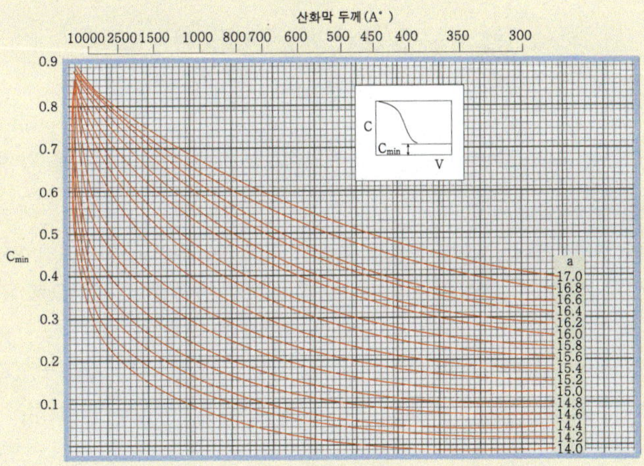

그림 Ⅵ-18 MOS 커패시턴스-곡선

그러나 이 방법은 반도체의 두께가 최대 공핍층의 두께(depletion width)보다 작을 경우에는 유용하지 않다. 이 때는 MOS flat 밴드 커패시턴스를 측정하여 최대 공핍층의 두께(depletion width)

용어해설

- ε_0 : 진공 유전율
- q : 전자의 전하량
- ϕ_S : 표면 전위(반전)
- ε_S : 반도체의 유전율

$\varepsilon_s=\varepsilon_o\cdot\varepsilon_r$

- $C_o=\dfrac{\varepsilon_o\varepsilon_oA_G}{X_o}$
- $C_s=\dfrac{\varepsilon_o\varepsilon_oA_G}{W_T}$

A_G : 게이트 넓이
X_o : 산화물 두께

를 구할 수 있다. flat 밴드 커패시턴스는 C-V 곡선에서 $C/C_0 = 0.95$인 지점에서 1V만큼 이동한 지점에서의 커패시턴스로 정의된다. 이 flat 밴드 커패시턴스와 그림 Ⅵ-19를 이용하면 a와 N을 구할 수 있는데, 그림 Ⅵ-19에서 $V_{0.95} = -2.3V$, $V_{FB} = -1.3V$이 되고 커패시턴스는 0.88 정도의 값을 가진다. 산화막의 커패시턴스는 0.035이고, 그림 Ⅵ-20에서 $a = 16$, $N = 10^{16}(cm^{-3})$이다.

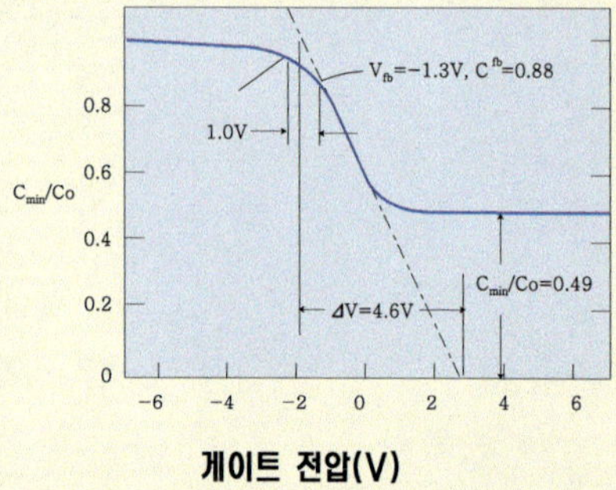

그림 Ⅵ-19 flat 밴드 커패시턴스

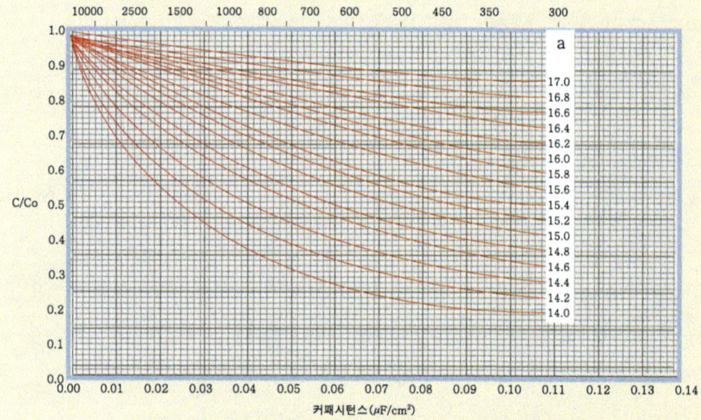

그림 Ⅵ-20 flat 밴드 커패시턴스-a

(3) 산화막 두께

커패시턴스 값을 알고 ε_{ox}값을 알면 $C_{ox} = \frac{\varepsilon_{ox}}{T_{ox}}$의 식으로부터 산화막 두께를 알 수 있다.

(4) 이동 전하(mobile charge)

이것은 바이어스-온도 측정이라는 방법을 통해서 구할 수 있는데, (+) 바이어스를 가하고 고온으로 유지하다가 냉각시킨 후의 C-V 곡선과, (-) 바이어스를 가하고 고온으로 유지하다가 냉각시킨 후의 C-V 곡선을 구해서 두 곡선에서 ΔV_{FB}를 이용하여 이동 전하의 양을 구할 수 있다. (-) 바이어스를 걸어 주고 어닐링한 경우, 이동 전하는 거의 금속-산화막 계면에 있으므로 ΔV_G는 0이고, (+) 바이어스를 걸어 주고 어닐링한 경우, 이동 전하는 거의 산화막-실리콘 계면에 있으므로

$\Delta V_G = -\frac{Q_M}{C_{ox}}$가 된다. 따라서, $\Delta V_{FB} = -\frac{Q_M}{C_{ox}}$에서 이동 전하의 총량인 Q_M을 구할 수 있다.

(5) 고정 전하(fixed charge)

고정 전하는 C-V 곡선을 좌우로 평행 이동시키는 역할을 하므로 실험에서 구한 곡선과 이론적으로 구한 곡선을 비교하여 ΔV_{FB}를 구해야 한다. 이 ΔV_{FB}는 고정 전하뿐만 아니라 다른 전하에 의한 영향과 일함수의 차이에 의한 영향도 포함하고 있으므로 고정 전하를 제외한 다른 전하에 의한 효과들은 이미 알거나 혹은 너무 작아서 무시할 수 있어야 한다. 일함수의 차이를 같이 고려하면 고정 전하의 양은 식(Ⅵ-16)으로 구할 수 있다.

$$\Delta V_{FB} - \phi_{ms} = -\frac{Q_f}{C_{ox}} \quad \cdots\cdots \text{식(Ⅵ-16)}$$

8. 알파 스텝 두께 측정

실습 목적 단차 측정 방법으로 박막의 두께를 측정할 수 있다.

실습 재료 코팅막

실습 기기 α-STEP

관계 지식 알파 스텝(α-STEP)은 웨이퍼 표면 위의 단차(높이의 차이)가 있는 박막의 두께(수 μm 이상) 및 스텝 프로필(step profile)을 측정하기 위하여 개발한 장비로, 탐침(stylus)이 웨이퍼 표면을 긁고(scan) 지나감으로써 표면 단자의 변화로 발생하는 압력을 감지하여 그 단차의 두께를 측정하는 장비이다. 보통 10~50μm 정도의 반지름을 가지는 다이아몬드 탐침이 사용되며, 탐침의 힘은 보통 17.3mg 정도로 고정하여 사용하고 있다. 측정하고자 하는 시험편을 직접 접촉하므로, 유기막은 물론 금속 박막의 두께도 쉽게 구할 수 있다. 하지만, 단차의 두께만을 구할 수 있으므로, 여러 층의 두께 각각을 한번에 측정할 수 없으며, 측정하고자 하는 곳에 미리 단차를 만들어 놓아야 하는 불편함이 있다.

알루미늄(Al)과 같은 박막은 광학 장비로는 잴 수 없다. 알루미늄(Al)의 경우 그리고 다른 도체막의 경우 4탐침법으로 두께를 정확히 못 잰다. 이 경우 이동 탐침(stylus)이 쓰인다. 이 때는 박막의 일부가 제거되어야 한다. 이는 마스킹 및 에칭 스텝으로 행한다. 준비된 샘플은 이동 탐침 측정대에 맞추어 고정시킨다. 높이가 맞은 다음 측정 탐침이 표면에 조용히 내려진다. 측정에 들어가기 앞서, 그 스테이지가 탐침 밑을 천천히 움직인다. 탐침 끝에는 탐침의 위치에 따라 전기적 신호를 내는 인덕터(inductor)에 연결되어 있다. 이 신호는 증폭되어서 X-Y 플로터에 보내진다. 탐침이 표면 스텝에 이르면 그 위치가 변하므로 신호가 나온다. 이 변화는 X-Y 플로터의 펜 위치를 변화시킨다. 펜 위치 변화의 크기는 스텝 높이에 따르며, 눈금이 있는 X-Y 기록표에 기록된다.

그림 Ⅵ-21 α-STEP 장치

알파스텝(α-step) 측정 장비는 박막의 가장자리에서 계단으로 된 박막 위를 탐침이 움직이면서 두께를 측정한다. 이 장비는 측정하고자 하는 시편의 표면 전반에 걸친 두께 분포와 표면 구조를 즉시, 비교적 정확하게 측정할 수 있지만 탐침 끝(tip)과 시험편의 표면(surface) 접촉이 비교적 큰 면적을 가지므로 좁은 결함과 좁고 긴 홈을 측정하지 못한다. 그러나 이러한 탐침 측정 방법으로 얻어진 결과와 광학적 측정 방법에 의해서 얻어진 결과와 병행하면 정확한 시편의 정보를 얻을 수 있다.

안전 및 유의 사항

탐침에 무리한 힘이 가해지지 않도록 주의하여 취급한다.

실습 방법

① 알파스텝(α-step) 모니터(monitor) 오른쪽의 메인 전원을 올린다.
② 시편을 지지대(stage)에 올려놓는다.
③ 테이블 하강 버튼을 눌러서 지지대를 가장 아래로 내린다.
④ 화면에 나타나는 확대된 시편을 보면서 측정하고자 하는 위치를 선택한다.
이 때, 키보드에 있는 화살표 키를 이용하여 시편을 이동시킨다.
(→ :slow speed, NXT & → : fast speed)
⑤ 테이블 상승 버튼을 누르고 있으면 탐침이 측정하고자 하는 시편의 위치에 닿았다가 떨어진다. 이 때, 탐침이 정확하게 시편에 닿아야 한다.
⑥ 엔터(enter) 기능키를 누르면 메인 메뉴 화면이 나타난다.
(이 화면에는 측정 범위, 방향 및 시간 등 구체적인 조건들이 나타남.)
⑦ 커서 및 range의 기능키를 이용하여 측정하고자 하는 사양을 선택한다.
⑧ 시작(start) 기능키를 누르면 탐침이 스캔을 시작한다.
⑨ 스캔이 끝나면 측정된 범위가 화면으로 표시되고, 정확한 값을 얻기 위해서 커서를 이동시켜 레벨링(leveling) 한다.
⑩ 레벨링이 끝나고 NXT·버튼을 누르면 커서가 2개가 더 나타난다. 이 두 개의 커서를 다른 레벨에 놓고 화면에 나타나는 평균값(avg)을 보면 된다.
⑪ CURSOR & ABT 기능키를 누르면 화살표가 삭제된다.
⑫ 측정이 끝나고 숫자 기능키 중에 [0] 버튼을 누르면 지지대가 원래 위치(HOME)로 되돌아간다.
⑬ 시편을 꺼낸다.
⑭ 리셋(reset) 기능키를 누르고 초기 화면이 나타나면 메인 전원(main power)을 끈다.

실험 결과 (데이터 분석 방법)

(1) 초기 스캔(initiating scan)

시편을 스캔(scan)하기 전에 알파스텝(α-step) 측정 장비의 전원을 켠 후, 약 10분 정도로 워밍업을 하는 것이 필요하다. 그림 Ⅵ-22는 시편을 측정하는 동안 탐침(stylus)의 움직임을 나타낸 것이다. 그림에서 나타냈듯이 탐침(stylus)은 측정하고자 하는 시편의 정확한 위치를 확인하기 위해서 측정하는 방향으로 움직이기 전에 약간 뒤쪽으로 움직인 다음 측정을 시작한다.

알파 스텝(a-step) 측정에서 측정된 대부분의 시편 표면의 크기는 수직 방향보다 수평 방향이 매우 크므로 수직 방향에서 측정된 시편의 두께가 수평 방향의 두께보다 확대되어 모니터 화면에 나타난다. 그 크기는 90,000 : 1까지 최대 확대되어 측정된다. 이러한 수평 방향의 두께가 축소되어 나타나는 것은 주어진 측정 시간 동안 전체 측정된 크기를 나타내므로 편리하고, 그 정확

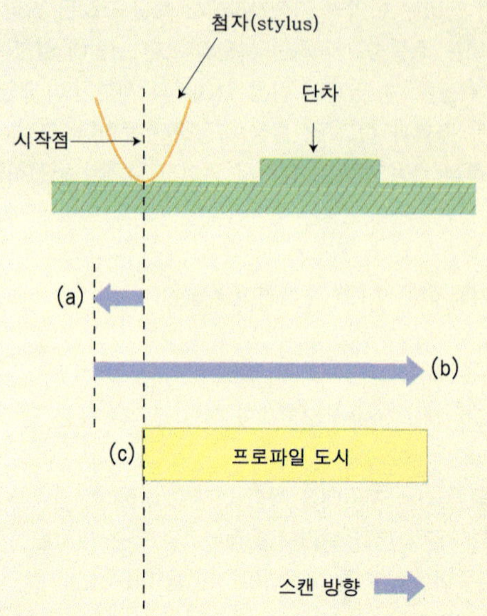

(a) 첨자가 단차로부터 먼쪽으로 이동
(b) 첨자가 스캔 방향으로 이동
(c) 첨자가 시작점을 지날 때부터 자료 수집

그림 Ⅵ-22 시편을 측정하는 동안 탐침의 측정 방향

성에는 영향을 주지 않는다.

(2) 측정된 시편의 두께 레벨링(leveling)

측정하고자 하는 시편의 두께를 스캔한 후, 레벨링(leveling) 프로그램을 이용하면 시편의 두께에 대한 정확한 값을 얻을 수 있다. 보통 스캔을 하면 스캔(scan)한 방향으로 기울어져 화면상에 나타난다. 이러한 상태에서, 레벨링(leveling) 프로그램을 이용하면 처음과 같은 높이 단차를 같은 화면으로 나타낸다. 이 때, 시편의 단차 사이에 커서를 위치시키면 평균(average height difference)으로 읽어내는 값이 측정된 시편에 대한 정확한 값이 된다. 보통 레벨링(leveling)하기 전에 스캔을 하면 두 개의 커서는 양쪽 끝 부분에 위치하고 측정된 시편에 단차가 같은 두 개의 지점을 커서가 위치하도록 한 후 레벨링(leveling) 한다.

9. 엘립소미터

실습 목적

엘립소미터(ellipsometer)의 원리를 알고 굴절률 및 두께를 측정할 수 있다.

실습 재료

증착 막(film)

실습 기기

엘립소미터

관계 지식

빛(전자기파)이 어떤 물질을 통과하게 되면 빛은 그 물질의 영향을 받아 변화하는데, 이 변화의 정도는 빛이 통과한 막(film)의 굴절률과 두께에 비례한다. 엘립소미터는 위와 같은 원리를 이용하여 굴절률을 알고 있는 투명한 막(film)에 빛을 입사시켜서 반사되어 나오는 빛을 분석하여 그 막(film)의 두께를 측정하는 장치이다. 얇은 박막의 두께와 함께 굴절률도 같이 구할 수 있는 장점이 있지만, 측정 시간이 길다는 단점이 있다.

레이저 빔은 편광(polarization)되어 있는데, 이로 인해 파는 한 면으로만 움직인다. 편광된 빔은 산화막이 형성된 웨이퍼에 어떤 각도로 입사된다. 그 빔은 산화막을 통과하여 실리콘과 산화막의 경계면에서 반사된다. 필름에 빛이 입사되고 있을 때 빔이 회전한다. 빔이 회전하는 양은 두께와 막의 굴절률의 함수가 된다. 검지기가 회전량을 측정한 후 컴퓨터로 두께와 굴절률을 계산한다.

엘립소미터는 얇은 산화막(50∼1200 A)을 측정하는 데 사용된다. 이 정도의 두께 범위에서는 정확도가 다른 장비보다 훨씬 높다. 엘립소미터는 흡수율이 높은 기판 위의 유전 박막의 두께 측정에 유용하다. 타원으로 편광된 빛의 타원율과 위상각은 물질의 표면이나 박막으로 덮인 표면으로부터의 비수직 굴절(non-normal refraction)에 의해 변하게 된다. 이들 변화량은 표면의 과학적 상수인 굴절률(refractive index : n)과 흡광률(extionction coefficient : k)에 의해 결정된다. 뿐만 아니라 표면 위에 있는 박막의 두께와 광학적 상수에 의해서도 영향을 받는다. 따라서, 반사된 타원 편광 빛의 분석을 통해 이러한 광학 상수를 계산할 수 있다. 일반적으로 두께가 수 A∼수 μm인 투명 박막과 500∼1000 A 이하인 흡수 박막의 경우, 그 두께는 1 A 정도의 오차 범위 내에서 정확하게 측정할 수 있고, 표면이나 박막의 광학적 상수는 0.1 %의 정확도 내에서 구해 낼 수 있다. 그림 Ⅵ-23은 엘립소미터 장치를 나타낸 것이다.

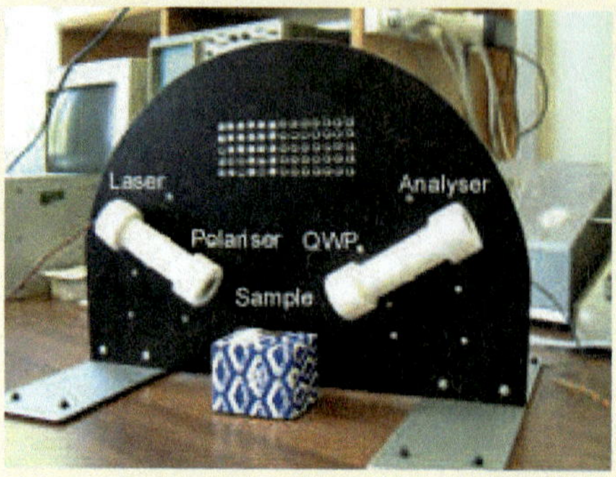

그림 Ⅵ-23 엘립소미터 L116B 측정 장비

1) 엘립소미터의 동작 원리

엘립소미터 측정 기술은 편광 상태를 조절할 수 있는 단색광을 시료 표면에 조사해서 반사된 빛의 편광 상태를 분석하는 것이다. 입사광은 고정된 경로나 입사각(ϕ)을 따른다. L116B 엘립소미터의 입사각은 미세하게 조절할 수 있으며 입사각을 30°, 50°, 70°에 핀 위치를 설정시킬 수 있으며, 주로 70°가 많이 쓰인다.

측정을 위해서 반사각은 입사각과 동일하게 한다. 이들 각들은 각각의 광로 축(optical axis)이 가운데 지점에서 입사면의 수직 중심선(center line)과 교차하도록 조절되어야 한다. 시편 지지대의 높이는 입사 광로 축(optical axis)과 반사 광로 축(optical axis)의 교차점이 시편 지지대 위에 있는 시편 표면에 생기고, 시편 표면이 입사면의 수직 중심선에 수직이 되도록 조절되어야 한다. 이렇게 함으로써 편광 구경(aperture)를 통과하여 나가는 빛은 시편 표면으로부터 분석기의 입구 구경(entrance aperture)으로 들어가게 된다.

광원은 저전력이며 6928Å의 파장을 가지는 헬륨(He)-네온(Ne) 레이저이다. 이 레이저 헤드(head)는 빔의 최대 원형 편광(circular polarization)을 이루기 위한 사분파 탈분극기(quarter wave depolarizer)가 포함된다. 시료의 표면에 조사되기 전에 빔은 편광기를 통과하게 되는데, 이 때 보통 편광기는 최대 강도를 이루기 위해 45°로 되어 있다. 편광기를 지나면서 빔은 원형에서 선형으로 편광된다. 이렇게 일정한 강도로 편광된 빔은 4분파 컴퓨터(quarter wave computer)가 광학적 경로에 끼어들면 원형으로 편광되고, 만일 비교기가 광학적 경로에 들어 있지 않다면 선형으로 남아 있게 된다. 비교기의 삽입(insertion)과 분리(withdrawal)는 컴퓨터 프로그램의 제어에 의해 자동으로 동작한다. 시료의 광학적 특성에 의해 변화된 편광 상태를 가지는 반사광은 회전하는 분석기 프리즘(prism)을 통과한 후, 광검지기(photo detector)에 의해 감지된다. 이 때, 광검지기는 광에너지를 분석기를 통과하는 반사광의 세기에 비례하는 전류로 바꾸어 준다. 분석기와 광검지기 사이의 광학적 간섭 필터는 레이저 빔의 파장과 동일하지 않은 모든 파장을 막아 분위기 조명(ambient illumination)의 효과를 줄인다.

2) 엘립소미터의 장점

엘립소미터는 두께 측정을 위한 다른 방법들보다 다음과 같은 장점이 있다.

① 간섭계 등과 같은 다른 방법들에 의한 측정보다 더 작은 범위의 두께를 측정할 수 있다.

② 두께를 모르는 얇은 박막의 굴절률을 결정하게 해 준다. 간섭계나 반사계는 불가능하다.

③ 공기나 액체와 같이 광학적으로 투명한 조건 하에서 측정을 수행한다.

④ 진공, 열, 전자 방출과 같은 특별한 조건을 요구하지 않는다.

⑤ 자동 EL과 같은 영점 조정 엘립소미터는 높은 분해능과 정확도를 가능하게 하는 방위각을 측정하는 장점이 있다. 이것은 입사빔 강도의 변화에 의해서 생기는 영향을 제거한다.

실습 방법

① 광원으로는 파장이 6828Å으로 일정한 레이저를 쓰거나 파장이 여러 가지가 필요한 경우 할로겐 램프를 사용한다.

② 광원에서 나온 빛은 필터(filter)와 시준기(collimator)를 통과하여 아주 작은 빔(beam)이 된다.

③ 그 빛은 1인치 안에 수백 개의 선을 그어 놓은 편광판을 통과하면서 그 수 백 개의 선과 같은 방향의 성분만 남게 된다.(이것이 선형 편광이다.)

④ 선형으로 편광된 빛은 보정기(compensator)를 통과하면서 타원체로 편광된다.

⑤ 타원체로 편광된 빛을 시편이 없는 상태에서 현미경으로 관찰하면서, 보정기를 조절하여 빛을 가장 어둡게 하여 기준을 잡는다.

⑥ 시편 지지대(stage) 위에 시편을 고정시킨다.

⑦ 분석기가 시편을 통과한 빛을 분석하여, 타원 편광빛의 위상 변화 각 Δ와 진폭의 변화비의 함수인자 ψ를 계산해 준다.

$$\tan\psi = \sqrt{\frac{1+\alpha}{1-\alpha}} \cdot \tan A$$

$$\cos\Delta = \frac{\beta}{\sqrt{1-\alpha^2}}$$

여기서 알파(α)와 베타(β)는 삼각함수에 대한 푸리에 변환(Fourier Transform)의 결과이고, A는 편광자의 방위각을 의미한다.

⑧ 파장에 따라 계산된 Δ, ψ을 표준 시료(reference sample)의 측정값과 비교하여 시편의 두께와 굴절률을 얻는다.

10. 분광 광도계

실습 목적

1. 분광 광도계를 이용하여 박막의 두께를 측정할 수 있다.
2. 광학적 분석 기법을 사용하는 고체 재료 특성 분석의 기본 원리를 이해하고, FT-IR 분광법 (fourier transform infrared spectroscopy)을 사용하여 고체 재료의 특성을 측정할 수 있다.

실습 재료

산화 처리된 웨이퍼, 폴리머 코팅 시편

실습 기기

1. UV-Vis spectrophotometer
2. 반사 모듈 (part No.SA-9)
3. Lab Pro Plus 소프트웨어(두께 모드)

관계 지식

자외선 및 가시 광선 분광 광도법은 넓은 의미의 흡수 분광법의 한 분야로 전자기 복사선의 전 스펙트럼 중 파장이 약 1000~8000Å 범위인 자외선 및 가시 광선의 흡수 분광법을 의미한다. 대부분의 유기 화합물의 관능기들은 자외선 영역의 전자기파(190~800 nm)를 통과시킨다. 따라서, 이 파장 범위의 흡수 스펙트럼을 이용하는 데는 제한이 뒤따르지만 특히 IR 및 NMR 스펙트럼을 해석할 때 화합물의 구조 추정에 유용하게 이용된다. 또한, 자외선-가시 광선 분광법은 유기 화합물의 구조를 결정하고, 정성 분석에 유용하게 쓰인다.

막 두께의 간섭 측정은 자동화될 수 있다. 빛은 실제 에너지 형태다. 간섭 현상은 또한 에너지로 설명할 수 있다. 빛은 여러 에너지를 가지고 단색광의 혼합색이다. 빛이 투명막에서 간섭을 일으키면 나오는 빛은 한 파장, 즉 한 에너지 레벨이다. 우리 눈은 그 에너지를 색으로서 해석한다. 자동 간섭 측정기인 스펙트로 포토미터는 포토셀이 우리 눈을 대신한다. 자외선 영역의 단색광이 샘플에서 반사되고, 포토셀에서 분석된다. 정확성을 위해 여러 상태에서 읽어진다. 여러 상태는 다른 단색광(파장을 바꾼다.)으로 바꾸거나 웨이퍼에 반사되는 빔의 각도를 바꾸어 줌으로써 얻는다. 스펙트로 포토미터의 측정 데이터로부터 산화막의 두께를 계산한다. 이는 또한 실리콘 두께 측정에서 쓰인다. 실리콘은 자외선에 불투명하기 때문에 자외선(UV) 광원을 쓴다. 스펙트로포토미터는 1100A 이하에서는 정확하지 않다. 이보다 더 얇은 산화막의 두께를 측정하는 엘립소미터(ellipsometer)를 사용한다.

박막 두께 측정법 중 가장 일반적인 것이 광의 간섭 효과를 이용한 방법이다. 그 원리는 박막 표면에서 반사된 광과 매체의 표면에서 반사된 광이 상호 간섭을 일으켜 광의 위상이 일치하면 강도가 강해지고, 어긋나면 약해지는 성질을 이용한 것이다. 따라서, 파장의 변화에 따라 반사 강도가 달라지는 간섭 패턴이 스펙트럼 상에서 관측된다. 굴절률을 미리 알고 있다면 막 두께(film thickness) d는 아래의 식(Ⅵ-17)에 의해서 구할 수 있다. 반대로 막 두께(film thickness)를 알면 박막 물질의 굴절률을 알 수 있다.

$$d=\frac{w}{\sqrt{n^2-sin^2\theta}}\cdot\frac{\lambda_1\cdot\lambda_2}{\lambda_2-\lambda_1}\cdot\frac{1}{1000}(\mu m)$$ .... 식(Ⅵ-17)

d: 막 두께(μm)
w: 파의 개수
n: 막의 굴절률
θ: 입사각(34°)
λ_1: 최저 파장의 범위(nm)
λ_2: 최고 파장의 범위(nm)

안전 및 유의 사항

① 흡수 용기 창면에 손을 대지 말아야 한다.
② 흡수 용기 창에 대고 숨을 내뿜지 않는다.
③ 항온실에서 용기를 꺼내 놓지 말아야 한다.
④ 흡습성 액체와 용매를 피해야 한다.
⑤ 흡습성 물질을 사용할 필요가 있는 경우에는 특별히 고안된 용기를 사용한다.
⑥ 수분이 있는 물질은 사용하지 않는다.

실습 방법

① 두께 모드를 선택한다.
② 변수(parameter)를 설정하고 OK를 클릭한다.
③ 반사 모듈(reflectance module)에서 빈 자리로 사용되는 반사 거울을 올려놓고 빈 자리(blank)를 측정한다.
④ 반사 거울을 치우고 고분자가 코팅된 시료를 올려놓고 시편을 측정한다.
⑤ 결과 창에서 박막의 두께를 확인할 수 있다.

실험 결과

그림 Ⅵ-25는 박막 시료의 반사 스펙트럼을 보여 주고 있으며, 사용한 파장 범위 내에서 6개의 파(wave)가 나타나고 있다. 그림 Ⅵ-24에는 파(wave)의 개수와 박막 두께를 계산하기 위해 필요한 여러 변수(parameter)와 계산된 박막 두께(thickness)가 나타나 있다. 이 실험에 사용된 박막의 굴절률은 1.51, 사용된 파장 범위는 590.3 nm~973.4 nm, 그 범위에서 찾은 파(wave)의 개수는 6개, 입사각은 34°이며, 최종적으로 계산된 박막의 두께는 3.21 μm로 나타났다.

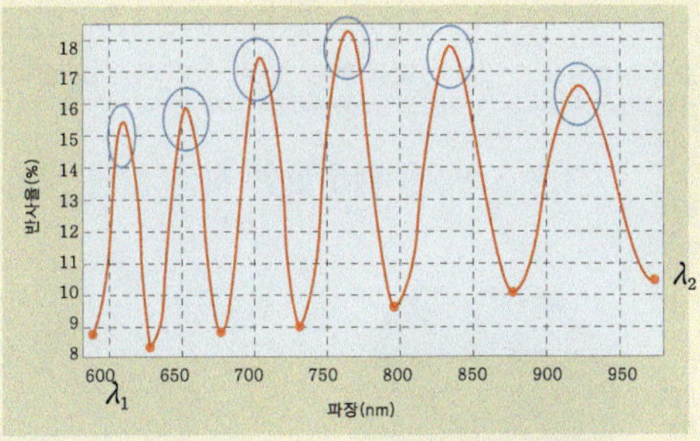

그림 Ⅵ-25 박막 시료의 반사 스펙트럼

11. 웨이퍼 육안 검사

실습 목적 세정 후 웨이퍼의 표면 상태를 관찰하여 세정 상태를 판단할 수 있다.

실습 재료 세정된 웨이퍼, 테프론으로 만든 핀셋

실습 기기 고강도 광원

관계 지식 PR막은 보통의 배율로는 분별할 수 없는 만큼 작은 원형의 구멍(핀홀)을 가진다. 핀홀을 검사하기 위해 우선 산화막이 있는 웨이퍼에 PR를 코팅한다. 웨이퍼를 포토마스킹 스텝으로 공정을 함으로써 핀홀의 존재를 알 수 있다. PR가 입혀진 웨이퍼를 노출시킨다. 노출 후에 현상하면 실제 핀홀만 PR막에 남는다. 그리고 산화막을 에칭해서 산화층에 핀홀을 옮긴다. 그 후 산화막의 자체 결함과 실제 핀홀을 구분하기 위해 한 스텝을 더해서 실리콘을 에칭한다. 이 에칭은 산화층의 핀홀을 뚫고 실리콘을 아래로 에칭한다. 실리콘의 식각된 부분은 핀홀 주변의 패턴으로서 현미경으로 보인다. 식각된 패턴의 모양은 {111}웨이퍼에서는 삼각형이고 {100}웨이퍼에서는 사각형이다. 실제로는 현미경의 대안 렌즈에 격자를 넣어 격자 안쪽의 핀홀을 세면 핀홀의 밀도를 알 수 있다.

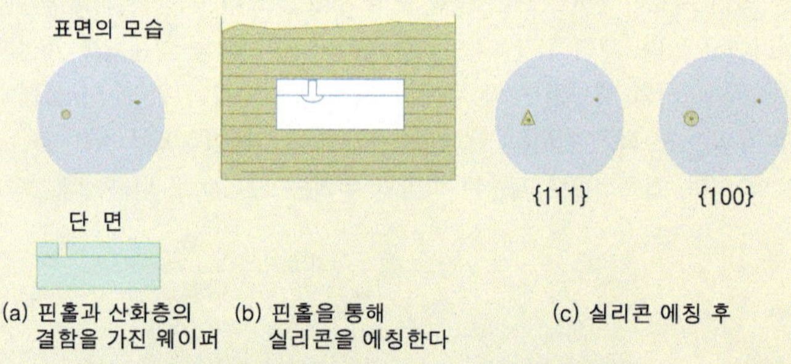

그림 Ⅵ-26 웨이퍼의 식각 상태 비교

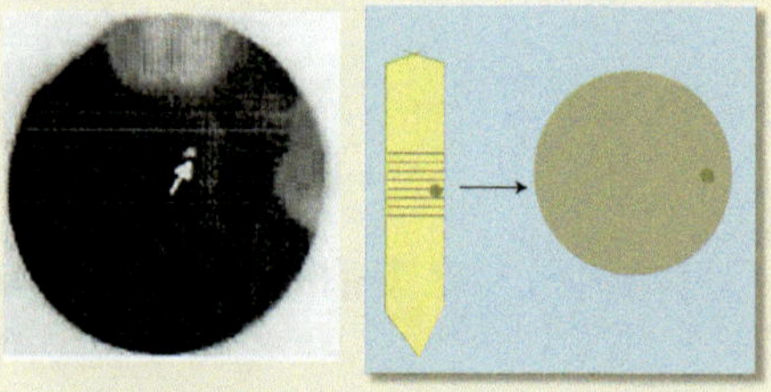

그림 Ⅵ-27 결정 성장 중에 발생한 결함(air pocket)

일반적으로 그림 Ⅵ-27과 같이 결정 성장 시에 잉곳(ingot) 내에 공기가 들어간 웨이퍼가 연마 공정 중에 노출되어 작은 공 형태로 나타난다. 보조개(dimple)처럼 반짝이는 불꽃처럼 보이지만 빛의 반사가 예리하고 큰 것은 지름이 수 mm에 이르는 것도 있고 형광등에서도 관찰이 가능하다.

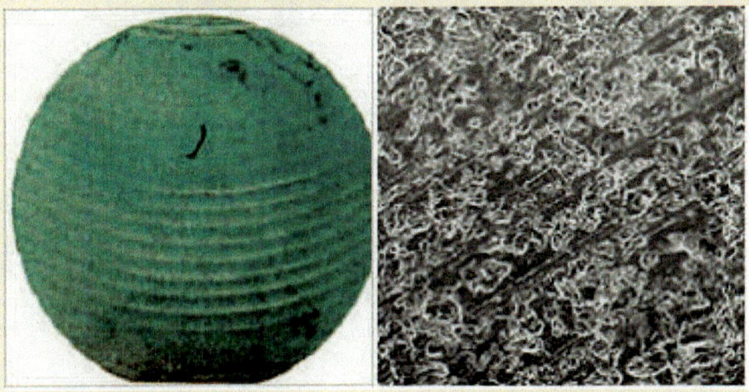

(a) 절단 흔적(saw mark) (b) 절단 흔적(확대)

그림 Ⅵ-28 절단 흔적(saw mark)

그림 Ⅵ-28과 같이 절단(slice) 공정에서 형성된 절단 흔적(blade mark)이 제거되지 않고 광 연마 공정까지 남아 있는 경우로 형광등을 이용하여 관찰이 가능하다.

안전 및 유의 사항

① 빛의 조도가 높으므로 직접 눈으로 보지 않도록 한다.
② 웨이퍼에 반사된 빛이 눈으로 반사되지 않도록 주의한다.

실습 방법

① 조명등을 켠다.
② 세정된 웨이퍼를 핀셋으로 잡고, 빛에 가까이 접근한다.
③ 빛에 반사된 오염 입자를 관찰하여 세정 유무를 확인한다.
④ 이상 모든 관찰은 청정실에서 수행한다.

12. 투명 전도막 제작

실습 목적 투명 전도막의 제작 방법대로 투명 전도막을 제작할 수 있다.

실습 재료 탈이온수(H_2O), 염산(HCl), 염화주석($SnCl_4 \cdot 5H_2O$), 염화안티몬($SbCl_3$), 유리판, 비커

실습 기기 가열로

관계 지식

투명 전도막이란 문자 그대로 가시광의 투과율이 높고 도전성이 있는 막으로 액정 패널을 동작시키기 위해서는 절대적으로 필요한 재료이다. 이러한 성질을 가진 산화주석(SnO_2)막, 산화인듐(InO_3)막 계통이 대표적인 재료이다. 액정 패널의 검토 초기에는 막이 화학적으로 안정되어 있고 대기 중에서 성막할 수 있는 산화주석막이 폭넓게 이용되었으나, 필요한 형상으로 가공하는 식각(etching) 가공이 곤란하였고 비저항도 비교적 높아 대형 패널에의 적용이 불가능하였다. 그 후, 식각(etching) 성능이 양호하고 비저항도 비교적 낮게 얻을 수 있는 산화인듐(InO_3)이 폭넓게 이용되고 있다. 현재는 고저항의 용도를 포함하여 액정 패널의 대부분이 산화인듐(InO_3) 계통의 막으로 이용되고 있다. 또한, 산화인듐(InO_3)에는 비저항을 낮추기 위한 미량 첨가 원소(dopant)로서 주석(Sn) 즉, 인듐(In) 주석(Sn) 산화물(oxide), ITO막이 이용되고 있다. 여기서, 투명 전극으로 이용되는 NESA막과 ITO막에 대하여 알아보자.

1. NESA막

EL(electronic luminescence) 소자 등의 새로운 요구에 대응하여, 1947년 Corning Glass사가 유리판의 표면에 산화주석(SnO_2)의 막을 피착시킨 투명 도전 유리를 개발하였다. 그 후 산화주석의 투명 도전막을 NESA막이라고 불렀다. NESA막은 특별한 장치가 필요 없이 비교적 간단하게 제작할 수가 있다. NESA막은 내약품성이 강하고 물리적으로도 단단하다. 또한, NESA막은 증착법에 의해서도 제작할 수 있으며, 이 경우에는 증착하고 나서 500~550℃로 열처리를 해야 할 필요가 있다. 그러나 ITO막에 비해 고유 저항이 약간 높고 광투과율도 약간 떨어진다.

2. ITO막

유리 기판의 경우에는 인듐(In) 금속을 출발 재료로 선택하는 경우와 산화인듐(InO_3)을 선택하는 경우가 있다. 그에 따라 인듐(In) 금속의 경우는 반응성 증착, 반응성 스퍼터링(sputtering), 반응성 이온플레이팅(ion plating) 등의 방법이 선택된다. 또한, 산화인듐(InO_3)의 경우는 진공 증착, 고주파 스퍼터링, 플라스마 CVD 등의 방법을 선택할 수 있다. 어느 쪽도 일반적으로 약간의 산소(O_2)를 포함하여 감압 분위기 중에서 처리하고, 그 후 300~500℃ 정도에서 건조시킨다. 이렇게 하여 형성된 산화인듐(InO_3)막은 투명하고 전기 전도도가 매우 높다. 이것을 일반적으로 ITO막이

라고 부른다. 면 저항으로써 15Ω 정도의 막이 일반적으로 이용되고 있는데 이에 비해 능동 매트릭스(matrix) 방식의 TFT 및 단순 매트릭스(matrix) 방식의 시계, 계산기 등의 소형 액정 디스플레이는 대개 전류가 흐르지 않기 때문에 면 저항이 높은(수백 Ω) ITO가 사용되고 있다.

프린지(fringes)

오더를 알 수 없을 때에는 프린지를 세면 된다. 테스트 웨이퍼의 한쪽을 HF에 몇 초간 담근다. HF는 산화막을 식각한다. 백색광에서 웨이퍼를 보았을 때 웨이퍼 면과 산화막 사이의 경계 영역에 프린지가 보인다. 두께 측정은 우선 오더를 결정해야 가능하다. 색의 반복 특성을 보는 것은 간단하다. 만일 세 개의 적, 청 프린지가 나타난다면 표면의 오더는 제3오더가 된다. 더 정확한 프린지 계산은 단색광을 쓰면 된다. 단색광은 단색(파장)이고, 백색광은 다광색(여러 파장)이다. 샘플을 준비하는 방법은 위와 같이 동일하다. 그런데 단색광 하에서는 프린지가 명암의 띠로서 나타난다. 막 두께는 프린지를 세서 보정 계수를 곱하면 된다. 보정 계수는 단파장 광의 파장에 의해 결정되는 값이다. 나트륨(sodium)광의 파장은 5890 A이다.

절연층 위의 도전층의 두께를 4단자법으로 측정하여 박막의 두께를 구하는 식은 식(Ⅵ-18)과 같다.

$$\text{막 두께 } t = \rho(S/R_s) \quad \cdots\cdots \text{식(Ⅵ-18)}$$

t : 막 두께,

ρ : 비저항,

S : 단자 간 간격,

R_s : 면 저항이다.

실리콘 산화막과 질화막 웨이퍼는 색이 서로 다르다. 실리콘 산화막 자체는 투명하지만 웨이퍼 위에서는 색을 가진다. 색은 실제로 간섭 현상이고, 무지개의 색과 같은 원리이다. 실리콘 산화막은 투명한 박막이다. 웨이퍼에 빛이 들어 왔을 때 일부는 산화막에서 반사되고, 일부는 통과해서 실리콘에서 반사된다. 산화막에서 반사된 빛과 실리콘에서 반사한 빛이 간섭을 일으켜 색을 나타내게 된다. 산화막의 색은 3 가지 요인의 함수이다. 첫째는 투명막의 특성인 굴절률이다. 둘째는 측정하는 각도이다(웨이퍼를 회전시키면 색이 변한다.). 셋째는 막의 두께이다. 얇은 투명막의 색은 어떤 시각을 따라 어떤 빛(즉 햇빛이나 인광)이 들어왔을 때 두께를 가리키는 것이 된다. 색 도표로부터 산화막의 두께를 알 수 있다. 그러나 간섭 때문에 색만으로는 두께를 정확히 알 수 없다. 두께가 증가함에 따라 색은 반복된다. 색의 각 반복을 오더(order)라고 한다. 산화막 두께를 색 도표로 알기 위해서는 색의 오더를 알아야 한다.

안전 및 유의 사항

제작 시에 발생하는 유해 가스에 충분히 주의할 필요가 있다.

실습 방법

① 우선 유리판을 약 450~550℃로 가열한다.

② 다음의 구성비로 용액을 만든다.
탈이온수(50 cc) + 염산(10 cc) + 염화주석($SnCl_4 \cdot 5H_2O$) 100g + 염화안티몬($SbCl_3$) 1.5 g

③ 유리 기판 위에 용액을 불어 넣는다.

④ 유리판 위에서는 $SnCl_4 + 2H_2O \rightarrow SnO_2 + 4HCl$의 화학 반응을 일으키고, 유리판 표면에 SnO_2막이 형성된다.

13. 확산 도핑

실습 목적

1. 반도체 소자의 제조 공정에서 불순물 도핑에 대한 방법과 원리를 설명할 수 있다.
2. 확산의 기본 공정을 실행해 보고, 공정 기구(mechanism)와 확산 프로필(profile)에 대해서 설명할 수 있다.
3. 프리데포지션(pre-deposition) 이후, PSG와 드라이브인(drive-in) 공정이 도핑 프로필(doping profile)에 미치는 영향에 대해서 설명할 수 있다.

실습 재료

실리콘 웨이퍼[P형(100)], 질소 가스, 옥시염화인($POCl_3$)

실습 기기

확산로

안전 및 유의 사항

① 확산로에 시편을 장입 및 방출 시 화상에 유의한다.
② 불산(HF)을 이용한 식각 작업 시 흡입과 피부와의 접촉을 절대 금한다.

관계 지식

확산은 물질이 매질을 통해 고농도에서 저농도로 움직이는 물리적 현상으로 반도체 웨이퍼를 도핑하는 공정이다.

고체 상태 확산(diffusion)은 반도체 웨이퍼를 도핑시키는 한 방법이다. 이것은 2단계 공정으로 진행된다. 고체 상태에서 확산이 일어나기 위해서는 다음 2가지 상황이 만족되어야 한다.

① 웨이퍼 표면을 적절한 양의 도펀트 원자로 도핑시킨다.
② 웨이퍼 표면에 도펀트 원자를 특정한 농도로 분배한다.
③ 웨이퍼 내부로 도펀트 원자를 확산시킨다(접합의 형성).
④ 적정한 농도의 도핑 원자의 농도가 웨이퍼 주위나 내부에 형성되어야 한다.
⑤ 도펀트 원자가 웨이퍼로 확산해 들어갈 만한 충분한 에너지가 있어야 한다.

1) 프리데포지션(predeposition)

프리데포지션 동안 도펀트는 실제로 웨이퍼에 들어간다. 확산될 도펀트는 기체, 액체, 고체 상태의 소스가 있다. 도펀트 원자는 증기 상태로 바뀌어 로의 플랫 존(flat zone)에 있는 웨이퍼로 흐르고, 웨이퍼 표면에 계속해서 도펀트 원자가 공급된다. 이들 원자가 웨이퍼 속으로 확산 계수에 비례하는 속도로 확산되어 들어간다. 웨이퍼 표면으로 들어가는 원자의 양은 온도의 함수인데, 특정 도펀트의 고체 용해도까지 들어간다. 고체 용해도는 반도체 물질과 도펀트 원소마다 다르다. 공급되는 도펀트 원자의 농도는 확산 온도에서의 고체 용해도 한계 이상으로, 이 상태에서 프리데포지션은 고체 용해도만큼 일어나게 된다. 결과적으로 소스의 증기 농도는 변화하여도 웨이퍼 표면의 도펀트 원자의 양은 변화하지 않는다. 프리데포지션의 변수는 표면 농도, 확산 계수,

확산 시간, 접합 깊이, 웨이퍼에 확산되는 원자의 종류 등이다. np 또는 pn 접합은 확산해 들어온 도펀트 원자와 기판 내의 불순물 원자가 같은 농도인 곳에서 일어난다. 프리데포지션의 도펀트 원자의 농도 분포도는 상보 오차 함수(Erfc)를 따른다.

도펀트 원자는 기체, 액체, 고체의 3 가지 중의 하나에서 나온다. 원하는 도펀트를 가진 분자는 운반 가스와 조합되어 있다. 둘을 섞음으로써 원하는 소스 원소를 내는 것이다. 염화붕소(BCl_3)가 스로부터 시작하는 붕소(B) 도펀트 발생 과정을 식으로 나타내면 다음과 같다.

$$2BCl_3(\text{소스}) + 3H_2(\text{운반 가스}) \rightarrow 2B(\text{도펀트}) + 6HCl(\text{배출})$$

표 Ⅵ-5는 각종 확산 소스의 종류와 확산 반응식을 나타낸 것이다.

표 Ⅵ-5 각종 확산 소스의 종류와 확산 반응식

형식	원소명	화합물	화학식	상태	확산 반응
N형	안티몬	삼산화안티몬	SbO_3	고체	
		삼산화안티몬	As_2O_3	고체	$2AsH_3+3O_2 \rightarrow As_2O_3+3H_2O$
	비소	삼산화비소	AsH_3	기체	
		인산염화물	$POCl_3$	액체	$4POCl_3+3O_2 \rightarrow 2P_2O_5+6Cl_2$
	인	5산화인	P_2O_5	고체	
		수소화인 (phosphine)	PH_3	기체	$2PH_3+4O_2 \rightarrow P_2O_5+3H_2O$
P형	붕소	붕소브롬화물	BBr_3	액체	$4BBr_3+3O_2 \rightarrow 2B_2O_3+6Br_2$
		산화붕소	B_2O_3	고체	$B_2H_6+3O_2 \rightarrow B_2O_3+3H_2O$
		붕소수소화물	B_2H_6	기체	
		염화붕소	BCl_3	기체	$2BCl_3+3H_2 \rightarrow 2B+6HCl$
		질화붕소	BN	고체(웨이퍼)	
기타	금	금	Au	고체	

- 가스 소스 : 저장이 편리하고 희석이 쉽고 깨끗하다.
- 액체 소스 : 운반 가스가 액체 소스를 버블(bubble)시켜 증기 상태로 운반 가스에 포함된다.
- 고체 소스 : 질화붕소(BN)을 웨이퍼 형태로 보트에 삽입하는 방법이 있고, 분말 형태로 첨가하는 방법이 있다. 삼산화붕소(BO_3)같은 것은 용제에 녹여 PR과 같은 방법으로 웨이퍼 표면에 회전 도포하는 경우도 있다. 금(Au)의 경우에는 웨이퍼 표면에 증착된 금(Au) 박막을 확산 소스로 이용한다.

2) 드라이브인(drive-in)

표면 농도와 도펀트 원자의 총량, 접합 깊이는 프리데포지션만으로는 얻어지지 않는다. 따라서, 드라이브인이 필요하게 되고 2 가지 일이 발생한다.

- 도펀트 원자가 더 깊이, 더 넓게 재분포된다.(측면 확산은 수직 확산의 85 % 정도이다.)
- 재산화가 일어난다.

드라이브인 할 때는 도펀트 분포가 가우시안(Gaussian) 함수를 따른다.

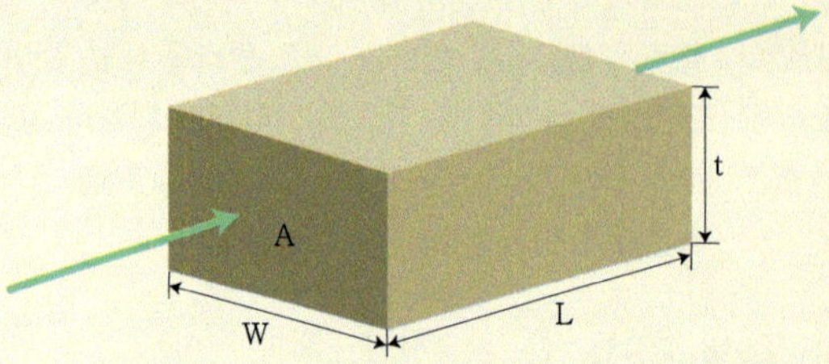

$$R=\sigma\frac{L}{A}=\sigma\frac{L}{tW}=R_S\frac{L}{W} \quad \text{(식 VI-19)}$$

그림 Ⅵ-29 비저항(σ)과 면 저항(R_S)의 관계

반도체 내에 존재하는 도너와 억셉터의 양은 비저항(σ)과 전도도를 측정함으로써 얻을 수 있다.

n : 반도체 내의 단위 체적(cm^3)당 전자 수

p : 반도체 내의 단위 체적(cm^3)당 정공 수

진성 반도체에서 n=p, 파괴된 결합의 수를 n_i라고 하면, $n=p=n_i$, $np=n_i^2$

실리콘(Si)의 경우 $n_i=1.4x10^{10}/cm^3$

N_d :반도체 내의 단위 체적(cm^3)당 도너 원자의 수

N_a :반도체 내의 단위 체적(cm^3)당 억셉터 원자의 수

$n=N_d$

$p=n_i^2/N_d$

$p=N_a$

$n=n_i^2/N_a$

물질의 비저항(σ)이란, 어떤 물질 양단에 걸린 전압에 대해 반대 방향으로 작용하는 힘으로 ρ로 표시하고 전도도(ρ)와의 관계는 다음과 같다.

$$\sigma=1/\rho \quad \text{(식 VI-20)}$$

물질의 저항, $R=\sigma(L/A)$, L : 접점 간의 길이, A : 물질의 단면적

면 저항, $R_s=4.35\,V/L$

비저항, $\sigma=R_s$ x 두께

물질의 전도도 ρ(캐리어의 수×캐리어의 전하×캐리어의 이동도)$=qn\mu_n+qp\mu_p$(식 Ⅵ-21)

μ_n : 전자의 이동도

μ_p : 정공의 이동도

불순물의 농도 $C_T=N_a+N_d$

그림 Ⅵ-30 확산 도핑과 면 저항 측정 과정

실습 방법

① 1-영역 전기로(1-zone furnace)의 온도 조절 장치를 적절한 값으로 증가시킨 다음, 전기로 내부의 온도가 원하는 온도에 도달하여 안정될 때까지 기다린다.(온도 조절 장치값 및 성장 온도는 필히 지도 교사에게 확인하여야 한다.)

② 실리콘 기판을 적절한 방법에 따라 세척한다.(먼지 유기물 : 황산/산화제 혼합물 100~130 또는 RCA법으로 세정 후, HF로 자연 산화막을 제거하고 탈이온수로 린스 후 회전 건조)

③ 1-영역 전기로에 사용할 가스의 유량계(flow meter)를 조절하여 적절한 양으로 주입을 시작한 다음, 전기로의 내부가 원하는 기체(N_2)로 충분히 채워질 수 있도록 기다린다.(유량계 설정은 필히 담당 교사에게 확인시켜야 한다.)

④ 기판을 석영(quartz) 보트에 삽입한 후 매우 천천히 전기로 중앙으로 이동시키고 원하는 프리데포지션(predeposition) 시간 동안 기다린다.(이동 시간은 1분 이상이 되도록 하여야 하며 프리데포지션 시간은 필히 담당 교사에게 확인하여야 한다.)

⑤ 도핑 가스를 차단하고 질소 가스를 충분하게 흘려보내 작업자의 안전을 도모한다.

⑥ 기판을 서서히 전기로에서 끄집어 낸 후(1분 이상 소요할 것), 가스 주입을 차단하고 전기로의 온도 조절 장치를 적절한 값으로 감소시켜 전기로의 온도가 대기 온도로 내려가게 한다.(온도 조절 장치값은 필히 담당 교사에게 확인하여야 한다.)

⑦ 유리질(phospho-silicate glass)을 기판으로부터 제거하기 위하여 BOE 또는 HF에서 약 5초 동안 식각을 한다.

⑧ MPT(materials properties test) 기판을 사용하여 기판 상 3~4 곳의 위치에서 면 저항(R_s)을 측정한다.

면 저항(R_s) 측정

- 제1위치 : ______________________________ Ω/□
- 제2위치 : ______________________________ Ω/□
- 제3위치 : ______________________________ Ω/□
- 제4위치 : ______________________________ Ω/□

⑨ 면 저항(R_s)으로부터 도펀트의 양을 계산한다.

⑩ 드라이브인을 실시하고 다시 면 저항(R_s)을 측정한다.

14. 실리콘 단결정 성장

실습 목적

실리콘 웨이퍼 제조를 위한 단결정 성장 방법(초크랄스키법)을 설명할 수 있다.

실습 재료

다결정 실리콘, 단결정 종자(seed), 도펀트 물질(붕소, 인 등), 석영 도가니

실습 기기

결정 성장로

안전 및 유의 사항

① 실험이 고온에서 진행되므로 화상에 주의한다.
② 성장 후 잉곳은 고온의 상태가 유지되므로 직접 손을 대지 않도록 주의한다.

관계 지식

(1) 장입 준비(preparation of charge)

장입 준비는 단결정을 성장시키는 데 필요한 주원료인 다결정 실리콘(poly-Si)과 도핑제(dopant)를 준비하고 관리하는 작업을 말한다. 다결정 실리콘은 크게 덩어리(chuck poly)와 알갱이(granule poly)를 사용하며, 알갱이 형태의 다결정 실리콘은 300 mm 웨이퍼 제조 시에는 필수적으로 쓰이는 원재료이다. 도핑제는 잉곳(ingot)의 형식(n형 또는 p형)을 결정지으며, 원료는 p형에는 B(붕소), n형에는 인(P), 안티몬(Sb) 등이 사용된다.

그림 Ⅵ-31 다결정 실리콘의 장입

석영 도가니(quartz crucible) 내에 원재료인 다결정 실리콘을 쌓아 올리는 작업을 장입(stacking)이라고 하며, 다결정 실리콘이 완전히 용해(melt down)되는 데 많은 시간이 소요된다. 장입(stacking)은 먼저 석영 도가니에 도핑제(dopant)를 넣고, 다결정 실리콘의 가장 작은 조각을 석영 도가니 중간에 위치하게 하고, 중간 정도의 크기를 맨 윗부분에 놓으며, 장입(stacking)이 끝난 후, 그 모양이 돔(dome) 형태가 되도록 한다.

이 때, 장입(stacking) 시 청결 상태를 유지해야 하며, 어떠한 불순물도 석영 도가니 안에 들어가게 해서는 안 된다. 또한, 항상 클린 벤치(clean bench)를 사용해야만 하며, 작업자는 반드시 보안경과 비닐 장갑 등을 착용하여 오염을 방지해야 한다.

(2) 용융(melting)

용융은 장입(stacking)한 다결정 실리콘이 완전히 녹아서 액체 상태가 되는 것을 말하며, 이 공정에서는 인상기(puller 또는 grower) 내에 있는 전기로(electrical furnace) 내로 석영 도가니를 약 1500℃ 정도로 높이게 된다. 석영 도가니의 온도를 균일하게 유지시키기 위하여 용해로(crucible)를 회전시킨다. 이렇게 하여 완전히 녹은 다결정 실리콘을 용융 금속(melt)이라고 부른다.

(3) 침적(dipping)

침적은 다결정 실리콘이 완전히 녹은 용융된 상태에서 종자(seed)를 접촉시키는 작업을 말한다. 종자는 사각봉 형태인 단결정으로 만들어지며 한 변의 크기는 약 1.2 cm 정도가 되고, 길이는 약 15 cm 정도이다.

용융된 실리콘에 종자를 담그면, 종자 주위에 밝은 환형이 나타나는데 이것을 **메니스커스**(meniscus)라고 부른다. 이 현상은 액체 상태의 실리콘(Si)과 고체 상태의 실리콘 종자 사이의 접촉면의 가장 자리 상태를 정확하게 파악하는 데 도움을 주며, 메니스커스(meniscus)를 정확히 파악해야만 좋은 단결정으로 성장시킬 수 있다.

만일, 용융된 실리콘의 온도가 낮게 되면 메니스커스가 부분적으로 발생하거나, 종자 주위에 고체(ice)가 발생하게 되어 올바른 잉곳(Ingot)으로 성장시킬 수 없다. 반대로 용융된 실리콘의 온도가 아주 높으면 메니스커스가 종자의 지름보다 작아지거나 아예 없어지게 된다.

> **용어 해설**
>
> **메니스커스**
>
> 원통 속의 액체 표면의 오목한 또는 볼록한 면

(4) 목 모양의 형성(necking)

넥킹(necking)이란 단결정에 결함이 발생하지 않도록 종자를 따라 성장하는 결정의 지름을 최대한 줄이면서 끌어올리는 작업을 말하고, 침적(dipping) 후 메니스커스가 양호한 상태가 되었을 때 넥킹(necking)을 시작한다.

이 작업은 단결정을 완전히 성장시킬 수 있는지를 판단할 수 있는 중요한 작업으로, 침적(dipping)한 종자를 서서히 끌어올리면 단결정이 종자의 결정 방향대로 달라붙어서 올라오게 되는데, 이 때 올리는 속도를 천천히 하면 지름이 크게 되고 빨리하면 지름이 줄어들게 된다. 종자를 끌어올릴 때, 성장하고 있는 단결정에는 길이 방향의 선이 나타나는데 이것을 능선(ridge)이라고 부르며, 이 능선에 의해 결정(crystal)의 방향이 결정된다. 즉, (100) 결정 또는 (111) 결정인지를 판별하게 된다. 능선이 3개이면 (111) 결정, 4개는 (100) 결정이다. (111) 결정에서 넥킹(necking)을 하면 어느 정도의 길이에서부터 옆으로 빗질한 것처럼 줄무늬가 생기는데 이것을 브러시 라인(brush line)이라 하며, 이러한 현상을 통해서 좋은 결정의 성장 가능성을 판단할 수가 있다. 훌륭한 넥킹(necking)은 무결점(zero-defect) 결정을 성장시킬 수 있는 가장 기본적인 방법이다.

(5) 어깨 모양 형성(shouldering)

넥킹(necking) 공정이 끝나면 결정을 목적하는 결정 지름까지 확장시켜야 하며, 이러한 작업은 숄더링(shouldering)이라 부른다. 이 작업은 넥킹(necking) 공정보다 인상 속도를 줄여서 서서히 끌어올리게 되며, 액체 상태의 실리콘(Si)은 고체 상태의 실리콘(Si)에 달라붙어서 고체화하는 속도가 빨라져서 지름이 커지게 된다.

(6) 몸통 부분 형성(body growth)

숄더링(shouldering) 작업 공정에서 목적하는 결정 지름만큼 커졌을 때, 그 결정을 그대로 계속하여 목적하는 길이까지 유지하게 되며, 이러한 작업을 몸통 부분 성장(body growth)이라고 한다.
이 작업은 자동 장치(automatic diameter control)에 의해서 결정의 지름을 조절하게 되어 있다. 몸통 부분 성장에서 주의해야 할 사항은 조직학적 손실(structure loss)이다. 이 조직학적 손실은 능선(ridge)이 사라지는 지점에서부터 시작된다고 알려져 있다. 조직학적 손실이란 단결정이 잉곳(ingot)이 되지 않거나 단결정이 되더라도 그 품질이 아주 나빠서 제품화할 수 없는 부분을 말한다. 이렇게 조직학적 손실이 발생하는 주 원인은 우선 성장로의 챔버(grower chamber) 내부의 청결(cleaning) 상태가 불량했을 경우나 다결정 실리콘의 장입(stacking) 과정에서 불량했기 때문일 수도 있고, 그 다음 장입(stacking) 과정에서 불순물이 첨가되는 경우 등의 이유로 정상적인 결정 성장 시 결정 성장이 제대로 진행할 수 없기 때문일 수도 있다. 또한, 성장 도중 결정 성장로 챔버의 누출 결합(leak)에 의해 발생하기도 한다.

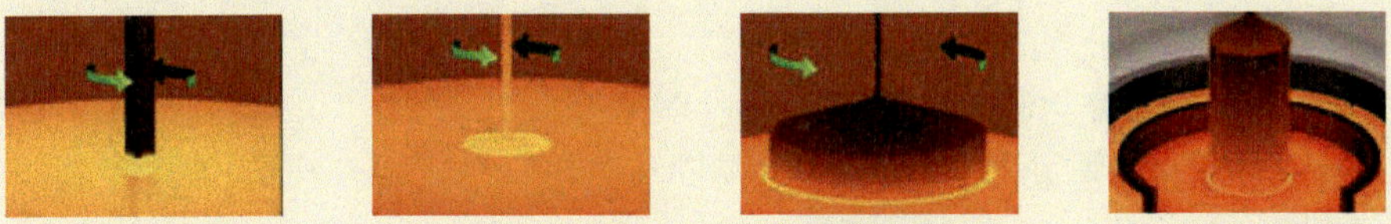

(a) 종자 결정 침적 (b) 목 모양의 형성 (c) 어깨 모양 형성 (d) 몸통 부분 형성

그림 Ⅵ-32 단결정 성장 과정

(7) 꼬리 부분 형성(tailing)

몸통 부분의 성장(body growth)을 진행할수록 성장로(crucible) 내부의 용융 실리콘(melt)이 점점 줄어들게 되며, 나중에는 잉곳(ingot)과 용융 실리콘(melt)을 분리시켜야 하는데, 이 작업을 테일링(tailing)이라 한다. 몸통 성장(body growth)의 지름을 점점 줄이면서 성장시키면 결국에는 용융 실리콘(melt)과 잉곳이 분리된다. 꼬리 부분 형성 시점은 성장로(crucible) 내에 용융 실리콘이 10~15% 가량 남아 있을 때이다.

(8) 냉각(cool down)

꼬리 부분 형성 완료 후 성장시킨 잉곳과 성장로를 냉각시키는 작업이며, 대략 2시간 정도 후에 잉곳과 성장로를 챔버(growth chamber)에서 냉각 후에 분리하게 된다.

그림 Ⅵ-33 잉곳의 분리

⑼ 중간 및 최종 제품

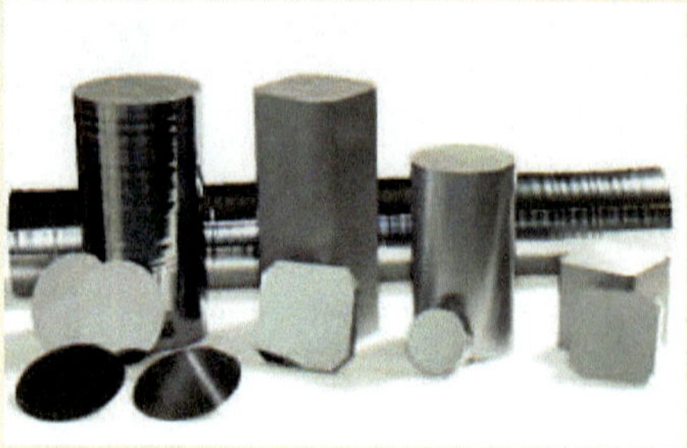

그림 Ⅵ-34 실리콘 웨이퍼 중간 및 최종 제품

실험 방법

① 다결정 실리콘을 석영 도가니에 장입(charge)한다.

② 성장로의 덮개를 덮고 로의 불순물을 제거하기 위하여 진공 펌프를 이용하여 진공 상태로 만든다.

③ 석영 도가니의 온도를 용융점 이상으로 서서히 증가시키면서 다결정 실리콘을 용융시킨다.

④ 다결정 실리콘이 완전히 용해된 후 일정 시간 동안 안정화를 시킨다.

⑤ 단결정 종자를 용융 실리콘에 서서히 접촉시킨다.

⑥ 종자를 회전시키면서 서서히 인상을 하여 목(neck) 부분을 형성한다. 목(neck)의 형성은 전위(dislocation)가 전이되어 결정이 다결정으로 형성되는 것을 방지한다.

⑦ 인상 속도를 늦추면서 원하는 웨이퍼 크기 이상으로 어깨(shoulder) 부분을 형성한다.

⑧ 적정 속도를 유지하면서 몸통(body)을 형성한다.

⑨ 몸통 형성 후 인상 속도를 빠르게 하여 꼬리(tail) 부분을 형성한다. 즉, 열충격으로 인한 전위의 진행을 막기 위함이다.

⑩ 열원을 제거하고 서서히 냉각한다.

⑪ 냉각 후 잉곳을 제거한다.

15. 웨이퍼 연마

실습 목적

웨이퍼 표면의 결함(damage)층을 제거하고, 평탄화하는 방법을 설명할 수 있다.

실습 재료

웨이퍼, 슬러리, 연마 패드, 초순수, 질소

실습 기기

웨이퍼 연마기

안전 및 유의 사항

① 연마를 수행하기 전에 주변을 깨끗이 정리하고 보호 장구(장갑, 앞치마, 안면 보호대 등)를 준비한다.
② 연마에 사용되는 슬러리는 pH가 10 이상인 강알칼리이므로 손에 직접 닿지 않게 주의한다.
③ 연마 중 연마액(슬러리)이 튈 수 있으니 주의한다.
④ 연마 중 기기는 고속으로 회전하기 때문에 웨이퍼의 탈락이 발생할 수 있으므로 주의한다.
⑤ 연마된 웨이퍼는 손으로 직접 만지지 않도록 한다.
⑥ 연마 후 발생된 폐슬러리는 지정된 용기에 버린다.

관계 지식

연마(polishing)는 화학적 작용과 기계적 작용에 의해서 진행이 되는 과정으로 연마에 사용되는 슬러리 내의 화학액에 의한 화학적 작용과 연마 입자에 의한 기계적 작용에 의해 진행된다. 연마 입자는 기계적 작용을 하는 연마 입자와 화학적 작용을 하는 알칼리 용액으로 구성되어 있다.

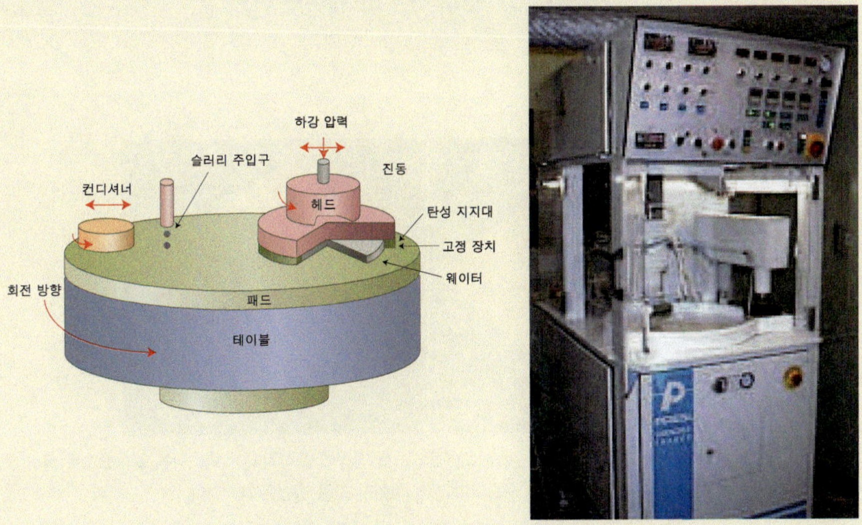

그림 Ⅵ-35 연마기의 개략도

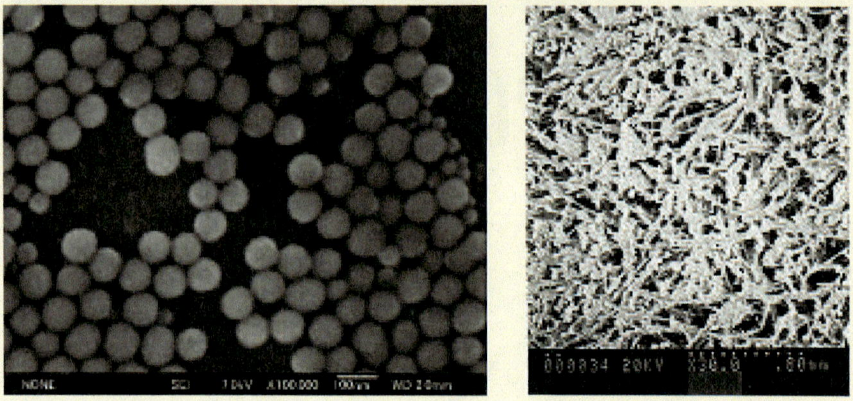

(a) 연마 입자 : SiO_2　　　　(b) 연마 패드

그림 Ⅵ-36 연마 입자와 패드

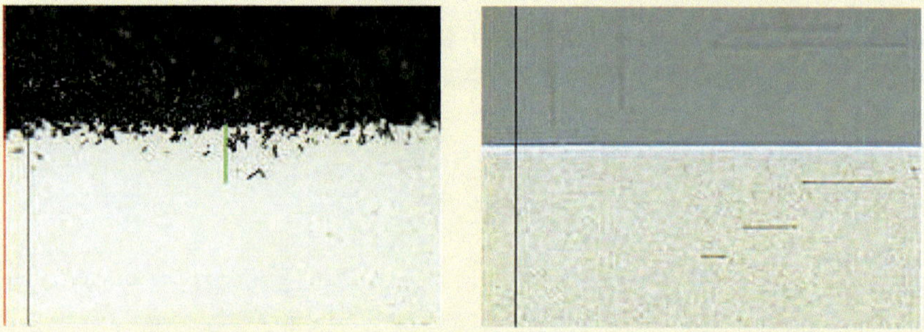

(a) 연마 전 웨이퍼　　　　(b) 연마 후 웨이퍼

그림 Ⅵ-37 연마 전후의 웨이퍼 단면

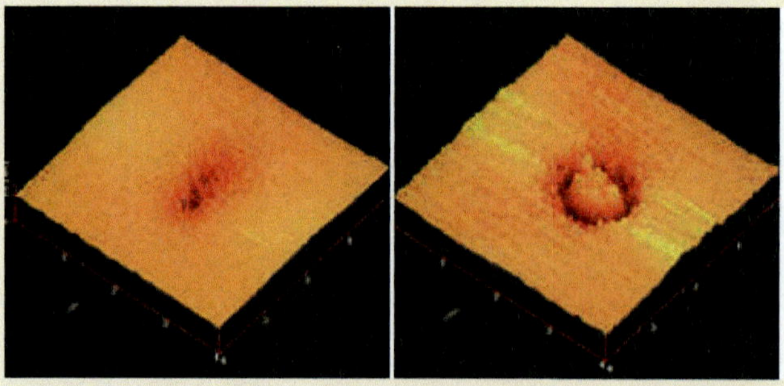

광 연마 공정에서의 미약한 손상이 잔류한 채로 그 다음 세정 공정에서 식각되어 나타나는 결함으로서 통상 0.12 ~0.15㎛의 크기이다. COP와는 형태학적으로 구별되며 가장 확실한 검증 방법은 AFM이다.

그림 Ⅵ-38 연마 중에 발생한 결함(PIP)

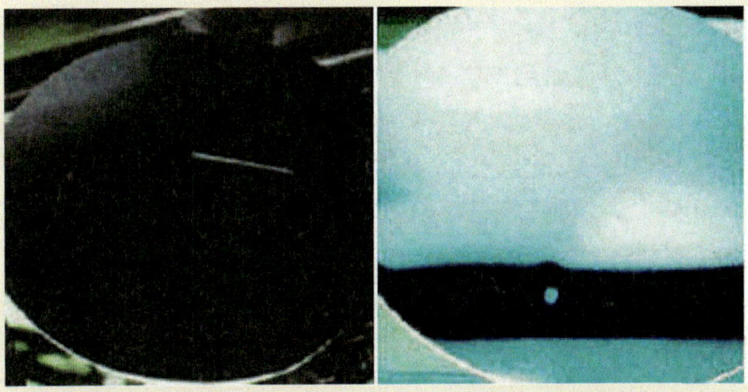

(좌) 연마 스크래치(polishing scratch) : 이물질이 제거 되지 않은 채 연마(polishing)공정을 한 경우 발생하는 스크래치로 방향성을 가지고 있어서 검사하는 각도에 따라 보이기도 하고 안 보이기도 함.
(우) 스크러버 스크래치(scrubber scratch) : 웨이퍼와 PVA 브러시의 유격이 너무 가까운 경우, 브러시의 물리적인 손상으로 인해 발생함. 보이지 않는 경우, NH_4OH 증기(fume)를 표면에 씌어서 청색으로 흐리게 보이는 결함(haze)으로 변환시켜 관측함.

그림 Ⅵ-39 연마 중에 발생한 결함(스크래치)

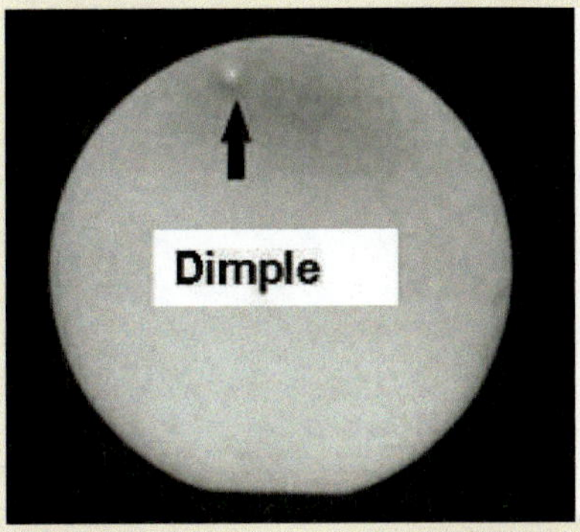

불완전한 광 연마에 의해 발생하며 주로 왁스 도포 시 이물질이나 공기가 원인이 된다. 입자 계수기(particle counter)에서 검출될 때도 있으나 크기가 클 때는 매직 거울(magic mirror) 등으로 관찰이 가능하다.

그림 Ⅵ-40 연마 중에 발생한 결함(dimple)

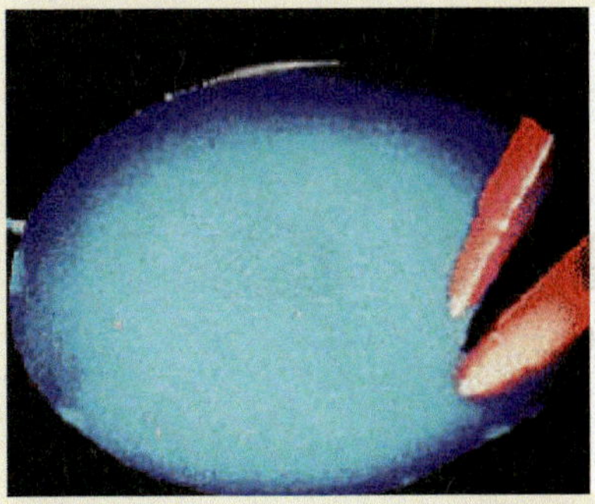

광 연마 방법이나 세정 조건이 맞지 않는 경우에 발생함. 매직 거울(magic mirror)을 이용해서 보면 이 부분이 하얗게 흐려 보임. 갈색(brown) 및 뿌옇거나 얼룩진 형태로 나타남.

그림 Ⅵ-41 연마 중에 발생한 탁하고 흐리게 보이는 결함(haze)

실습 방법

① 연마를 위한 연마 패드를 기기의 테이블에 부착한다. 이 때, 부착 부위의 중간에 기포가 생기지 않도록 테이블을 저속으로 회전하면서 중앙에서부터 붙여 나간다.

② 준비된 웨이퍼를 헤드(upper plate)에 부착한다.

③ 초순수를 연마 패드에 공급하여 연마 패드가 충분히 젖도록 한다.

④ 연마 패드가 충분히 젖은 후 슬러리를 공급하여 연마 패드가 슬러리를 충분히 머금도록 한다.

⑤ 웨이퍼가 부착된 헤드를 내려 슬러리를 공급하면서 웨이퍼를 연마한다.

⑥ 연마 시간은 웨이퍼 표면의 결함층이 충분히 제거될 때까지 진행한다.

⑦ 연마 후 웨이퍼를 헤드에서 분리하여 초순수를 이용하여 웨이퍼에 묻어 있는 슬러리액을 제거한다.

⑧ 질소(N_2)를 이용하여 웨이퍼 표면에 잔존하는 초순수를 제거한다.

16. 웨이퍼 세정

실습 목적

웨이퍼 세정 방법을 익힌 후 웨이퍼 표면의 불순물(불순물 입자, 금속 이온, 유기물)을 제거할 수 있다.

실습 재료

웨이퍼, 초순수(탈이온수), 암모니아수, 과산화수소수(과수), 염산, 고순도 질소, 테프론 재질의 핀셋

실습 기기

가열 기능이 있는 초음파 세척기, 깨끗한 비커, 테프론 핀셋, 후드

안전 및 유의 사항

① 암모니아수 및 염산은 자극성 냄새가 나므로 냄새를 직접 맡지 않도록 주의한다.
② 과산화수소 및 염산은 화상의 위험이 있으니 피부에 직접 닿지 않도록 주의한다.
③ SC1 수용액인 암모니아수, 과수, 초순수를 혼합할 때에는 초순수 → 암모니아수 → 과수 → 초순수 순으로 혼합을 한다. 이 때, 급하게 섞지 말고 서서히 용액을 혼합한다.
④ SC2 수용액인 염산, 과수, 초순수를 혼합할 때에는 초순수 → 염산 → 과수 → 초순수 순으로 혼합을 한다. 이 때, 급하게 섞지 말고 서서히 용액을 혼합한다.
⑤ 암모니아수와 염산은 서로 섞이지 않도록 주의한다.
⑥ 세정액은 가열을 할 때 수증기가 발생하기 때문에, 모든 작업은 배기 시설이 되어 있는 후드에서 진행을 한다.
⑦ 혼합액이 아닌 화학액 (암모니아수, 염산, 과산화수소)을 직접 가열하지 않도록 한다.
⑧ 실습 후 사용한 화학액은 지정된 폐기물 처리 절차에 따라 폐기한다.
⑨ 세정액은 반드시 비커에 담아 사용하고 금속 물질과 접촉하지 않도록 주의한다.
⑩ 세정액을 가열할 때에는 반드시 중탕을 하여 가열하도록 한다.

관계 지식

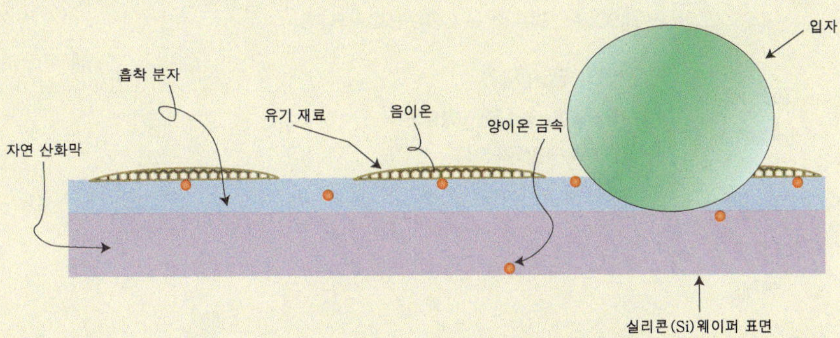

그림 Ⅵ-42 웨이퍼에서 제거되어야 할 불순물

1. 불순물 입자의 제거 원리

입자는 같은 극성끼리는 밀어내고, 다른 극성끼리는 붙으려는 성질을 가지고 있다. 일반적으로 불순물 입자들은 (-) 극성을 가지고 있고, 실리콘 웨이퍼는 (+) 극성을 가지고 있어 이들의 인력에 의해서 웨이퍼 표면에 불순물 입자들이 붙어 표면이 오염된다. 세정은 웨이퍼 표면을 불순물 입자와 동일한 극성을 만들어 줌으로써 불순물 입자와 웨이퍼 표면의 반발력에 의해서 이루어 진다.

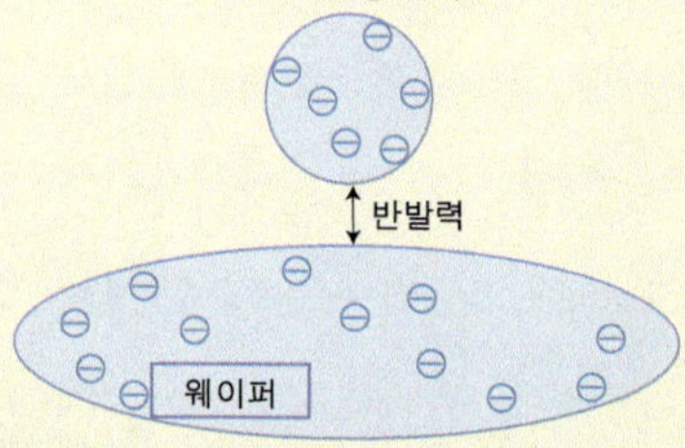

그림 Ⅵ-43 불순물 입자의 제거 원리

표 Ⅲ-5 화학 세정액에서 제거되는 물질과 세정 목적

세정 방법	세정 목적 및 기구	비고
APM, SC-1 ($NH_4OH:H_2O_2:H_2O$)	유기질, Ⅰ/Ⅱ 족 금속, 입자 제거 $2H_2O_2+C \rightarrow CO_2+2H_2O$ $M+H_2O_2 \rightarrow MO+H_2O$, $MO+4NH_4OH \rightarrow M(NH_4)^{4+}$	금속 재부착 (알칼리계 금속) 실리콘 웨이퍼 마이크로 거칠기 화학 물질의 분해
HPM, SC-2 ($HCl:H_2O_2:H_2O$)	금속 제거 이온 교환 : $Na+HCl \rightarrow NaCl+H^+$ 복합물 : $M+H_2O_2 \rightarrow MO+H_2O$ $MO+2HCl \rightarrow MCl_2+H_2O$	NH_4Cl 성 입자 고온 공정 高부식성 화학 약품 사용으로 인한 장비 관리 어려움.
SPM ($H_2SO4:H_2O_2:H_2O$)	유기물, 금속 제거 $H_2SO_4+H_2O_2 \rightarrow H_2SO_5$(CARO'S ACID) $+H_2O_2$ H_2SO_5+탄화수소 $\rightarrow CO_2+H_2O+H_2SO_4$	SO^{4-} 잔류 린스 효율성 금속 오염
묽은 HF ($HF:H_2O$)	산화막, 금속 제거 $6HF+SiO_2 \rightarrow H_2SiF_6+2H_2O$ $3HF+M \rightarrow MF_3+3H^+$	
BOE ($NH_4F:H_2O$:계면 활성제)	산화막 제거	

실습 방법

① 세정에 앞서, SC1 세정액과 SC2 세정액은 가열 장치가 되어 있는 세정기에서 세정을 위해 필요한 온도(~60℃)까지 가열한다.

SC1 세정액의 혼합 비율은 암모니아수 : 과산화수소 : 초순수를 1:1:50으로 한다.

SC2 세정액의 혼합 비율은 염산 : 과산화수소 : 초순수를 1:1:50으로 한다.

② 준비된 웨이퍼를 초순수에서 약 300초 간 초음파를 이용하여 상온에서 린스를 한다.

③ SC1 세정액에 웨이퍼를 침지하여 약 300초 간 초음파를 병행하여 세정을 진행한다. 이 과정은 웨이퍼 표면 위에 묻어 있는 입자와 유기물을 제거하기 위한 과정이다.

④ SC1 세정 후 초순수에서 약 300초 간 초음파를 이용하여 상온에서 린스를 한다.

⑤ ③과 ④의 과정을 2~3회 반복한다.

⑥ SC2 세정액에 웨이퍼를 침지하여 약 300초 간 초음파를 병행하여 세정을 진행한다. 이 과정은 웨이퍼에 존재하는 금속 이온을 제거하기 위한 과정이다.

⑦ SC2 세정 후 초순수에서 약 300초 간 초음파를 이용하여 상온에서 린스를 한다.

⑧ 린스 후 고순도 질소 가스를 이용하여 웨이퍼를 건조시킨다. 이 때, 주의할 점은 웨이퍼 표면에 물 자국이 남지 않도록 하는 것이다.

단원 종합 문제

1. 금속이나 반도체에 전류를 흐르게 하는 전하 운반자가 무엇인지를 알아보고, 그것의 밀도 및 이동도 등을 구하는 방법을 설명해 보시오.

2. 반도체 소자의 품질을 결정하는 요소가 되는 전위 밀도는 어떻게 측정하는가?

3. 반도체 소자의 작동에 큰 영향을 미치는 전기적 성질을 측정하는 데 있어서 깊이에 따른 전하 농도는 어떻게 구하는가?

4. 연마 및 염색법(groove and stain)에 의한 도핑 깊이는 어떻게 측정하는가?

5. LED를 사용하여 반도체 재료의 밴드 갭을 측정하는 방법을 설명해 보시오.

6. 반도체 재료의 I-V 및 C-V 측정을 알아보고, 이를 통해 어떠한 전기적인 특성을 찾아내는 방법에 대해 설명해 보시오.

7. 커패시턴스를 측정하여 반도체의 도핑 프로필을 결정하는 방법에 대해 설명해 보시오.

8. 반도체 소자의 제조 공정에서 불순물 도핑에 대한 방법과 원리를 설명해 보시오.

9. 확산의 기본 공정을 실행해 보고, 공정 기구(mechanism)와 확산 프로필(profile)에 대해서 설명해 보시오.

10. 프리데포지션(predeposition) 이후 PSG와 드라이브 인(drive-in) 공정 실험이 도핑 프로필(doping profile)에 미치는 영향에 대해 설명해 보시오.

11. 실리콘 웨이퍼 제조를 위한 잉곳을 성장시키는 방법은 어떠한 방법이 있는지 구체적으로 설명해 보시오.

12. 웨이퍼 표면의 결함(damage)층을 제거하고, 거칠기를 감소시키고, 평탄화하는 연마 방법을 설명해 보시오.

13. 웨이퍼 표면 위의 불순물(불순물 입자, 금속 이온, 유기물)을 제거하는 세정 방법을 설명해 보시오.

14. 두께 측정 방법에는 어떠한 방법들이 있으며, 각각의 측정 방법들의 차이점은 무엇인가?

15. 광학적 분석 기법을 사용하는 고체 재료 특성 분석의 기본 원리를 설명하고, FT-IR 분광법(fourier transform infrared spectroscopy)을 사용하여 고체 재료의 특성을 측정하는 방법에 대해 설명해 보시오.

16. 투명 전도막의 종류와 그 제작 방법을 설명해 보시오.

인용 및 참고 문헌

- 홍익 대학교 과학 기술 연구소, 고등 학교 금속 재료, 대한 교과서, 2002
- 전북 대학교 공업 기술 연구소, 고등 학교 전기 전자 재료, 대한 교과서, 2000
- 김진혁, 고체 전자론 입문 반도체 물리의 기초, 전남 대학교 출판부, 2005
- 김형열, 반도체 공정 및 측정, 전자자료사, 1995, p.123
- 신인철, 어진우 외 대학 전자 회로 실험, 청문각, 97.2.28
- 유회준, 미래의 메모리 FRAM, 시그마프레스, 2000
- 이용현, 반도체 전공 필수 실험, 화성, 1999
- Robert F. Pierrt 반도체 소자 공학, 교보 문고 97.6.20
- 이영기, 알기 쉬운 물리 전자, 범한 서적 주식회사, 2002
- 한상복, 외발자전거는 넘어지지 않는다, 하늘출판사
- 윤현민, 이형기, 반도체 공학, 복두출판사, 1995, p.218
- LCD 전자 재료, 문화사 98.1.20
- 이종덕, 실리콘 집적 회로 공정 기술, 대영사, 1997, p.149
- 홍순형, 전자용 금속 재료 개론, 명현, 1999
- 이문희, 전자 재료 공학, 2001
- 이홍석, 전자 재료, 남두도서, 2003
- 김원배, 전기 전자 공학도를 위한 전기 전자 재료, 두양사, 2005
- 이준웅 김용주, 전기 전자 재료, 동일 출판사, 2001
- 한병성, 최신 전기 전자 재료, 동일 출판사, 2002
- 염근영, 플라즈마 식각 기술, 미래컴, 2006
- 고분자과학과 기술 제14권, 5호, 2003년 10월
- 이수일, CuInSe 박막 반도체의 광학적 특성, 조선 대학교 물리학과.
- 데이콤 산업 연구소, 반도체 산업 및 반도체 재료 산업의 실태와 전망, 1998, pp.117
- 김용운, 산화물 반도체의 전기적 특성에 미치는 열처리 효과, 세경 대학 전기 전자 계열
- 박진호, 유기 반도체에 대한 연구 논문, 영남 대학교 응용 화학 공학부.
- Electronic Journal, 2005 半導體材料技術大全, 2005
- 서상희, 김진상, 임성울, 청색발광 ZnSe반도체 레이저 다이오드 개발 현황, 한국

과학 기술 연구원 정보 전자 연구부, 1993.9.10.
- TFT-LCD Research Center TFT-LCD 이론
- Stanley Wolf, Richard N. Tauber, Silicon Processing for the VLSI Era, Lattice Press 1986, p.283
- Stanley Middleman, K. Hochberg, Process Engineering Analysis in Semiconductor Device Fabrication, Mc Graw-Hill, Inc, 1995, p595
- Polymer Science and Technology Vol. 16, No. 1, February 2005
- William F. Smith, Foundation of Materials Science and Engineering
- Ben G. Streetman, Solid State Electronic Devices
- Gerard Barbottin/Andre Vapaille Instabilities in Silicon Devices Vol. 1
- Source Yokogawa-Hewlett-Packard Operation and Service Manual of Model 4145B pA Meter/DC Voltage
- Donald A. Neamen Semiconductor Physics & Devices
- M.Pope and C.E.Swenberg, "Electronic Processes in Organic Crystal and Polymers", 2nd ed. 1999
- CMOS IC LAYOUT, Dan Clein, Newnes, 2000,
- Christopher saint Judy Saint, IC LAYOUT BASICS, McGraw-Hill, 2002
- Christopher saintJudy Saint, IC MASK DESIGN, McGraw-Hill, 2002
- Michael Shur, Introduction to Electronic Devices, WILEY, 1996
- Daniel Foty, MOSFET MODELING WITH SPICE, PTR, 1997
- John P. Uyemura, PHYSICAL DESIGN OF CMOS INTEGRATED CIRCUITS USING L-EDIT, PWS Publishing Company, 1995
- S.O Kasap, PRINCIPLES OF ELECTRONIC MATERIALS AND DEVICES, McGraw-Hill, 2002
- Donald A.Neamen, SEMICONDUCTOR PHYSICS AND DEVICES, McGraw-Hill, 2003
- http://kr.ks.yahoo.com/service/ques_reply/ques_view.html?dnum=AAH&qnum=3971761(검색일 : 2006. 4. 17)

- http://sstatic.naver.com/100/medium/3/16103.jpg(검색일 : 2006. 4. 17)
- http://bingoimage.naver.com/data/bingo_97/imgbingo_41/hansc2001/18879/hansc2001_3.jpg(검색일 : 2006. 4. 17)
- http://sstatic.naver.com/100/medium/8/6308.jpg(검색일 : 2006. 4. 17)
- http://sstatic.naver.com/100/high/9/6309.jpg(검색일 : 2006. 4. 17)
- http://blogfiles.naver.net/data1/2004/10/19/103/nec-gold4949.jpg(검색일 : 2006. 4. 17)
- http://bingoimage.naver.com/data/bingo_97/imgbingo_41/hansc2001/18879/hansc2001_6.jpg(검색일 : 2006. 4. 17)
- http://bingoimage.naver.com/data/bingo_99/imgbingo_94/todayjob/26558/todayjob_12.jpg(검색일 : 2006. 4. 17)

찾아보기

ㄱ

ㄴ

ㄷ

ㄹ

ㅈ

ㅊ

ㅋ

ㅌ

ㅍ

ㅎ

정가 19,000원

반도체 재료

2013년 10월 10일 초판 인쇄
2013년 10월 20일 초판 발행
저　자 : 김학동
발행자 : 우명찬, 송　준
발행처 : 홍릉과학출판사
주　　소 : 서울시 강북구 인수동 455-60
142-885
등　록 : 1976년 10월 21일 제5-66호
전　화 : (02) 999-2274~5, 903-7037
팩　스 : (02) 905-6729
e-mail: hongpub@hongpub.co.kr
http://www.hongpub.co.kr
ISBN : 979-11-5600-005-1

반도체 재료 교과서는 교육인적자원부, 산업자원부, 노동부의 출연금 및 보조금으로
수행한 산학 협력 실업고 지원 사업의 연구 결과물입니다.